镜与灯人文译丛

百年洞察：

二十世纪心理学思想启蒙

Century of Insight:
The Twentieth Century Enlightenment of the Mind

[英] 德里·麦克迪尔米德 著 苏·麦克迪尔米德 编
吕雅鑫 译

江苏凤凰教育出版社
Phoenix Education Publishing, Ltd

图书在版编目（C I P）数据

百年洞察 ： 二十世纪心理学思想启蒙 / （英）麦克迪尔米德著；吕雅鑫译. — 南京：江苏凤凰教育出版社，2015.7

（镜与灯人文译丛）

ISBN 978-7-5499-5266-3

Ⅰ. ①百… Ⅱ. ①麦… ②吕… Ⅲ. ①心理学史—20世纪 Ⅳ. ①B84-09

中国版本图书馆 CIP 数据核字（2015）第 155145 号

谨以此书

献给我的家人，献给我的过去、现在与未来。

目 录

第三部分　精神分析的人性化

第四部分　留予二十一世纪的遗产

致　谢

2006 年 9 月先夫德里 · 麦克迪尔米德(Derry Macdiarmid)完成了《百年洞察》(*Century of Insight*)的手稿,但他还没来得及修订手稿就已离世,憾矣。对 21 世纪而言,这是一本鼓舞人心的上乘之作。因此我诚挚地希望我的后期编辑能如实再现先夫撰写该书的本意以及他想传达的信息。

在此,我想向所有为本书出版提供支持和实际帮助的人表示感谢,特别要感谢过去这些年为本书无私地奉献时间奉献想法的朋友们,同时也要感谢艾丽丝 · 宾(Alice Bing),感谢她将先夫的水彩画作设计成本书的封面。最后我要感谢我的三个儿子:卡卢姆(Calum)、杜加尔(Dugal)和费昂(Fionn),感谢他们一直以来对我的鼓励。这是一段很有意义的编辑旅程。

感谢以下出版方授权同意《百年洞察》转载:

Infobase 出版社,授权转载 2004 年出版的《卡伦 · 霍妮:女性心理学》(*Karen Horney: Pioneer Of Feminine Psychology*),作者 S.T.希区柯克(S.T.Hitchcock)。位于马萨诸塞州剑桥市的哈佛大学出版社,授权转载 1974 年出版的《家庭和家庭治疗》(*Families and Family Therapy*),作者萨尔瓦多 · 米纽庆(Salvador Minuchin),本书版权归哈佛大学所有。

"家庭生活的标准仍是传说中的'所以他们结婚从此幸福地在一起生活'。怪不得很多家庭无法达到这个标准。"(Minuchin,1974,p.47)

位于伦敦的劳特里奇出版社,授权转载 2002 年出版的《论攻击》(*On Aggression*),作者康拉德 · 洛伦茨(Konrad Lorenz)。

“世间之爱，皆含攻击。”(Lorenz，2002，p.208)

感谢爱丁堡 Birlinn 出版社提供宝贵的爱丁堡诗歌朗诵会照片，左二为本书作者(约摄于 1962 年)。

苏·麦克迪尔米德

2012 年 9 月

关于作者

1928年,德里·麦克迪尔米德出生于苏格兰一牧师住宅。德里早年对荣格心理学的兴趣引领他走上了分析心理学之路,之后他接受医疗训练成为英国国家医疗服务体系(National Health System,简称NHS)的一名精神科医生,继而任职伦敦盖氏医院(Guys Hospital)的心理治疗法顾问。德里与妻子苏·麦克迪尔米德育有三子,他住在克拉珀姆(Clapham),在那里他以荣格心理分析师的身份开业行医长达25年。《百年洞察》是德里职业生涯中心理治疗教学的实践总结。2006年,德里逝世。

德里·麦克迪尔米德

1928—2006

序言

自1994年起，先夫德里一直在伦敦盖氏医院给年资较浅的精神科医生上课，他的课是这些医生训练项目的一部分。在此机缘巧合之下，他开始撰写此书。

过去这些年，随着撰写内容愈发丰富，此书的目的也偏离了德里的初衷。起初他只是想写一本研究生训练教程，后来读者类型变多了，这俨然已是一部和所有人相关的书：我们是谁？我们过得如何？为什么我们有各自的做事习惯？

这本书赋予读者生活热情，鼓励读者积极生活。这是一本言辞尖锐的书籍，但有时书中大量对人性脆弱的理解又让人感动：首先是人类的无能导致骇人的错误，随后是不屈不挠的人类精神解决了所犯错误。本书鼓励我们拿自己的思想、自己的假定以及其他事情去冒险，也鼓励我们重新审视自认为已知的思想。此外，本书幽默逗趣，而或饶有风趣。在本书终章，读者将真正地能对作者本人有所了解：他的弱点、诚实和博爱。

德里是个慎言者，所以当他说这是本世界性的书，我就知道这是事实。《百年洞察》在从伊斯兰堡(Islamabad)到爱达荷州(Idaho)的心理学学生读书会中可能有一席之地，它可能也是联合国谈判人、家庭治疗师、政府负责人和全世界公民的必读书目。

在引言部分，德里就20世纪已形成的潜意识发现阐释了一些想法。弗洛伊德(Freud)、荣格(Jung)和阿尔弗雷德·阿德勒(Alfred Adler)提出了潜意识主要思想，但随后其他理论家也为此作出主要且重要的贡献。每一个体系的观点都被当做是该体系内独立的个体，而且后来的体系通常与先前的体系形成对比。德里认为这是错误之举。相反，他将后人的想法描述成一个故事发展中的一环。和弗洛伊德、荣格以及其他人相反，德里认为了解潜意识的目的在于让我们*能够发现自己有爱人的能力*。正如他所言："*爱之深矣，活之妙哉。*"这是他口中的20世纪心理学思想启蒙(Enlightenment of the Mind)历史时期的真谛，也是本书的目的。

作为基础知识，本书带我们走过精神分析学说起源的历史进程，从前弗洛伊德(pre-Freud，其中包括人类学，这仅是为该理论做铺垫)、弗洛伊德本人及其追随者，这些追随者最后变成了弗洛伊德的反对者：荣格和阿德勒等人都提出了和弗洛伊德不同的理论。

这些章节的作用在于解读这些伟大的心理学创始人的性格如何塑造他们各自的童年，从而让众人能够理解他们为何会提出那样的观点；也让人能够理解因为不同的个人经历，所以他们无法接受彼此的观点。

熟悉这些心理学家们的性格对于了解整个20世纪的精神分析学具有独特作用，因为它可以把这些心理学家的想法当做性格发展的结果来分析。市面上关于弗洛伊德和荣格等人的传记比比皆是，但本书作者德里却是站在他们各自的心理角度去了解他们的想法，了解他们各自行为的原因，并了解性格如何影响他们彼此间的关系。

在对心理学思想启蒙的贡献中，弗洛伊德、荣格和阿德勒都是宗师，但20世纪其他较不为人知的实践者们也作出了同样重要的贡献。比如约翰·莱亚德(John Layard)，20世纪30年代他在马勒库勒(Malekule)*的人类学冒险和经历使他能够以独特的视角知道如何最好地利用人类本能；再比如美国的米纽庆，他熟知趋避冲突，也深知仅凭借呆在家里解决家庭冲突以帮助病人的重要性。德里认为亲自发现的事实才是最重要的，不管是谁伸出援手，最重要的是始终有人伸出援手。

在随后的章节，本书将抛开治疗专家诊疗室的历史观点，回归到我们自己的内心世界，在这里，本书将探讨个人情绪以及20世纪心理学

---

* 原文有误，应拼写为"Malekula"或"Malakula"。译者注。

思想启蒙对我们的用处。探讨个性及其为何会如此分裂，探讨焦虑和抑郁如何禁锢我们的心，探讨憎恨的基本重要性。为什么有些人要饿死自己，而有些人要杀人？本书将撕下每个人的面具，或将唤醒沉睡的自我，还原家庭关系中或其他关系中的自我。这是我们自己也是我们身边熟人的真实写照。

接着本书揭秘潜意识的终极最强工具：梦。在潜意识这一心理学术语出现之前，人类从生物学和神经病学角度对梦进行解析。本章节通过个体案例解析梦境，其中包括德里自己的梦。

德里终其一生致力于告诉我们各种方法，以期唤醒我们对自己各个角色的意识：个体或家庭成员、配偶或朋友、同事或社区成员，不管是在当地、在本国还是在世界范围内，都要知道自己如何同其他人发生联系。一旦我们掌握了这些方法，我们就更懂得善待他人，个人、社区和社会也因此会更快乐，个人和集体精神都会更富足。

对作者和读者来说最引人思索的章节是本书的终章。德里在终章表达了自己一系列的观点：我们现在过得如何，还有，为了给个人成长创造一个更好的环境我们能做什么。通过他的视角，我们可以领悟到本书发现之旅的真谛：德里寻求加入心理学的长河，以人类学，以弗洛伊德和其他所有心理学家为源头，让他们都成为同一目标的一部分。这些思想都为心理学思想启蒙做出了贡献，它们的最终目标都是发现人类爱人的能力，从而发现人生的意义。

苏·麦克迪尔米德

中文版序

若先夫德里在世，当他得知自己的作品正在一个文化迥异的国度被赏读，他必会感到欣喜和荣幸。若德里在世，当他发现中国的传统与他深爱的苏格兰有着诸多相像之处，他也必会喜不自禁。若他在世，他定能发现许多相似处！

虽然心理治疗在西方文化中已有一段漫长的历史，但作者和他的前辈们——弗洛伊德、荣格与其他心理学家都会认同：人类总是在不停地追求与他人共度成功和有回报的生活。虽然有时这一努力会受挫，但是生存下去的动力、追求成功的动力和追求快乐的动力将永存。无论我们身在何处，德里希望他的同胞一切安好，若他在世，他肯定也会认同本书蕴含的思想传达了博爱的一切。

苏·麦克迪尔米德

2015 年 7 月

引 言

动力性心理治疗(Dynamic psychotherapy)是精神科医生和心理医生用于指代揭开潜意识过程的心理呓语术语,该疗法可以唤醒患者尘封的记忆和欲望,并让有意识的自我了解这一切。

如果这个开头无法吸引你继续阅读,那我实在不知道什么样的开头才具有吸引力。不过,我希望能引诱你踏上潜意识的发现之旅,在这趟旅途中,你将接触到弗洛伊德、荣格、阿德勒以及20世纪90年代至20世纪末其他人的思想。我觉得这是个精彩绝伦的故事,故事里的宗师们也是以伟大探险家的方式踏上这趟旅程的,这些宗师扩展了我们对潜意识的了解。我们将追随他们,不过,借助他们整合的知识和才华对我们的旅程大有裨益,我们会走得更远。

每位思想大师都在前辈的成就中注入了新鲜血液。诚然,如我们所见,弗洛伊德、荣格和阿德勒都不遗余力地同彼此激烈争吵。(过去一百年,比起其他大多数职业,心理治疗专家更容易起争执。)由于他们每个人都是从各自的文化和差异显著的个性中形成自己的思想,因此他们无法达成一致也许并不足为奇。试想一下,对弗洛伊德而言,生活在反犹太人的环境中去接受荣格的基督徒优越性是多么艰难的一件事;又或者,对荣格这样一个爱冒险的冒险者而言,忍受弗洛伊德家长式的学术环境是多么艰难的一件事。我们应当明白他们的个性和成长背景如何塑造他们的思想,同样地,我们所有人都受自己的过去和生活环境影响。

19世纪90年代弗洛伊德所代表的世纪末维也纳资产阶级思想在过去一百年里已逐渐发展成新的心理学思想启蒙,那时潜意识只被定义为受压抑的本能和性欲。如今,我们已用新视角和新道德标准理解人类行为、文化和艺术,这一切在 20 世纪的文学中都得以体现。严格说来,考虑到本章首段中动力性心理治疗的定义,加之我本人既是心理医生也是荣格心理分析师,所以更准确的叫法应该是动力性心理学思想启蒙,但这读起来很拗口。所以我们还是简单称之为心理学思想启蒙,这看起来像是 20 世纪的产物。

心理健康是英国国家医疗服务体系中一个正在成长的领域,自 1952 年以来,我们这些和精神病打交道的医生就一直在使用“精神病医生圣经”(shrink’s bible),即《精神疾病诊断与统计手册》(*The Diagnostic and Statistical Manual of Mental Disorders*,DSM)。手册第一版在美国出版,是在世界各地中用于诊断所有已知的精神疾病的一本指导手册。除了定义疾病,20 世纪心理学思想启蒙鼓励了各种心理疗法的兴起,这些疗法旨在缓解当今社会人类所有的不满情绪。

我认为在 21 世纪,尽管自由民主促进了所有的社会进步和其他进步,但是我们并未理解心理学思想启蒙的真正意义。对我而言,迄今为止,所有思想的最终目的都是为了揭秘潜意识,这样一来,人类便能认识潜意识并将其和自我融为一体。这固然有理,但却只道出故事的一部分,在此我想借本书向各位讲述余下的部分,即所有潜意识人类行为都受一个简单的基本需求激发、激励和驱动,那就是:去爱人。

弗洛伊德永远都不会知道这件事,因为他将所有精力都用于批评其后继者荣格和阿德勒的学术体系。即使是 1939 年,他在生命最后一刻也没明白这件事,那时他正看着祖国维也纳被纳粹踩在脚下。

荣格也没注意到潜意识对爱的意义,因为他成日忙于自己和上帝的关系,也可能忙于挽回自己的声誉。尽管弗洛伊德和荣格都没意识到这点,但他俩仍是心理学思想启蒙的先驱。尽管环境有时恶劣,但他们两人的贡献以及本书中提到的其他人的贡献都是人类“寻找爱,发现爱”之旅的基石。

本书将探讨这些心理学先驱们的观点,并探索克尔凯郭尔(Kierkegaard)和尼采(Neitzsche)的贡献以及他们崇尚的解放在过去一百多年产生的持久影响。继而本书将探讨 20 世纪众多的思想如何逐渐将精神分析人性化，其中包括家庭治疗师，这些治疗师的疗法至今仍在被使用。

随后，我们将离开诊疗室，走进所有人生活的世界。当我们当中有人的需求严重受挫时，我们应该回过头去看看把所有人联结在一起但又将所有人分离的婴儿时期。到底发生了什么，事情为何变得如此糟糕以至于青少年要通过违法行为或谋杀行为满足需求？本书探讨憎恨与攻击对爱人能力的重要性，并探讨如何处理憎恨与攻击。探讨饱受多重人格和食欲不振等精神错乱折磨的患者的内心世界，因为它们有助于我们了解正常生活。最后，我们都成了做梦的人，开始揭秘潜意识每天晚上带给我们的梦境和信息，免费受邀大胆地越过醒着的生活细嗅内心的情感和幻想。

我将在书中提到自己在英国国家医疗服务体系的 34 年精神科医生行医经验以及在私人诊所当荣格心理分析师的经验，并附案例加以阐释。案例中所有当事人都很乐意自己的故事为他人所知，但由于我可能会误解他们，所以倘若有差错也都是我的错。并非所有患者都存活下来了，但对于那些存活下来的患者，我要向他们表达我衷心的祝愿和感谢，感谢他们教给我的一切。

我将以描写人类学先驱和心理治疗大师伊罕穆比(Ihembi)的一篇短章拉开本书的序幕。

第一部分

先驱

第一章　伊罕穆比与人类学

门外汉当然会认为“纯粹”的语言……能治愈精神病是很难理解的一件事。他会觉得这就像是有人想让他相信魔法。

(Freud,1890a)

文字出现以前的社会和部落社会中的药物通常具有心理动力元素,但是心理元素的种类很多,所以在此我只挑选其中一个例子向各位展示部落药物的有效性。1957 年,格拉斯哥人类学家维克多·特纳(Victor Turner)与妻子在非洲中部从事研究恩丹布部族(Ndembu)工作。在那里,特纳认识了恩丹布部族的医生伊罕穆比。通过特纳的描述,我们得知伊罕穆比是一位富有魅力的白发者,他脸上永远挂着“粲然的微笑”(Turner,1967,p.370)。特纳的原创论文《一个非洲社会的分支与延续:一项关于恩丹布人村落生活的研究》(*Schism and continuity in an African society:a study of Ndembu village life*)写得非常精彩,正因为这篇论文,所以我总认为伊罕穆比不仅只是我的同事,他还是一位大师。

伊罕穆比有个患者叫卡玛哈三伊(Kamahasanyi),这位患者主诉疲劳、心悸和剧烈的身体疼痛,他觉得村落里的人在说自己的坏话,所以有很长一段时间他都呆在自己的棚屋里。

尽管直到 20 世纪中叶才出现关于伊罕穆比的治疗方法的描述,但这很可能是个古老的疗法。伊罕穆比的精神病理学系统是巫术理论,其本质与揭露人们之间的私仇有关。(在我成长的高地村庄,若一位年迈的老太太遭遇不幸事件,那么她会生气地说:“这是恶灵的诅咒!”)其实，恩丹布部族内部存在很多社会冲突，尤其是战争带来的痛苦。但是，除了他们偷偷用于伤害他人的黑魔法，还有另外一个可能会引起痛苦的原因。在当地文化中，人们认为猎人的门齿是其力量来源。猎人离世后，他们宝贵的门齿会被小心翼翼地珍藏，但是，上尖牙也有魔力可以进入活人体内并伤害这个人，据说这是祖先不满意此人行为的征兆。人们认为卡玛哈三伊正遭受其父门齿的折磨，因为他为了逃避社会责任与家人争吵，所以他的父亲在惩罚他。

伊罕穆比和他的助手们在村落里住下，了解卡玛哈三伊以及那里其他人需要被了解的一切。伊罕穆比调查了施用在卡玛哈三伊身上的巫术来源，并确定最可疑的巫师是卡玛哈三伊的第四任妻子玛丽亚(Maria)和她的母亲。玛丽亚是个支配欲很强(卡玛哈三伊的父亲也是)的女人，大家都知道她对丈夫不忠，而她的母亲也许想要换个女婿。不过伊罕穆比从不指责她们，也不和她们当面对质。在仪式的帮助下，他思索自己的鉴别诊断和代替疗法，最终制定了治疗方案：在村落里举行仪式“让‘那斯瓦纳穆东谷(Nswanamundong)的村民坦诚相待’，消除彼此之间的仇视”(Turner，1967，p.387)。

倘若你曾在村庄里住过，那么你会欣赏伊罕穆比用于消除彼此之间的仇视的创新性治疗方案以及它充满暖意的人文关怀。天哪！但他把自己强有力的处置权以魔法宗教仪式和表演的形式转交给村民。仪式包括所有村民都参与其中的击鼓和唱歌。随后伊罕穆比在卡玛哈三伊的皮肤上划出一些小切口，并把一些羚羊角固定在上面，试图拉出他父亲的门齿。伊罕穆比会定期检查羚羊角，如果羚羊角变空了，那么他便会发布我们现在所说的病史，包括病人的生平以及症状描述。不过他会向所有村民公布病史，这样他们就能了解情况并共享信息。他会让村民坦白自己对患者的不满，尤其是那些不为人知的不满，以此帮助患者(当今我们将这种疗法称为家庭疗法或团体心理治疗)。伊罕穆比创造了一种全村人都能理解的独特疗法：他用击鼓和歌唱激发村民的兴奋感，让村民的祈祷和坦白宣告越来越大声，直到数小时后，所有人都同情卡玛哈三伊，都希望他体内的门齿能被取出来。

特纳还提到伊罕穆比给卡玛哈三伊的家属分配了任务，让他们参与治疗。比如,他让不忠的玛丽亚收集一些叶子,把叶子嚼碎,将汁液吐在卡玛哈三伊身上,并用小摇鼓轻敲卡玛哈三伊给他力量。特纳说这些行为重申了玛丽亚“为人妻的职责和亲善,这是与巫婆大相径庭的品质”(Turner,1967,p.389)。其他很多人也参与了类似的任务。

卡玛哈三伊也坦白了一些事。他曾抱怨自己生病的时候没人对他伸出援手,他不得不只身前往找预言家,但他很高兴最后自己能痛快地发泄怨愤。最终,在又长又复杂的传情达意的仪式高潮,伊罕穆比成功取出了卡玛哈三伊体内的门齿,带着它跑到村子外,喊村里的长者和特纳来看这颗牙。

后来,特纳说一些老死不相往来的村民变友善了,整个村落变得更加自在融洽了。

特纳试图让伊罕穆比承认取出门齿只是个把戏,但他否认了特纳的说法。实际上,用欺骗疗法治愈患者往往是许多激烈辩论的起因。一年多后,特纳重访恩丹布部族,他发现卡玛哈三伊状态很好:玛丽亚还是他老婆,而且他们看起来处得很好。

现在,我们能理解为什么人类学家不喜欢将“原始”一词用于部落仪式。伊罕穆比的疗法显然让玛丽亚重理了自己的感觉,还让她对丈夫更加友善。当然,这种方法比原始疗法更具有启迪作用。确实如此,因为如果事发 17 世纪,那么玛丽亚和她母亲早就因施展巫术而被活活烧死了。

伊罕穆比运用药理学、个性心理学、夫妻心理学,尤其是群体心理学、宗教仪式、巫术理论、常识、戏剧、催眠术(在仪式过程中让卡玛哈三伊处于意识恍惚心理状态)、个人魅力、传统文化的所有力量以及赤裸裸的魔术式把戏治疗患者,这些疗法明显地治愈了患者。

但特纳在研究报告中指出,20 世纪 50 年代,传教士对村长的影响已导致伊罕穆比因欺骗患者被罚款。以此方式,欧洲文化正在渗入一种伊罕穆比无法治愈的妖术。欧美国家在 20 世纪花大工夫寻回伊罕穆比的一些技术,但我们必须比伊罕穆比钻研得更深,以获悉真妖术的源头。

第二章　道德治疗与催眠术

藏得越深的情感，越值得挖掘。

(Carter，1853)

弗洛伊德尚未出生的19世纪有一种疗法被称为“道德治疗”(moral treatment)。道德疗法通过给予更多的关照和理解来治疗精神病患者或“疯子”。在道德治疗运动兴起之前，社会蔑视精神病患者，把这些患者当动物对待；但道德治疗站在人的立场上帮助患者康复。

罗伯特·布鲁德内尔·卡特(Robert Brudenell Carter)是雷顿斯通(Leytonstone)的一名眼科医生和全科医生(GP)，是一位心理治疗大师，他和伊罕穆比一样都是温和仁爱的人。1853年，卡特在治疗一名癔病患者时采用了道德治疗，并出版了名为《癔病病理学和疗法》(*On the Pathology and Treatment of Hysteria*)的书。

一百年后，“癔病”诊断被谴责是陷阱和妄想，而且一度在诊断手册中销声匿迹。但在卡特所处的19世纪，癔病指的是歇斯底里“病症”(在大哭大笑等情绪中崩溃)和出现身体疾病但非生理病因的许多症状。对这一历史时期来说，“歇斯底里症”是一个很重要的主题，因为它的治疗方法引导了19世纪末动力性心理治疗的发现。

当代心理医生几乎都没听说过卡特，但撇开他遗漏的一项观察，他仍对癔病和癔病治疗作出了显著贡献，不过这项观察后来也得到了弗洛伊德的进一步探讨。

在《癔病病理学和疗法》一书中，卡特首先描述了情绪对身体的影响，比如：情绪会影响包括面部肌肉在内的肌肉动作、心血管系统(心悸、心律失常、脸红和脸色发白等)、消化系统(食欲不振、恶心、大便失禁或尿失禁等——也可能患有贪食症和厌食症)、肺部[叹气、喘息、抽泣、发笑、屏气、呼吸急促(过度换气)]、分泌腺(口干、出汗)和其他身体机能。情绪对身体的有力影响给卡特留下了深刻印象。

卡特假设动物可以随心所欲地表现自己的情绪,但人类的情绪就不是这么一回事了,他认为社会有时不允许人类随意释放情绪,有时反要人类控制或压抑情绪。如果情绪被压抑了,那么人很可能会出现歇斯底里症,长期压抑情绪,人会出现其他的歇斯底里症。卡特举了个生活中的例子阐述自己的观点:一位女仆因没有完成工作在被女主人训斥后出现了歇斯底里症。后来人们得知,当天早些时候,这名女仆曾告诉爱人她怀孕了,但她的爱人并没对她伸出援手。卡特还举了A小姐的例子:A小姐订婚多年,但其未婚夫却迟迟没有结婚意向。某日,当她回到家中,却发现姐姐和未来姐夫在客厅里,两人刚敲定婚期。A小姐抑制情绪淡淡说了几句话,但却在离开客厅之际出现歇斯底里症。

卡特认为"歇斯底里症"症状一般是由压抑的情绪引起的,且多发于女性,因为社会更多地要求女性压抑自己的情绪反应。女人特别需要压抑的情绪顺序为:性关系中的情绪、愤怒、敌意、悲伤、忧虑。因此,就在弗洛伊德写《文明与缺憾》(*Civilisation and its Discontents*)的77年前,卡特已经表明社会规范会引起神经官能症。他说歇斯底里症是"社会环境给文明女性带来的不幸之一"(Carter, 1853, p.93)。实际上,在弗洛伊德尚未出生的前三年,卡特就已经指出性抑制的影响。

歇斯底里症和其他症状都会得到人们的同情,卡特认为这是人类普遍的深层次需求。歇斯底里症发作的隔天,朋友们前去拜访患者以表同情,而患者被唤醒首次导致歇斯底里症发作的情绪,因此她再次发病,再次得到同情。但是由于人们的同情从未直抵患者真正的痛处,只是同情患者的发病症状而非同情患者不为人知的痛楚,所以从未得到缓解的疼痛会对他人的同情上瘾。

卡特认为自己的患者在装病在骗人。有时,患者以特定的迂回方式装病。卡特观察到当人们要在特定的场合做出适宜的表情,比如在葬礼或婚礼上,人们不会像举手那样刻意移动面部肌肉(面部有30种以上的肌肉),而是通过想其他事或想一些能产生合适表情的心情和态度。例如,有些演员曾说过自己在舞台上会通过想尸体来止住一阵笑。同样的,卡特的一位患者会通过想腐烂死猫做成的布丁让自己呕吐。

虽然卡特认为自己的患者只是在装病,在道德上应受谴责且迫切需要道德治疗,但他给予这些患者极大的尊重和同情。他认为患者的家庭没对他们进行必要的道德教育,没教育他们要如何处理失望和不诚实。但是,卡特从没告知患者的家属或朋友(尽管有时候他会被威胁)他们在装病。他认为患者是在渴求同情而不是在吸引注意力。

卡特还认为歇斯底里症有时是被人激怒的负面情绪引起的。这一发现具有重大意义,至今我们仍经常听到它被提起!卡特认为人们不应该责怪挫败,要怪就应该怪无法说出问题无法得到同情。此外,除了得不到性满足,世上还有很多令人受挫的事情,比如:难以报复我们最亲密的人。

卡特把一位患者带回自己家里,他的妻子和女儿们都非常友善地对待这位患者,而他的仆人们也受过训练,知道要忽视患者的症状,从而不对患者产生同情。但是通过和患者关系亲密的人以及通过和患者本人交谈(有点像是伊罕穆比的做法),卡特试图找出患者苦恼的根源。

然后,卡特建立了一对一的对质,他有耐心,而且完全拆穿了患者的谎言。此举激起了一些非常狂暴的场面,卡特的记录是被我称为医患对战(Battle with the Patient,这在心理治疗中是个常见的重要主题)的第一份记载:

> 患者需要知道真相,知道自己的所作所为,知道在这种情况下她的别有用心不会带来趣味和浪漫;与此同时,这一切都必须由一位脾气好且沉着的医生来告诉患者。(Carter, 1853, p.114)

换言之,如果医生正处于发怒边缘,那么他必须找个借口停止问诊,冷静过后再继续问诊。

卡特会坚持已见,直到患者承认自己在装病。显然,当患者露出根本的情绪伤口后,卡特会将同情和理解给予患者的痛苦,而非给予患者的症状。

因此，如果你无法在家中露出伤痕并为之获得同情（“亲爱的，过来让我抱抱你！”），如果你不能责备任何伤害你的人并得到道歉（“哎呀，对不起！过来让我抱抱你！”），如果你不能仅通过言语解决争吵（“好的，没关系，我懂你的意思，对不起，抱抱我吧！”），那么你只能露出症状，而症状非常不诚实地获得了同情或报复，家人不会满足这一情况。

卡特相信他的患者只是在装病，他相信恶化的症状只能说明患者的道德滑坡更严重了。然而，他还是记下了声称自己没装病的患者的话，他们说症状就这样出现了，他们真的不知道为什么会出现这样的症状。不知为何，卡特知道他们说的是实话。一直到40年后，巴黎萨尔伯屈里哀精神病院（Salpêtrière）终于能对此进行解释。

让-马丁·沙可（Jean-martin Charcot）是19世纪后期巴黎萨尔伯屈里哀医院的一名神经病学家兼主任医师。该院性质上是一家精神病医院，专门接收穷苦的巴黎“神经病”女患者。沙可认为精神错乱具有神经学基础，并开始着手证明这种“不治之症”是可以被成功治愈的。他对歇斯底里症和催眠术很感兴趣，他成了催眠术大师，并用催眠术对医学作出卓越贡献。沙可的一些学生和他的研究一样出名：弗洛伊德、巴宾斯基（Babinski）、让内（Janet）和布沙尔（Bouchard）等等。

他认为癔病是一种神经系统疾病，他对病人进行催眠，旨在诱发和癫痫非常相似的歇斯底里症。他经常对自己最喜欢的患者“白兰奇”（Blanche）——也被称为“歇斯底里症女王”（Queen of Hysterics）——进行催眠，用她做实验。白兰奇是一位年轻漂亮的姑娘，她长得有点像明星，喜欢欺负其他患者。弗洛伊德在萨尔伯屈里哀精神病院呆了数月，离开那里之后，他带了一幅安德烈·布鲁耶（André Brouillet）的复制画回家，画中沙可和白兰奇在一群医生、学生和贵客面前展示实验。试验中的白兰奇穿得很好看，连同她歇斯底里症发作时角弓反张（opisthotonic arc）的曲背也很好看，好似她迷人的身躯就要从露肩装露出来。

因此，沙可的催眠术研究得出了一些极富吸引力的结论。弗洛伊德甚至说过怎么高估催眠术的重要性都不为过。催眠术需要两个人的合作,一个人(受术者)愿意短暂地让另一个人(催眠师)控制自己的意识,愿意让自己的意识被导入催眠状态,这感觉就像在睡觉。这就需要清醒的催眠师和无意识的受术者之间有言语交流,受术者高度遵从催眠师的指示,甚至连丘脑下部或脑干功能都被控制了。对于不熟悉催眠术的人而言,这仍然有点神秘,而且一般的意识接受模式无法形容它。

催眠师能用语言绕过表面意识对受术者的身体产生这样的影响是一件很诡异的事,如果我们知道催眠术的神经路径,那么我们就能真正地了解大脑。从道德层面来说,催眠术可以让人们有警惕性,催眠表演师将催眠术用于娱乐的方式导致人们无法严肃对待催眠术。但是,现在催眠术作为一种治疗手段比以往任何时期更不受重视。所有的精神科医生、医生和牙医应该都要会使用催眠术,因为这是一种非常便宜且有时非常有效的疗法,在此有很多描述它的方法;尽管范围有限,但所有的心理治疗学员都应该有一些精神分析基础上的催眠经验,哪怕他们永远不会开发催眠术的治疗用途。事实上,精神分析也许只是一种慢性催眠术。

然而,回到萨尔伯屈里哀精神病院,白兰奇正要展示引人注意的一幕,这几乎是场意外事件。在一次试验中,沙可对白兰奇进行催眠,向观众展示受术者能否被催眠去犯罪。被催眠的白兰奇拿橡胶匕首要将巴宾斯基刺死,或者朝巴宾斯基开枪等等。后来,沙可和其他贵宾都走了,不小心将在催眠状态下的白兰奇留在房间里。医学院的一名学生(那时医学院只有男学生)想占被催眠的白兰奇便宜,他指示白兰奇脱掉衣服洗澡。但白兰奇没有遵从那位学生的指示,反而出现歇斯底里症的症状,后来,她清醒了,走了。因此,沙可在无意中发现了催眠术的一个重要部分:如果是白兰奇真的不愿意做的事,那么催眠术也无法催眠她去做这些事。

20 世纪后来的研究表明,当一个人被催眠的时候,他的心灵深处有一个"隐蔽观察者"(hidden observer),能清楚地知道正在发生的一切。在催眠状态中,当意识接收到不想要的指令,隐蔽观察者会立刻完全清醒,就像一个能在极度吵闹中熟睡的母亲会因孩子最轻微的呜咽而醒来一样。

由于隐蔽观察者的存在，因此在教人们自我催眠时，我们可以向他们保证如果催眠状态中发生任何紧急事件，那么他们也能够及时脱身。然而，在“后催眠后暗示”(post-hypnotic suggestion)过程中，催眠师可以对隐蔽观察者进行暗示，让他忘记所施加的暗示：

催眠师：“当你醒来，你不会记得我说的这句话，但如果你听到我咳嗽，你就会想要一杯水。”

受术者清醒之后，催眠师咳嗽。受术者立刻说他想要一杯水。

催眠师：“你为什么问我要了一杯水？”

受术者：“是这样的，我很渴，这里面太热了。”

催眠师：“现在你可以记起你要水的原因了。”

而后，隐藏无意识指令的面纱被掀开了，受术者想起之前被暗示要忘记的话。催眠后暗示可以清楚地证明我们在催眠状态中如何无意识地受控，我们怎么认为知道自己为什么做某事，而且是错的，还可以证明隐藏的动机如何被恢复成清醒状态。

值得关注的是，平时隐藏着的自我会进入抵触它的更深层次的无意识，隐藏着的自我在催眠术下会出现并占主导地位，高度配合催眠师，遵从催眠师的暗示。据说隐藏着的自我能进入大脑内存，直接用它大量的身体反应进入自主神经系统，甚至还可以对暗示被烧作出反应起真正的水泡。这就是心理能产生的东西，通常发生在无意识的状态下，无意识不知道这是怎么回事，它会用实际的身体变化说服自己出现癔病的转换症状。隐藏着的自我会产生局部麻醉，所以你可以用针插进某个人的皮肤而让他没有痛感。

我听说过一个案例：在展示完催眠术后，催眠师忘了解除受术者妇女手上的麻醉指令，后来这位妇女带着烧焦的手回到催眠师那里，因为她将毫无痛感的手放在炉子上烤。这是极其古怪的一件事，因为通常脊髓反射在大脑意识到之前就会抽出手。用催眠术忘记疼痛仍被用于医务工作和牙科学中，尤其用于儿童患者，比如：缓解癌症疼痛或手术疼痛。5—15 岁的孩子最容易接受催眠；15 岁之后，人对催眠的接受度越来越低；老年人的接受度会更低。5—15 岁最容易被催眠是有道理的，因为他们正如饥似渴地吸收大人的态度和思维；而青春期的孩子就不那么容易被催眠了，因为他们更想要和大人划开界线。

通过催眠中的受意识、合作策略和平时隐藏着的自我。催眠师可以帮助受术者唤回失去的记忆，或替换或删除记忆，甚至可以创造记忆。催眠师可以让受术客体退行年龄并再次变成孩子。比如：如果你告诉受术者他们变年轻了，假设是 15 岁，然后是 7 岁，再来是 5 岁，最后让他们写字，那么他们的字迹会像孩子，这反映了他们自己在那个年龄的字迹，除非将他们催眠回现在的年龄，不然他们会不知道怎么写字。如我们稍后所见，年龄回溯(age regression)现象将在精神分析中变得非常重要。

我们可以用催眠术消除或创造歇斯底里症的各种身体症状。正如沙可研究团队发现的那样，我们无法简单通过催眠状态下的暗示治愈歇斯底里性麻痹，或将症状从一只手臂移到另一只手臂，但我们也可以让一个健康的人患歇斯底里性麻痹。当然，催眠师可以办成上述所说的一切，前提是隐蔽观察者(即被称为"平时的自我"或"潜在的唤醒者"同意被分离)莫名地乐在其中或平静地呆在被遗忘的角落，不干扰催眠。

在催眠过程中，通常承担责任的有意识的自我会暂时放弃控制意识和责任感，并且看似在睡梦中享受假日，差别在于它是有意识的而且清楚地知道这是怎么回事。它当然享受没有痛苦的自由。事实上，有意识的自我有时不愿遵从清醒的指令。(催眠师说："如果您真的想要这么做，那么您可以在催眠状态中呆久一点。"然后，他安慰地补充道："别担心，多出来的时间我也会向您收费。")

这就是解释，解释了为何卡特的一些患者说自己不知道症状原因是在说真话。也许，事实上，卡特的多数患者并不知道症状原因，但卡特认为他们知道，而且也许卡特对质他们的"装病"和催眠后暗示影响下受术者被提醒的效果是一样的，受术者的确记起了催眠状态中被下的指令。在萨尔伯屈里哀精神病院，沙可的第一个假设是患者实际上正无助地遭受歇斯底里症的影响，他们无法控制歇斯底里症，这恰恰和卡特的假设相反。

你会问，19 世纪这些想法和我们的心理学思想启蒙有什么关系呢？我的回答如下：它是关于学习与人交谈，并能理解即使人们诚心诚意地与你交流，他们也可能是在说谎，因为谎言已经被放逐到他们的潜意识里。一位年轻的女士告诉我，她有一位同居爱人，但她准备甩掉他，因为她想要独自一人过余生。然后我就想，好吧，也许这样的生活会适合她，但肯定不适合我，所以我只是想知道她是否有些欲望被分离了而且只出现在潜意识里。她是不是完全忘记了某些事情，某些吓跑了她本性的事情？我和她一样都知道她说的是实话，但是她真的知道自己想要什么吗？

这里有一则关于托尔斯泰（Tolstoy）的阿姨的故事：她的丈夫用新奇的留声机录了一段她发怒时说的话，然后播放给她听。听完后，她大声叫嚷："我从未讲过那些话！"听录音的"我"从没说过那些话，是发怒时另一种性格的她说的。

满怀同情地去倾听一个非常诚实的人说话，并理解他们告诉你的并非是实话，因为他们的感情残存物已经依赖丢失掉一些事实，唉！这还没扩散到我们共同文化中。对我来说，我实在不懂它为什么一直只是个被心理医生使用的专业技能。

萨尔伯屈里哀精神病院的医生用催眠术对不同自我的不同种类分离做实验。这些分离方式对下一章节中被我分成"正常分离"、"紧急分离"和"病理分离"的这段历史具有重要意义。

第三章 心理状态

迷失自我，才能发现自我。

(Henry Thoreau, 2006)

萨尔伯屈里哀精神病院几个关于分离的大发现都是沙可的学生皮埃尔·让内 (Pierre Janet)发现的，让内是一名哲学家和精神病学家。以下三种分离类型会逐渐相互转换，它们主要描述了我们所熟悉的一切，正如大脑会让我们远离创伤，从而保护我们自己。通过让内在萨尔伯屈里哀精神病院的发现，我们能够识别下列三种主要类型的分离。

1. 正常分离

每当我们专注于一件事的时候，我们正在分离其他输入(input)。如果你现在方便用心感受下你的臀部，那么你将察觉到椅子带给你的感觉输入，在这之前由于你沉浸在本书中所以你分离了这种感觉输入！一直以来，仅仅因为我们手头正在做的事情，我们都无意识地分离了来自外部和内部的输入。容易被催眠的人通常是那些非常沉迷于连续剧的人，他们完全听不见爱人在喊自己的名字，他们真是擅长分离，即他们真是擅长集中注意力。然而，精神分裂中的分离是另一回事：个体无法用分离过滤器和屏障隔离来阻止来自内心的精神输入。

人们很容易就能分离复杂的动作，比如：开车，这就好像通过安装无意识的自动驾驶仪，我们可以一边开车一边想着其他事情。然后，我们突然清醒过来发现已经到达了目的地(或者偶尔，开到了别的地方)。这可能和智力有关。我曾窘迫地发现，莫斯里医院(Maudsley Hospital)一位非常聪慧的女秘书在为我打字时完全没有意识到我信件中机智、犀利和有趣的内容；她用速记法记下这些内容，然后以一种分离状态打字，显然她有意识的大脑想的是更重要的事情，比如给孩子们准备什么晚餐。

2. 紧急分离

在紧急情况下，我们可以分离身体疼痛或情绪反应的意识，直至危机已经结束。只有在比赛结束后骨折的锁骨才会痛；只有在葬礼结束后，才真正开始悲伤等等。紧急分离是正常的，是有益的。与此相关的著名例子如下：戴维·利文斯通(David Livingstone)被狮子抓伤，但他在考察过程中却没感觉到疼痛；撒切尔夫人(Mrs Thatcher)在布莱顿旅馆爆炸案案发(星期五)后并没有哭，直到周日她才在教堂里哭了。大多数人都有过这样的延期情绪反应，例如，在车祸现场高效冷静地处理事情，但回家后却开始发颤。当劫匪试图进入金库时，被绑在椅子上数小时的银行经理告诉记者，打从一开始，他就觉得像是在看一出和自己无关的戏。

尽管有意识的头脑无法会被意志分离(只要尽量不想事情)，但是我们可以学习或发现一种分离技术，这样我们就能从容地分离意识。精神病学家 R.D.莱恩(R.D.Laing)小时候遭父亲殴打时会让意识游离在大脑之外，这样他就不会感到痛了。我认识一位也能分离意识的男孩，当他和母亲、父亲、外婆同坐一部轿车时，这完全就是身在地狱，从上车那刻到下车那刻，他的意识一直处于分离状态，他无法说出大人们在车上说的片言只语。因为，被分离的一切一去不复返。

我的一位神经精神病学同行发现暴力受害者在施暴过程中通常会进入分离状态，犯罪者也是如此。我曾看过一篇文章，讲的是一个妇女否认自己杀害丈夫的女友，她告诉法官扣动扳机时“在我脑中，我那时在其他地方”。我相信她。这将带领我们进入病理分离。

3. 病理分离

在病理分离中，不管处于何种原因，部分自我都分离了：(1) 无法再聚合；(2) 都很重要且不容忽视，可能会作为分离的亚人格(subpersonalities)存在。

皮埃尔·让内认为在病理分离中，分裂的自我受固定观念(*idée*

fixe, Vanderlinden & Vandereycken, 1997, p.124)控制,固定观念是一种固定意念(好比卡玛哈三伊的怨愤或姐姐订婚带给 A 小姐的伤害)。让内认为固定观念是歇斯底里症的重要表现,根据严重程度,他把病理分离分成三个级别:睡行症/梦游症(somnambulism/sleepwalking)、神游状态(fugue states)和多重人格(multiple personality)。

睡行症/梦游症

梦游症非常普遍,以至于它真的就像是焦虑的发泄途径或者只是全神贯注。一位女学生对刚接手教堂敲钟这一任务感到很焦虑,所以她半夜醒来却发现自己在拉窗帘。

你可以和说梦话的人对话,就像在和被催眠者说话。他们边做梦边说话。有一次,我同事醒来发现他父亲在自己的卧室里,他父亲在检查衣柜、抽屉和床底。

"爸,你在干吗呢?"

"我在寻找生命的意义。"

果然,第二天醒来,他父亲不记得昨晚发生了什么。

很少有人醒来发现自己处于一个危险的位置,比如窗台上。已知有人在睡梦中杀死他人,法官也判决他是无辜的。一个在和残忍的日兵搏斗的退伍军人醒来之后可能会发现自己是在和妻子搏斗。

让内收集了很多典型案例,比如他的患者艾琳(Irene)。艾琳会进入梦幻般的精神状态改变,并再次经历母亲去世的痛苦细节,但正常状态中的她却不记得母亲去世这件事。因此,她想知道,如果他们告诉她她的母亲真的死了(他们还带她看了她母亲的坟墓),那为什么她没有感到失落或悲伤?她说,她觉得母亲只是去了其他地方,会回来的。无法承受母亲之死的记忆是艾琳的固定观念,它从正常意识中分离但是又返回意识夺取控制权,仿佛要引起关注却从没成功;艾琳分离了悲伤,因为她承受不了悲伤。(在此我们也许可以应用卡特的理论:痛苦令人无法承受是因为当母亲去世时,艾琳已经失去了唯一的同情来源)。当艾琳可以随时想起母亲已去世时,她的分离症状就消失了。

神游症

通常情况下，在歇斯底里（不同于癫痫）神游中，人会离开当前所处环境，然后出现在急诊室（Accident and Emergency），主诉记忆力减退，主诉不知道自己是谁；又或者他们会到一个新的地方用新的名字开始新的生活，做一个没有过去的人通常他们已经将自己带离糟糕的环境，即带离已经被自己分离的一部分。在我所知的病例中，有一点我觉得很奇怪，这些患者身上从不带任何身份证件，不管他们多想知道自己的身份，他们体内的某个部分仿佛都已经确信他们无法知道。尽管如此，当他们声称自己失忆而且不知道自己是谁的时候，他们说的是实话。感人的是，一位妇女哭着向我讲述她和丈夫重新构建家庭生活的场景，她的丈夫失忆了，不过已被确认身份并被送回家。但他仍没有真正认识自己的妻子。人们告诉他，她是他的妻子，他信了，而且他认为她是个很棒的妻子，但她却觉得自己对丈夫而言像是刚认识的人，即使在床第之间她也知道丈夫仍未真正认识她。

被分离的事情未必是可怕的，但却可能是人们非常渴望的，是人们平常不敢奢求的事，或者看似不适宜出现在人们所追求的生活中。所有神经官能症都必须被考虑到一种可能性：疾病可能是人们甚至不敢去想的内心深处渴望的一些正常需求。

在文化意义层面，让内迈出了重要一步，他认为不仅精神病患者受自己无法控制的内心力量摆布，我们都是如此。当我们继续往下探索，我们将对心理学思想启蒙有另一发现：发现这些故事拥有左右我们的惊人力量及故事来源。俄狄浦斯的故事只是冰山一角。

多重人格

1980 年，美国精神医学学会（American Psychiatric Association）出版的《精神疾病诊断与统计手册》第三版给出了以下诊断标准：

（1）在个体内存在两个或两个以上独特的人格（每一个人

格对环境和自我都有各自相对持久的观察、联系和思考模式）;

（2）多重人格中至少有两个人格或每个人格在特定时间占绝对的统治地位。

弗洛伊德在萨尔伯屈里哀精神病院的时候就已经知道多重人格，他在《癔症研究》（*Studies in Hysteria*,1895d）一书中写到在多重人格"众所周知的病例"中发现的分离是所有歇斯底里症的基本病理。让内认为控制分离的自我的想法是很重要的，但弗洛伊德认为该想法本身就是一种分离。但弗洛伊德手头似乎没有很多多重人格症病例，也许他缺少治疗多重人格患者的经历。后来，弗洛伊德提出了一个奇特的想法：多重人格是由一系列与爱相关的问题引发的。好吧，他的想法并非完全是疯狂的，我听说部队里有个新兵，每当他适应一段新的人际关系他就会形成一种新的人格，但之后他会以同一种人格和那位新认识的人交往。他形成的新人格符合大众喜好，目的是为了讨他即将结识的人的喜欢。他体内乐于助人的人格藏匿了一位擅离职守的士兵，这和他军人天职的一面起了冲突，所以他向中士透露了躲藏的士兵的下落。

多重人格症是分离的极端，但我们都生活在内心深处的未知世界，有时人会觉得自己更像一个委员会而不是一个人，这是正常的。我们会责备和赞美自己，或者在内心纠结要做什么。"我体内有另一个男人，他生我的气"（Browne,2006,p.55），17世纪英国医生托马斯·布朗爵士（Sir Thomas Browne）如是写道。

有时候，我们确实能感受到内心深处有个力量比我们强大的物或人，它才是真正的操控者。事实上，有些不是多重人格症的患者有时也会有多重人格的表现：当一个事业成功、婚姻幸福、家庭美满的高调政治家被抓到在路边召妓，到底是什么驱使他这么做？正如弗洛伊德后来所说的那样，本我是马，自我是骑手，有时候骑手必须顺着马走。

第二部分

开拓者

第四章　弗洛伊德：早年生活

一个为母亲所特别钟爱的孩子，一生都有身为征服者的感觉；由于这种成功的自信，往往可以导致真正的成功。

(Freud,1917b)

西格蒙德·弗洛伊德(Sigmund Freud)出生了一个犹太家庭，他的父亲是维也纳的一位犹太羊毛商人。弗洛伊德是八个孩子中的老大[他唯一的弟弟朱利叶斯(Julius)在很小的时候就去世了]，一大家子全靠父亲微薄的收入维持生计。然而，弗洛伊德从小就表现出了非凡的才智，为了让他接受好的教育，他的父母付出了很多。尤其是他的母亲，母亲最宠爱的孩子就是他；事实上，母亲的宠爱深刻地影响了他以后的生活。弗洛伊德年幼时最亲密的玩伴是他同父异母的哥哥的儿子——约翰。弗洛伊德如是写道：

……我温暖的友谊和敌意……都要回溯童年时代侄子(大我一岁)和我之间的关系……我们住在一起，焦不离孟，相亲相爱，但有时我们会争吵并指责对方。

在我的感情生活中，一直都有某一密友和某一仇敌；我一直能够重建这样的关系，而且我童年时代的上述典型关系也往往非常完整地再现，以致任何一个人都可以同时成为我的朋友和敌人，就同我和约翰的关系那样。(Freud,1900a,p. 424)

我们将看到他早期的人际关系如何影响早期心理学思想启蒙。

1885年,青年医生弗洛伊德前往巴黎萨尔伯屈里哀精神病院师从沙可学习催眠。在那里,他亲眼目睹通过催眠术展现出来的潜意识及其力量。1886年,弗洛伊德结束了他在萨尔伯屈里哀精神病院的学习,他以神经病学家的身份开业行医,用新学到的催眠术医治患者。

他的一名年轻女患者主诉自己无法给小孩喂奶,每次喂奶都会引起胃肠不适。弗洛伊德用催眠术治愈了她,但他认为这位女患者及其丈夫有点吝啬他们的感激之情。一年后,当这位女患者因同样的问题再次找上弗洛伊德治病时,他知道了他们吝啬感激之情的原因。显然,这位患者认为一名陌生人能使自己成功喂宝宝是一件很苦恼的事,反观自己,尽管费尽力气也无法成功喂奶。弗洛伊德被患者潜意识里的某种力量震惊到了,他将这种力量称为"反意愿"(counter-will),"反意愿"像催眠后暗示一样控制了她的行为,而且即使竭尽全力她也无法控制"反意愿。"

就在那时,弗洛伊德知道了卡特不知道的事情:病人没有装病,只是在分离。但弗洛伊德还没有开始使用卡特的技术寻找症状潜藏下的痛苦情绪。到萨尔伯屈里哀精神病院之前弗洛伊德已经知道如何使用这个技术,如何用催眠术挖出症状下痛苦的情绪治愈歇斯底里转化症的关键,但令他感到奇怪的是,沙可没看到布鲁尔(Breuer)的病人化名安娜·欧(Anna O)的病例的重要性,这一病例为此提供了线索。布鲁尔是弗洛伊德的朋友,他是一名心理医生,安娜·欧是他最著名的病例。她有很多临床症状,包括每晚处于一小时左右的意识错乱状态,病发时她完全不像那个有良好教养的自我,她像一个淘气的女孩,扯下衣服扣子、扔坐垫,完全不可理喻!随后,当她恢复正常,她主诉自己记忆出现中断。如果安娜在她第二意识(*condition seconde*)中有机会给自己另一个病例化名,那么她将会是个多重人格症病例。

当安娜·欧在催眠状态下告诉布鲁尔病症发作时的某些"幻觉",她症状就会消失。比如:当她告诉布鲁尔某个夜晚,在半睡半醒间她看到一条蛇要伤害她父亲,但是她却动弹不得无法救她父亲,叙述完之后她的全身痉挛性麻痹治愈了。同样的,在催眠状态中,她诉说自己童年时看见女家庭教师的狗跳到桌上,喝某人玻璃杯内的水,这引起了她的厌恶，清醒后她不能喝水的怪病消失了。每当安娜在治疗中想起痛苦的回忆并宣泄当初没宣泄的情绪后，她的症状就会消失。催眠状态下的涤清法（宣泄先前抑制的情绪）比卡特的对质法更省力而且更有效。

起初，布鲁尔和弗洛伊德将报复需求纳入压抑的情绪中：比如，有时问题在于病人没采取任何行动来解决与其他人的冲突，在安娜·欧的病例中，安娜从来没有正面告诉女家庭教师她那只放肆的狗的不良行为。布鲁尔和弗洛伊德都认为如果"对引发影响的事件作出有力的反应"（Freud，1893a，p.8）（此处"影响"指"情感"）那么记忆一般会逐渐模糊（不会成为固定观念）。

> 此处'反应'是指所有的随意和非随意反射：从眼泪到报复行为……纵然只是从言语上获得伤害弥补，但与一个不得不接受的伤害相比，其记忆也迥然有别……如果受伤者对创伤作出适当反应，例如报复，那么其达到的也只是一个彻底的'宣泄'效果。（Freud，1893a，p.8）

弗洛伊德的科学倾向导致他说的是"引发情感的事件"而不是"伤害你的人"，前者具有更广泛的适用泛化，但它忽略了一个问题：直接和令病人心烦意乱的始作俑者交手可能会让病人更好受。因为"语言可以替代行动"（Freud，1893a，p.8），所以弗洛伊德认为病人可以通过用语言向医生宣泄情绪得以治愈。就在19世纪晚些时候，在家庭和婚姻治疗中，罪犯和受害者能解决彼此间的怨恨，而且就在19世纪末期，心理医生能够真正地帮助病人成功报复，或至少伸张了正义，他们通过法律制度在法庭上为患者说话[比如莱温斯基的心理医生艾琳·卡索拉博士（Dr Irene Kassorla）为她与克林顿总统打官司]。

"歇斯底里症患者在遭受往事的折磨"（Freud，1895d，p.108），弗洛伊德和布鲁尔如是说道。而且他们用的是"创伤"一词，用"伤害"而不是固定观念指代那些往事。比如，起初弗洛伊德曾用催眠术进入患者潜意识，给它下指令要想什么以改变回忆，还用了其他相当专制的治疗程序，但他后来转而催眠患者，询问他们引发症状的诱因。催眠有时（或经常）不起作用，这时他会很尴尬。每当这个时候，他便用从一位法国催眠师那里学来的方法，把一只手放在病人额上，然后说："当我拿开手，你的脑海会出现某物，这就是我们所要的。"弗洛伊德很相信这一方法，但他很快就发现了一个更好的方法。

有一次，一位病人问弗洛伊德是否能让她独自随意回忆，而且她确信如果他同意这种做法，那么他们两人都能知道浮现在她脑海中的事情。著名的精神分析方法"自由联想"(free association)便由此诞生。病人似被催眠般地躺在沙发床上，弗洛伊德则坐在病人头部那一端，避免接触病人的目光但仍然能够留意病人的面部表情（他显然成了倒读面部表情的专家），他的狗趴在他的椅子下，沙可和白兰奇的画像挂在沙发上方，倾听患者说话，倾听，倾听……心理治疗其实不是谈话疗法(talking cure)，而是倾听疗法(listening cure)。在心理治疗中，患者得到了从未有过的倾听。

正如卡特预测的那样，弗洛伊德听到了很多不愉快的爱的故事和两性故事。最令人愉快的一个病例是弗洛伊德在阿尔卑斯山度假时遇到的，女房东满脸愁容的侄女出乎意料地随他到山顶，求助他治疗她的焦虑症。弗洛伊德称她为"凯瑟琳娜"(Katerina)：

> 我有趣地发现在 6000 英尺（约 1800 米）以上的高度，神经官能症以这样一种方式活跃地呈现出来……在这种高度下我不敢冒险施展催眠术……我做了猜测。女孩子的焦虑往往是恐惧的结果，而这种恐惧是因为初次面对性欲的情境时她们纯洁的心灵被慑住了。(Freud，1895d，p.127)

弗洛伊德的猜测引导凯瑟琳娜想起伯父曾两次试图对她进行性侵犯。"当她回忆完这两次性侵犯，她突然不说话了，像是变了一个人。她那紧绷的愁容变笑颜，双眼也变明亮了，整个人开朗了，非常兴奋"(Freud，1895d，p.131)。

涤清法的临床效果相当好：宣泄那些被压抑甚至被分离的情绪，荡涤心中一切未知的情感。涤清法至今仍用于心理治疗。比如，不管是否有药物或催眠术的帮助，涤清法都可以用于治疗创伤后应激障碍，有时也被称为"心理疏泄"(psychological debriefing)。

数年后，弗洛伊德在《癔症研究》一书中给凯瑟琳娜的病例添加了脚注，脚注内容是他当时不敢公开的事情，即事实上凯瑟琳娜是遭生父而不是遭伯父性侵。弗洛伊德经常从病人那里听到这样的故事，所以他认为性侵犯肯定是普遍存在的问题。1893 年 5 月至 1897 年 9 月期间，弗洛伊德一直认为所有歇斯底里症的根源都是受父亲性侵犯，通常是性变态。事实上，他把自己梦到侄女的性梦解释为是潜意识里对女儿的性愿望的伪装。

但弗洛伊德对自由联想方法印象深刻，它如何暴露内心潜隐的思想。如果你可以滔滔不绝，而且你知道倾听者不像朋友和家人那般会利用这些话对付你，那么你所在自我身上的发现将非常令人惊讶。之前弗洛伊德已经对自己的梦进行了解析，因此，1897 年，在父亲去世后十个月，41 岁的弗洛伊德开始用自由联想十分认真地分析自己，他坐下来，记下脑海中浮现的一切。令人惊讶的是，他非常相信自己的理论，因此他十分期待揭开隐藏在脑海中的被父亲性侵的回忆。

弗洛伊德可能认为通过揭开被性侵的回忆就可以治愈自己的神经衰弱症(头痛、喜怒无常、消化问题、乏力和抑郁症)。但是自由联想的结果是:弗洛伊德发现的不是他所期待的。相反地，他发现自己在儿童期有时会恨自己的父亲(他一度认为父亲是自己唯一爱过的人)，还发现自己对母亲有性冲动。

弗洛伊德承认自己就是古代神话俄狄浦斯的翻版，俄狄浦斯(Oedipus)注定要遭受“弑父娶母”的厄运。特别是有一个时期，7 岁那年，他和母亲共享一个火车包厢，他肯定自己看见了母亲光着身子。用自由联想回忆此事时，弗洛伊德已 40 岁，所以他不能准确地想起彼时的真实感受，也无法想起自己是否真的对母亲有欲望，但弗洛伊德的另一位朋友弗莱亚斯(Fliess)，他也是那时精神分析界的一分子，他告诉弗洛伊德自己的儿子看到母亲裸体时是如何勃起的，由此弗洛伊德推测自己当初肯定也是这样的。

但是，弗洛伊德认为如果自己那么小就有了性欲，那么他的病人呢？难道她们都受到了父亲的性侵害？又或者她们的“记忆”只是幻想，因为她们潜意识里是这么渴望的？当时弗洛伊德就震惊了！他明白自己早年的想法可能是错的，以前他认为过早的性欲是歇斯底里症的病因。

而且那时候，弗洛伊德在自我分析中经历了在自己身上发现的一切，加上用心倾听了患者的诉说，弗洛伊德正好颠倒了自己先前的理论。这不仅只是一个“性发育前的性震惊”(pre-sexual sexual shock, Friedman, 2001, p.168)病例，即少女纯洁的心灵受到成人性爱的震惊和创伤；而且是我们的病例，作为成人我们受到自己童年性欲记忆的极大震惊，所以我们自己忘光了这些事。我们分离了自己婴儿和童年时期对父母的性欲和占有欲的回忆，这是因为我们大为震惊，我们蒙蔽自己的双眼，就像俄狄浦斯发现真相后用针挖出了自己的双眼。事实上，在父亲出殡那晚，弗洛伊德梦见了一个布告：“请你闭上双眼。”(Freud, 1900A, p.317)

后来，弗洛伊德认为这一定是本能的自我与道德的自我之间必要的、普遍的、无意识的情感冲突。这个无法令人接受的新发现恰好是所有人本能的自我童年时期特别想要的：希望和与自己性别相反的父或母发生性关系，希望与自己性别相同的父或母去世。这是《梦的解析》(*The Interpretation of Dreams*)的核心，该书于1900年出版，是弗洛伊德第一部真正具有重大意义的著作。

《梦的解析》揭示了梦是愿望的实现。弗洛伊德在书中举了一些无害的例子，比如他的女儿梦见自己在吃草莓，在这之前那天大人拒绝了她吃草莓的请求；他还举了一些关于爱人死亡的更令人深思的梦，其中他描述了恋母情结。弗洛伊德如是写道：

> 如果是个如愿以偿的梦，那么痛苦就不应该在梦中出现。这样的梦应该总能带来快乐。问题是，谁感到快乐？当然，是有此愿望的人。但是，我们知道做梦的人和自己的梦有非常特殊的关系。他厌弃梦，他审查梦，总之他不喜欢梦。因此，比起梦愿，做梦的人只能被比作是两个和他有共同之处的独立的人的融合：本能的自我和道德的自我。如果两个自我相持不下，那么其中一个自我如愿以偿的快乐自然会导致另一个自我的不悦。(Boss, 1958, p.38)

“两个独立的人”，这让我们想起了弗洛伊德和布鲁尔认为歇斯底里症的病理本质上是多重人格；让内认为是软弱导致意识的分离，因为患者无力将各个分离的部分联系在一起，但弗洛伊德并不同意这个观点，他认为精神是被推开的，当一方摈弃另一方且将不再与之有干系的时候，它们将不知道彼此的存在。

所以，“压抑”(*repress*)一词代替了“分离”(*dissociate*)。主动推开另一方的自我是在无意识中进行的，而意识可能只会觉得更快乐更自由。但是被推开的一方并没有消失，它一成不变地隐藏着，然后以神经官能症症状或以梦的形式再次出现，彼时本能的自我回来再次挑战道德的自我。

顺便说一句，指责弗洛伊德发展新理论时抑制了儿童性虐待的真相是不公平的(19 世纪晚些时候的确有人指责他)，弗洛伊德不过就像是一只闻到了狐狸味而忘记兔子的猎犬，仅此而已。

根据自己的新理论，弗洛伊德意识到自己是在做一件大事。发现自己童年时期对母亲的性欲望以及对父亲爱恨交加的感情意味着他比所能想象的更了解自己。他继续自我剖析，并于 1899 年宣称自我分析给他带来很多好处，让他的病情有了好转。但后来他又说任何一个儿童护理都能可以和所有人谈幼儿性欲，他还自我打趣，说发现大家已经知道的事情是他的命运。

这对所有人来说都是一件要严肃对待的事情：小女孩真的想和自己的父亲发生性关系，小男孩则是想和母亲发生性关系，并且他们都嫉恨和自己性别不同的父或母。这将意味着凯瑟琳娜的不安是因为她本能的自我想和父亲发生性关系，但她的部分意识并不想。弗洛伊德是一个非常率直的人，他不会用一种大家心照不宣的挤眉弄眼方式对待性欲问题，但 19 世纪维也纳资产阶级的很多男人会这么做，他们生活在一个生动活泼的、不负责任的、以男人为中心的黑暗社会。弗洛伊德也没有以传统的正直对待儿童与性的主题，而传统的正直导致他的同胞画家埃贡·席勒(Egon Schiele)于 1912 年因色情画作被判入狱。他用浓厚的人文情怀和科学客观性严肃对待自己的发现。

弗洛伊德的部分野心是想成为先知。这种早期的野心有一天会让他向追随者宣布,“真相在我们手上”(Jones,1957,vol.3,p.215)。性的基本重要性对他而言就是一个待宣传的事实。

对性思考得越多,他就越觉得性可以解释一切。《性学三论》(*Three Essays on the Theory of Sexuality*)于1905年发表,它在弗洛伊德有生之年内进行六次改版,在本书中弗洛伊德解释了性欲(他称之为“力比多”)是人类行为的动机。只有自我保护的本能反对性欲(例如:如果我们坚持对母亲产生性欲,那么我们就会害怕被父亲阉割)。

弗洛伊德认为性和对性产生的自我保护反应可以解释一切。婴儿吮吸母乳也是性欲的表现,有黏膜接触的地方就有性欲,比如婴儿从排尿和排便中获得快感。性的形式有很多种:残酷的和柔情的、拇指吮吸以及各种性游戏。弗洛伊德美其名曰“多形性反常”(polymorphous perverse,Freud,1905d,p.28),即不断发展的性器欲、对知识本能的渴求、肌肉运动、脑力活动,甚至是在精神领域的释放,比如艺术,艺术渗透着变了形的“欲望的升华”(sublimation),这

> 使源自特殊性欲的激情得以酣畅淋漓地宣泄出来……我们童年时期各式各样的性变态倾向也相应地被视为美德之源……(Freud,1905c ,p.238)

一般人之间的差异是令人难以置信的。一些婴儿似乎从母乳喂养期就产生了性欲,直到最终通过自己或他人的躯体获得肉体快感,并一点不差地发展成完全的两性性欲。但有些婴儿的性欲被扼杀在萌芽状态:在盖氏医院儿科门诊里,一位母亲被问及为何这么快断奶,她说:“医生,我不得不这么做,他渐渐有意识了,他开始享受吸乳了!”

弗洛伊德认为如果给予公平的机会,那么婴儿和小孩子精彩的“各式各样”性心理会自然成长,一步一步发展成成年时期的性爱心理。但是如果儿童在性心理发展过程中受环境惊吓遭遇压抑时,性情感将得不到发展,停留在婴儿阶段。弗洛伊德说,一个绝对的成人性变态者永远不会变成性变态者,因为他只不过是停留在最初的性心理阶段,而不是像其他人那样发展自己的性欲。

弗洛伊德认为神经官能症通常不是由受压抑的正常性欲引起的,

而是受压抑的婴儿性欲引起的：神经官能症是对变态的否定，他说这是对正常婴儿“变态”的否定和压抑。

弗洛伊德比我们现在的人更拘谨。他认为同性恋是“最令人反感的变态”(Freud, 1907a, p.72)。然而，尽管他拘谨的挑剔，他还是成了肉欲情色之爱的翘楚和文化英雄，作为肉欲情色之爱的代表，他必须站在精神的和无私的角度奋力与根深蒂固的文化偏见抗战到底。

圣保罗(St Paul)告诉科林蒂安(Corinthians)：“爱是持久……”弗洛伊德告诉年轻的女患者多拉(Dora)，“爱……是泪水”(Freud, 1907a, p.72)。多拉不需要被告知，她只需要被哄着承认自己已知的事情。

因此，根据弗洛伊德所言，自然发展可能出问题的方式有两种：

> 1. 如果受压抑或以其他方式从个性中分离出去，则会停滞不前，即“固着”(fixated)，性心理发展水平停止在婴儿期。固着将阻止潜意识中的行为，导致性心理无法正常发展。
>
> 2. 性心理发展到一定阶段，但却后退，即“退化”(regress)，退回家庭罗曼史(family romance)或婴儿性欲时期，可能是因为胆怯，遇到心上人时却因为某些原因失去勇气造成退却。这是多拉最初采取的做法。

“情节”(complex)意义的注释

在本世纪初，“情结”意指有关记忆、希望、想象等某一心理的综合体：让我们再次想起让内的固定观念，想起可以设立在自己体内的“自动驾驶仪”，想起控制我们行为的强有力故事。情结说“我想要……”这个或那个；恋母情结是“我想要弑父娶母”。

“情结”是另一个可怕的心理呓语例子，但不巧的是，在回想起人们那些难以解释的行为时，“情结”偏偏非常有用。折磨着卡玛哈三伊的鬼魂就是情结，是他本身的内疚感(除非它们真的是祖先的灵魂)。我认识一位有女权主义倾向的人类学家，她参加了尼泊尔的一场灵魂附体仪式，她很高兴听到一位被附体的妇女勇敢地出言反对自己的丈夫以及很多女人受到的不公平待遇。但第二天，当她祝贺那位妇女非常大胆地吐露真言,对方却否认自己说过那些话,她说是灵魂在说话。她那从意识态度中分离出来的反对-情结依然很强烈。

自主情结(autonomous complexes,这种情结非常独立,以至于它们本身就是权威)也叫做无意识的志愿(unconscious wish)会造成其他无法解释的灾难。精神分析学家威廉·费尔贝恩(William Fairbairn)用的术语是"内在破坏者"(internal saboteur, Pereira&Scharff, 2002, p.15)。想象一下一名年轻女子极度厌倦自己的生活,但是她放下自己反复想自杀的冲动并忘了要自杀。她找了一个新的爱人,自杀的念头从脑海中消失了。但它并没有真正消失,而且还从潜意识里影响她做很多事情。某晚,她和朋友一直在狂欢,他们都有点余兴未尽,而且她没系安全带就开车回家。生活如此精彩,谁会去注意这个细节!随后发生的车祸就是潜意识的自主情结在主导。研究自杀未遂的人是否比常人更容易发生意外将会是很有趣的一件事。

我认识两个服过量药物但自杀未遂的女人,她们都是好女人,尔后她们都对自杀一事感到很惊恐,自己怎能狠心在孩子面前做这样的事呢?在这两个病例中,自我情结出现并支配她们的行为,或者也可以说是分离的自杀愿望或内在破坏者在作祟,随便哪个术语都一样。同样的,我们可以推测无意识的自杀式动力对巨大灾难的影响程度有多大,比如,20世纪中叶德国和日本的侵略性历史命运。败北随之而来的自杀。同样,我想知道无意识的自杀情结导致多少人走上死亡之路或者引发身体疾病。

无意识的志愿力量就像是隐藏的亚人格在幕后操作,这是心理学思想启蒙第一个伟大的发现。事实上,无意识的欲望给家庭、国家和世界造成了巨大破坏。被仔细审视的人,比如被孩子审视的父母或被公众审视的国家领导人,当他们一点都不矫揉造作的时候,他们看起来往往很虚伪,因此他们的右手真的不知道左手正在做什么,即使我们已经事先告知他们。

第五章　弗洛伊德与美丽心灵

在我以前的诗人和哲学家早就发现了潜意识，我不过发现了研究潜意识的科学方法罢了。

(Sigmund Freud)

弗洛伊德在《癔症研究》(1895d)一书中写道“移情”(transference)是治疗中最大的障碍，即患者对心理医生有了情感反应。但是，数年后，他发现的恋母情结给移情带来了新兴味。

弗洛伊德发现，他眼中那些真正想和自己父亲发生性关系的年轻姑娘会把情感转移到他身上。对于他的许多女性患者来说，爱上弗洛伊德很容易，因为30多岁的弗洛伊德很英俊，他有着迷人的眼眸。事实上，在《癔症研究》中弗洛伊德描述了一位女患者在接受自由联想法治疗时是如何表明想要他吻她，但她随即想起自己以前如何希望一位年轻男子来吻她，不过由于自己成长得很好，所以她抛下并忘记了那个念头，直到弗洛伊德让她重新体验了这一经历。

由此，弗洛伊德推断病人有一种选择：要么记住一些东西，要么表现出来并通过移情到心理医生身上重演。

在精神分析过程中爱上精神分析师屡见不鲜。把年幼时期对父亲的爱转移到弗洛伊德医生身上是一种聪明的做法，这避免了更丢脸的事实。这是一种“防御”(defence)行为，可以被解释为：“你真的想和你的父亲发生关系。”

弗洛伊德经手的著名案例“鼠人”[The Rat Man，一位名叫恩斯特·蓝泽(Ernst Lanzer)的29岁律师]让他对移情的观点有了180度大转变。很快,弗洛伊德意识到转移并不是治疗中的障碍,而是治疗的主要手段。

弗洛伊德在《强迫性神经官能症案例之摘录》(*Notes on a Case of Obsessional Neurosis*,1909d)中描述了"鼠人"的案例:蓝泽的强迫性想法和行为已经让他的生活陷入了停滞状态。他觉得有必要采取反复的复杂强迫行为阻止一些坏事降临到他父亲或者女性朋友身上。这个案例更耐人寻味的地方在于实际上蓝泽的父亲已去世多年。

在治疗开始之前,弗洛伊德要患者保证遵循"自由联想治疗方法的唯一原则,即患者必须毫无保留地说出所想到的任何事情"(Freud,1909d,p.159),即使想到的是一些看似令人不快的、无足轻重的、无关紧要的或无意义的事情,也要说出来。当然,弗洛伊德很有兴趣倾听蓝泽的童年往事,他确信通过自由联想这些往事会从患者脑中蕴藏的大量回忆中浮现出来。

蓝泽的"抗拒"(resistance)很快中止了他的回忆。他停止回忆,从沙发上站了起来,请弗洛伊德允许他跳过自由联想这一步骤。但事关医患对战时,弗洛伊德并不会心软:

> ……我当然无法答应给他我能力之外的东西。他还不如让我给他一轮月亮呢。克服抗拒心理是治疗的规则,必须遵守。(Freud,1909d,p.166)

蓝泽费了很大力气向弗洛伊德描述自己的恐惧。他担心如果自己没有采取强迫行为,那么可怕的折磨将会降临到他父亲和他所爱的女人身上。这种折磨包括加热满是老鼠的锅,然后老鼠会钻进父亲和女友的肛门,让两人饱受折磨。

彼时,弗洛伊德已经能熟练地倒读躺在他旁边沙发上的病人的面部表情。当蓝泽告诉弗洛伊德关于老鼠的折磨,"他露出了一种奇怪的混合表情。我只能将它解释为一种他自己没意识到的快乐的恐惧"(Freud,1909d,p.166-167)。

随着治疗的推进,蓝泽告诉弗洛伊德,他的强迫症是两者间进行激烈斗争时出现的:是要遵循自己的爱情娶贫穷的姑娘,还是遵循父亲的意愿和富人家的姑娘结婚。

在他产生移情现象时，他想象弗洛伊德家很富有，而父亲想要他娶的那位年轻姑娘就是弗洛伊德的女儿。令他苦恼的是，自由联想的无情规则迫使他说出对弗洛伊德充满敌意和批判的想法。有时蓝泽会起身或低着头，仿佛弗洛伊德正要因他的放肆态度揍他。他的父亲可能会揍他，但弗洛伊德不会。

通过把对父亲的敌对态度投射到弗洛伊德身上，蓝泽得以重复或表现年幼时对父亲的矛盾态度：现在弗洛伊德就是那个要他违背意愿娶年轻富家女的父亲，但这次，在自由联想的规则下，他被迫对弗洛伊德恶言相向，这是当年他不敢对父亲做的事。

弗洛伊德用一年的时间治疗蓝泽，并用自己亲身经历的方式引导蓝泽，告诉蓝泽他恐惧其实是愿望，是被一直隐藏在潜意识里的对父亲的仇恨触发的。

在治疗最初之际，弗洛伊德就解释了精神分析的理论(1905)，而随后患者也一直遵守该理论的原则。弗洛伊德解释了当分离和压抑的愿望被意识隔绝时它们并没有死去，而是呆在潜意识里然后从潜意识引起莫名的烦恼。他告诉蓝泽“无意识肯定是意识的精确相反”(Freud, 1909d, p.180)，是他对父亲的爱将恨意逼退到潜意识里。

根据这样的方式，弗洛伊德期待能在每一个歇斯底里症案例里找到对父母一方的性压抑，期待能在强迫症(obsessive-compulsive disorder)病例中找到爱与恨的冲突，从而得出压抑的怨恨将通过潜意识引起病症：无意识的伤害念头，它会引起伤害的强迫性恐惧。

但对弗洛伊德而言说服蓝泽并非易事，让他相信自己有意识的恐惧和内疚是对想伤害敬爱的父亲的无意识的志愿反应，或者其实他根本就不爱自己的父亲。事实上，只有在移情中展开分析后，他才相信弗洛伊德的理论。

弗洛伊德喜欢蓝泽，对他很友好：某天，当蓝泽饿的时候弗洛伊德会给他东西吃，弗洛伊德会花时间向他解释精神分析并反复向他保证自己会尊重其隐私。经过一年的治疗，蓝泽强迫症状消失得差不多了，他停止治疗并订婚去了。可惜，弗洛伊德没有机会跟踪这个案例，因为鼠人在第一次世界大战中丧生了。

鼠人的案例强化了弗洛伊德的潜意识理论：当潜意识的(压抑的)愿望有了意识，个体随后可能因此做些什么事，无论只是有意识地再次抗拒这些愿望还是加强它们，引导它们朝好的结果发展。加强后的潜意识带来的正面结果可能会是将隐藏的敌意转化成公开的自信：如果无法转化，那么这种能量可能会以某种方式转成或升华为一些创造性活动，比如艺术。

弗洛伊德揭露自己的恋母情结是自己神经官能症的病因，这带来了一个伟大的百年洞察：了解患者的童年经历可以解释他们当今的情况，并且可以提供一种方法治愈他们的痛苦。年幼时期的创伤可通过宣泄压抑的情绪治愈，年幼时与他人发生的不悦(变成和全世界的不愉快)可以重新解决。

通过恋母情结的发现，弗洛伊德相信下一代的幸福感可以通过更好的育儿方法来提高。这一观点确实渗入了20世纪后半期的共同文化，那时人们投入大量精力研究人类情感发展和育儿好方法。

尽管弗洛伊德写的东西非常清楚易懂而且逻辑清晰，但是信息传到只阅读片言只语的大众那里却变得杂乱无章。比如，有些人认为潜意识是性和侵犯的危险源，充满了破坏性的危险动机。

彼时在德国，这离事实不远。许多德国人表面下的残暴一触即发，每当弗洛伊德走在街上，他都可能和那些将成为希特勒爪牙的人擦肩而过，那些人杀死了他的妹妹和朋友们。但是，弗洛伊德看到了周围紧张局势不同的一面，他把这看做是文明和本能之间的冲突，他同情本能。他认为是人类的恐惧本能导致人类生病。社会认为欲望和憎恨都只是必须受惩的罪恶，而弗洛伊德认为欲望和憎恨是成长中的正常现象。他相信如果文明接纳这些被看做是“性变态”的情感而非抑制它们，那么人们将会更健康。

随着时间的推移，弗洛伊德的伟大观点：性是美好的，愈发受到英国中产阶级的重视。20世纪上半叶阿道斯·赫胥黎(Aldous Huxley)的小说中涉及了在情欲中挣扎的女性角色：比如一位处于性萌发期的年轻姑娘被男孩无情拒绝，内心受到严重伤害；或者一位有过性体验的姑娘却发现自己爱上了性伴侣，但是她初尝性事只是因为新思潮宣扬性有益身体健康。这些小说说明了弗洛伊德的社会影响力，并且鼓励人们接受性事、体验性事。

1915年，弗洛伊德发表了一篇关于抑郁的论文“哀悼与抑郁”(Mourning and Melancholia)。在这篇文章中，他并没有提及任何病例，而是假想了一个不满丈夫的已婚妇女。弗洛伊德说她对丈夫的失望仿佛经历了丧亲之痛。她表达了类似丧亲的痛苦，但有个奇怪的不同点：她大声自责，这是临床抑郁症患者常见的行为，而不是哀悼者的正常行为。

弗洛伊德认为，其实她想要责备的是丈夫不是自己，但她却转为对自己的自责。自责是逃避对抗的一种方式，但是通过让自己变成一个令人痛苦的同居对象，她仍间接地惩罚了丈夫(这一观察与心理分析论点联系在一起，该论点是：自杀者都先想杀人，然后自杀)。把该受责备的人同化到自己的人格中，即“心理内投”(introjection)，这一机制后来出现在客体关系论(object relation theory)中。在这里，弗洛伊德才刚开始探索我们如何影响他人的情绪以及他人如何影响我们的情绪。

但是这篇论文中一段不愠不火的话确是一颗文化炸弹(culture-bomb)：

> 我没看到(抑郁症患者)自我的一部分如何反对另一部分，苛求地评判它，而且好像将它当成了客体。此处我们逐渐熟悉的是俗称‘良心’(*conscience*)的媒介；我们将把良心算入……自我的主要机制内，我们将发现证据表明*它本身会变成疾病*。(Freud，1917e，p.247，斜体为作者标记)

早在1896年弗洛伊德就在《癔症研究》中用“创伤”(trauma)一词来描述导致心理问题的事件，比如父亲病危。在安娜·欧的病例中，弗洛伊德将创伤性事件用于由感知罪恶的欲望引起的癔症症状，比如性欲或报复欲。例如，安娜·欧的病状发展为咳嗽，这源于她的内疚，因为在本应只关注临终的父亲之际她却还想着随音乐起舞。另一名患者多拉，当她不得不面对自己对父亲的性幻想时，她也会咳嗽。

因此弗洛伊德描述了在歇斯底里症转换中，一段痛苦的或不光彩的回忆或愿望是如何以某种方式被清醒的意识撵走并转换成体征。他认为这是道德上怯懦的表现，这代表对自己的欲望或憎恨等情绪的抵抗，而把它们分离到潜意识里，在那里它们可以表现为体征。

在《哀悼与抑郁》中，良心的疾病在于妇女因丈夫的过错而自责。在一定程度上，这是一种间接惩罚丈夫的无意识方式，但这也是一种避免对抗的方式，正如一个人向踩了自己脚趾的人道歉，或用安抚的方式和所有人友好相处。她可能会因为自己不是个好妻子而自责，但对弗洛伊德而言，她真正的"罪"，或者说她道德上的失败在于她没有承认自己对丈夫的愤怒，也没利用愤怒，比如让丈夫表现得更好。

我认为弗洛伊德写的"道德怯懦"(或"道德勇气")在19世纪90年代后就不再是心理健康的一个因素。因为道德怯懦和道德勇气与弗洛伊德的个人需要发生了冲突，他想通过拒绝传统道德责任赢得思想自由：自由意志、宗教等，并通过怀疑的科学理性主义、心理决定论和积极的无神论来取代传统道德责任。在《癔症研究》中他写道他"作为一位老师，作为世界较自由或较好观点的代表"(Freud, 1895d, p. 282—283)，一种较好的观点能把人们从性愧疚的烦恼中解救出来。弗洛伊德反对犹太教和基督教，这是肯定的；但也许在他的拘谨下，他和拿撒勒人耶稣(Jesus of Nazareth)一样有着犹太人朴实的温暖，耶稣也曾使一些人免受性带来的处罚。

后来，心理医生绝不给患者任何道德建议成了心理动力性治疗的原则，患者必须基于自由意志形成自己的良知。

弗洛伊德一度认为癔症的根本病因和在多重人格中发现的心理过程分离是一回事。但是在某个时期，他开始认为出现多个亚人格是普遍现象，不仅只是各类神经官能症患者有亚人格，全人类都有亚人格，正常与否，大家都一样。

弗洛伊德最初认为完整的人格由两个部分组成：意识和无意识现象。但这随后被取代了。到了1923年，弗洛伊德在鼠人、其他和他自己身上观察到的三种亚人格已经清楚地在他脑中形成人格结构的三个"部分"(institutions)，他称之为*Es*、*Ich*、*UberIch*，这三个词对应的分别是本我(*id*)、自我(*ego*)和超我(*superego*)。通过将良心重命名为"超我",弗洛伊德可以用客观科学的夹具夹住它,将它从混乱的人类心理中分离出来,并用精神镊子把它往上提,让它远离任何"正确"和"错误"思想的污染。

超我就是自我的内在管制者:自我控制(self-control)。"无意识"一词的用法此时也有了改变:它成了一个描述性的形容词,描述大部分的自我和超我,描述全部的本我,而不仅只是抑制欲望的部分心理活动等等。

"本我"(拉丁字为"It")一词是弗洛伊德根据德国精神医生乔治·果代克(Georg Groddeck,1886—1934)的作品所建立的文字。果代克在1923年写的一段话非常重要,所以此处我要强调一下这段话:

> ……未知赋予了人类生命力,……在人的体内有一个'自我'和一个'本我',有些奇妙的力量主导了人的行为和在人身上发生的事。宣言'我活着'……只表达了基本原则'人依靠本我而活'表面的一小部分。(Groddeck,1923,p.199)

当弗洛伊德根据果代克的作品建立"自我"一词后,他缩小了"自我"的词义。但他确实认同果代克的观点:潜意识不只是一个装压抑愿望的垃圾桶,也是人类生活中强大本能的根源。潜意识是"奇妙力量"的家,是赋予人类生命的"本我",是本能和欲望的根源,是发生在人类生活中的所有符号(比如俄狄浦斯戏剧)。其他作家给'本我'取了其他名称,比如"生命力"(life force)、"生命冲力"(*élan vital*)等等。

因此,弗洛伊德将良心更名为"超我",他认为这是"恋母情结的继承者"(Eysenck,2004,581)。超我起初是个男孩,那时他抑制对母亲的性欲,因为他害怕父亲会阉了他。过于严重的、病态的超我可能会导致歇斯底里症、强迫症和抑郁症生病。歇斯底里症不得不压抑她调皮的欲望;强迫症不得不压抑他的天性,也许还要压抑他的敌意;抑郁症沉迷于自责压抑她的反应性敌意和批判能力。被误导的愧疚使他们都患上了神经官能症,他们需要弗洛伊德更解放更好的观点来给他们自由。

于是乎,弗洛伊德将歇斯底里症当做是一个已经分离无法控制的情感的人；把强迫症看作是一个混合情感的人，这是他保持爱意和分离恨意的结果；把抑郁症看做是一自我抑制的反叛者。不过，阿尔弗雷德·阿德勒，他原本是弗洛伊德的密友和忠实支持者，他对心理学中的良心和其他方面持有不同于弗洛伊德的想法，因此后来他成了弗洛伊德最痛恨的敌人之一。

第六章　阿德勒：复杂的男人

生而为人意味着体会自卑感。

（Adler,1939）

卡伦·霍妮问：为何我们不能在持有不同想法的同时继续当朋友？这个问题永远得不到回答，因为弗洛伊德的学生完全秉承了他的性格缺陷，经久不变，就好比数百年前一位西班牙王子的口齿不清永远地改变了西班牙语的发音一样。

对弗洛伊德而言，和与自己想法不同的人继续当朋友根本不值得费神思考。因为他会直接在大街上和这样的人绝交，不管对方是不是故友。关于此事最有趣的是某次会议上发生的一个例子：弗洛伊德故意无视昔日挚友兼同事瑞士医生阿方斯·马德（Alphonse Maeder）伸出的手，但是正当他的口袋卡在门把手里束手无策之际，正是他试图回避的阿方斯帮了他。

1911年，弗洛伊德在国际精神分析协会（Psychoanalytical Society）的一场小组会议上对阿德勒的理论提出尖锐批评，这导致阿德勒（时任该协会主席）等七人离开该协会。这时，弗洛伊德口中的精神分析运动[Psychoanalytic Movement，但我不明白为什么要把一个专注于医疗的协会称为运动，天哪，这听起来就像是纳粹运动（Nazi Movement）或基督徒学生运动（Student Christian Movement）]正逐渐变成原教旨主义者，阿德勒及其支持者无望得到弗洛伊德的聆听。弗洛伊德对群体的定义是：人们接受领导者超我的一个组织；幸福、多元民主的想法和弗洛伊德的想法是格格不入的，他和维也纳皇帝弗兰茨·约瑟夫一世

(Franz Josef)一样霸道。

弗洛伊德反对阿德勒的观点，声称阿德勒的作品表现出"反性行为趋势"(Adler,1956,p.70)，这是在亵渎上帝！弗洛伊德接着说，"神经官能症的核心是自我和性欲发生冲突时产生的焦虑，而阿德勒的描述只是强化了这一解释……"(Adler,1956,p.71)。

这真是个讨厌的挖苦，它表明阿德勒只表现出对性的恐惧。阿德勒曾大胆地认为神经官能症是真正关系到人与人之间在所有方面的联系，而不仅限于性这方面。

早在弗洛伊德和阿德勒分裂前，两人迥然不同的童年已让他们处于分裂的道路上。荣格曾有过一番言论：心理学理论即自传和忏悔，而阿德勒和弗洛伊德明显有不同的传记。

阿德勒比弗洛伊德小 14 岁。虽然两人的父亲都是维也纳犹太商人，两人都来自贫困家庭，但弗洛伊德仍是两人中家境较好的那方。阿德勒略邋遢，有人说他有点粗俗，说他有机警生存头脑，还有人说他有人类本性(*menschenkenntnis*，表示能很好地理解他人)，然而弗洛伊德和这些特性一点都搭不上边。弗洛伊德只邀请精心挑选过的少数人到他漂亮的公寓参加聚会；而阿德勒欢迎所有人，包括病人，而且他是在不同的咖啡馆举办聚会。弗洛伊德没有机警生存头脑。他也许偏执，但他没有都市世故。事实上，令人难以置信的是弗洛伊德本来可能对纳粹的意图抱有非常天真的想法，但他的两个妹妹死于大屠杀(Holocaust)，他逃走了，幸免于难。

阿德勒家中有六个孩子，两女四男，他排行老二，当然，他们和当地的街头顽童一起玩耍打斗。他的母亲绝对不是溺爱型母亲，阿德勒认为她不爱他，所以他喜欢在街头游荡，他是人群中最幸福的人。阿德勒是一个友善活泼的孩子，很受那附近其他男孩和女孩的欢迎，那一带很多都是穷孩子。据说阿德勒放学回家时连鸽子都来和他打招呼。阿德勒深得他那古怪但善良的父亲的喜爱，父亲鼓励他并教了他一些令他永生难忘的事，比如"阿德勒，你必须不相信任何人告诉你的事"(Bottome, 1957, p.34)。阿德勒自幼患有佝偻病，因此直到 4 岁他才会走路。他最早的记忆是自己腿上绑着绷带，坐着抬头看体格健壮的哥哥西格蒙德(Sigmund)。

因此,当弗洛伊德正在受自己年轻美丽的母亲的宠爱,且因此有了恋母情结时,阿德勒不得不对抗并击败年幼多病引起的自卑情结(*inferiority complex*)以及不受母亲宠爱的自怜情绪。和弗洛伊德一样,阿德勒对世界动力性心理治疗的贡献其实在于他了解自卑情结,但自卑情结不同于恋母情结。

阿德勒不同于大多数自卑和受挫的孩子,他抓住机会建立自信,比如,他鼓起勇气走上讲台把解法写在黑板上,解决了一道连老师也感到头疼的数学题。他的解法是对的,他从没忘记自己在那一刻受到的表扬和鼓励。没错,他是患有佝偻病,他是认为自己不受母亲待见,但他是一位斗士!

5 岁那年的一次遭遇令阿德勒决定当医生。那年,他患上了肺炎,医生认为他快死了,告诉家人不要抱什么希望。当时,小阿德勒便下定决心要成为一名医生,成为一名更优秀的医生。另一种说法是阿德勒某日醒来发现睡在一旁的弟弟死了,“我在非常小的时候就下决心近距离接触所有的难题,目的是为了以后能更好地处理这些问题”(Bottome, 1957, p.33)。

阿德勒娶了俄罗斯姑娘罗莎·爱泼斯坦(Raissa Epstein),罗莎是维也纳某大学的留学生,她思想独立,是一个热情的社会主义者。他们育有四个孩子,但两人的婚姻破裂了。他俩婚姻失败的原因可能是:尽管阿德勒强烈呼吁女性解放,但罗莎是个真正解放的女人,也许她太激进了。后来,罗莎在阿德勒生病时到纽约(阿德勒在时代广场有一套公寓,他喜欢看电影,尤其是看查理·卓别林和马克思兄弟的电影)陪他,两人复合了。但随后他们的大女儿在俄罗斯探亲时失踪了,不久后阿德勒也病逝了。盖氏医院的一位女同事曾被父亲带到阿伯丁联合大街(Union Street, Aberdeen)上,阿德勒在那条街上因心脏病突发去世,享年 67 岁。当弗洛伊德得知阿德勒的死讯时,他说,“对于一个从维也纳郊区走出来的犹太男孩来说,死在阿伯丁这本身就是一个惊人的经历,也证明他已经出人头地了”(Jones, 1957, p.208)。

阿德勒用每一个可能的积极方式,也可以说是近乎欢腾的方式扑向生活,以此克服了自己的自卑心理。起初,阿德勒认为身体器官的自卑是驱使个人追求优越和权力的真正动力。后来,他意识到缺陷带来的自卑会让步于追求优越的动力,然后开花、蓬勃发展,并认为这是所有人与生俱来的。重要的是我们是否能全心全意勇敢地跟着这些追求优越的力量成长,还是我们失去勇气并满足于优越和权力的廉价替代品。

他认为那些忽略教育孩子要有勇气、要与人合作的父母会导致孩子因为害怕失败而错失生命中可能出现的精彩。自卑感会通过萌发超越他人的动力得到弥补,这是一份永远得不到的荣耀。虽然这样的目标可能会弥补自卑感或无助感,但它错失了从社会感(*social feeling*)中发现的真实生活满足感:贡献、与他人合作,这些都是真实自尊的来源。关于不自信的孩子,阿德勒写了下面这句话:“他的目标就在可到达的边界后面,但却离生命的战斗前线很远。”(Adler,1927,p.25)

因此,独立与合作应该是孩子要被激发的两个优势。

有一次,年轻医生阿德勒护送一个说服医生让他出院的病人回家。那位病人得意洋洋地告诉他:“看,我又赢了!”阿德勒很惊讶,因为从生活的各方面来看那位病人都是一个失败者,但他说服了自己,说自己是一个胜利者。当涉及让步于一流的优越时,阿德勒认为罪恶、神经官能症和精神病都一样。精神病的方式最简单:个人只要声称自己是基督或爱因斯坦,诸如此类。

因此,尽管弗洛伊德有超我或自我理想,但是阿德勒的生活和行为都是受社会感的快乐和满足驱动,这种情绪并没有感染弗洛伊德。阿德勒认为通常合格的父母,特别是好母亲,能带给孩子体会社会感的秉性,但他也认为心理治疗可以将这种秉性带给患者。他认为,正是由于这种秉性,人才得以健康成长。

阿德勒不比弗洛伊德聪明,文采也不如弗洛伊德(他很少有胜过弗洛伊德的才能)。不幸的是,他和他的译者用了“优越”一词表示其结果有两重性:空洞的神经质优越与在社会感环境中实现潜能的真正优越。

阿德勒把歇斯底里症/强迫症/抑郁症的症状看做是羞怯和狡猾的尝试结果,并非刻意去尝试,而是羞怯天性潜意识作用下的行为,目的是要说服自己反抗他人，不要感到自卑。这种尝试包括了卡特和弗洛伊德早年所说的报复需要。阿德勒认为世上有无数实现优越感的妙计："孩子会利用焦虑达到实现优越感的目标：控制母亲。"（Mairet，1999，p.29）

> 有一种获得优越感的方式是刺激别人。视具体情况而定，家长或老师，丈夫或妻子或多或少地会被激怒，继而勃然大怒，开始教训或惩罚孩子。对很多孩子来说，证明自己有控制他人情绪的能力可以带给他们极大的满足……（Mairet，1999，p.31）

阿德勒对抑郁的解释表明了抑郁症患者如何需要真真切切地受苦，赢得自己与所爱之人之间的暗自较量。对于认为所有人都想逃离痛苦的心理医生和心理治疗师而言，这是一种激进的洞察。医生应定期查出是谁直接引起神经病人的痛苦。这一洞察的重要性很难被高估，因有种情况可以创造出心理分析学家汤姆·梅因（Tom Main）所说的"伪装成治疗的报复"，这种情况就是病人不得不让医生觉得自己无法缓解患者的痛苦。让医生（或家人）的付出失败对病人的自尊和自我意识来说可能是绝对必要的。患者可能愿意为此付出高昂的代价。

我记得有位病人一直不愿意接受专科住院医生让他出院的批准，他回到医院，往自己身上浇汽油，并往地上泼汽油，然后点火自焚。这是恶意自杀（spite suicide），是为了报复那位让他出院的专科住院医生。对他来说，自杀是值得的，因为他的生活一片暗淡，所以用自杀的手段报复那位医生是值得的。顺道一提，那位医生非常出色、非常尽职，但他的确受到验尸官的谴责，所以最后病人还是得逞了。

神经官能症是懦夫的武器，是弱者最常用的武器。我们不能忽视大多数神经官能症中藏得很深的攻击性或报复性元素。在调查神经病人的生活方式中，我们必须始终怀疑一个对手，并注意谁因病人的病情受到最多折磨。虽然存在针对攻击全社会的患者，但通常情况下，患者攻击的是某位家庭成员，有时是某位异性。在神经官能症中总有一个潜藏的指责元素，病人觉得自己仿佛被剥夺了权利，即不再是人们的关注焦点,病人还想担负起责备他人的责任。通过这种隐藏的报复和指责,问题儿童和神经病人从不满中找到了解脱(Mairet,1999, p.80)。

神经官能症是恐惧和仇恨的一种疾病,是指有人觉得自己没有得到认可,或者他们太胆小以至不能公开地、诚实地、友好地进行反抗。如果将神经官能症理解为巫术,那么伊罕穆比的理解几乎准确无误,但是恩丹布部族的仇恨比我们这些文明人的潜意识藏得更深。我们对彼此的恐惧是自身欲望的恐惧,我们的欲望会在彼此之间制造麻烦。阿德勒更关注的是人与人之间的恐惧:外部带来的恐惧,社会带来的恐惧;而弗洛伊德更关注的是自身欲望带来的恐惧,是内部带来的恐惧。弗洛伊德认为恐惧主要来源于性欲,他忽视我们需要得到他人的尊重,但阿德勒明白受人尊重是怎么一回事,这也是他谈到"优越"时所指代的事情。因恐惧而迷茫时,得到他人尊重的需要变成了心理学思想启蒙最重要的发现之一:仇恨是真正的无意识。

阿德勒认为仇恨可以通过多种方式表现:比如发脾气之类的激烈方式、唠叨和恶言恶语之类的温和方式,或者一般的挑刺方式。当然,仇恨也可以伪装成善良以及各种对立态度,同样,这不是有意识的,而是无意识地转换在外表之下。

但是,不管阿德勒多么清楚地看到患者隐藏的恨意、胆怯和无意识的自我欺骗,他都和卡特一样尊重病人、耐心对待病人、用娴熟的治疗方法治疗他们。在医患对战时,阿德勒的做法是先通过友善的鼓励和宽容哄患者接受治疗,最终再"揭穿面具",向病人解释自己是如何和疾病作斗争的。

弗洛伊德帮病人意识到他们的各种欲望:潜意识的、乱伦的、性欲的和杀人的等等。他把这些事当做是自然而然的心理发展,减轻患者面对原始性欲时的羞耻感,这样一来患者就不必依靠假装没有性欲或性需要来维护自尊。阿德勒则想要患者意识到自己潜意识里被他称为人生目标(*life goal*)的东西,这样一来患者就可以让自尊脱离无用目标:在空洞的优越感和权力中永远占上风,并将自尊和有用的目标联系在一起。较低的人生目标把一个人的生活风格(*life style*)塑造成一种和其他人跳习惯性的不正常情绪舞蹈(这里跳情绪舞蹈的"其他人"用阿德勒的话来说就是对手，比赛的对手），在这样的生活风格中健康的自尊已被病态的良心取代。

一旦病人走进阿德勒的咨询室，他便把患者的生活风格看做是实战中的权力游戏。当病人摔在地毯上，他是不是在索求同情呢？有位女患者曾告诉阿德勒：

> "我已辗转了很多医生，您是我生活中最后的希望。"我回答她，"不，我不是你最后的希望。和我一样能帮你的人还有很多。"她的话对我来说是个刺激，刺激我一定要治好她……她属于那类希望把责任转移给他人的病人。（Mairet，1999，p.8）

弗洛伊德认为过去的经历是神经官能症的病因所在，而阿德勒则深信个体面向未来的生活目标才是神经官能症的病因所在。因此，阿德勒认为是未来将发生的事导致神经官能症，是分离的欲望和恐惧已经为我们计划好的胆怯自我保护目标导致神经官能症。阿德勒有个小技巧，他会问病人在没生病的情况下会做什么。不管病人的回答是什么，他的答案都会被当做是他因为害怕失败而真正逃避的证据。疾病让他避免了这件事。

阿德勒认为，不管心理治疗中使用的是什么理论，患者能被治愈永远是因为受到了心理治疗师的鼓励。目前为止本书中提到的患者的优越和权力似乎不及他们对比自己强的人和环境做出的软弱无效尝试。

弗洛伊德认为文明与本能之间的冲突是不可避免的，并幽默地顺从了这一现象。相比之下，阿德勒说得好像他认为本我想要男人间的兄弟情义，而不仅只是性和谋杀。在《癔症研究》的结尾，弗洛伊德提到成功的治疗只能用普世的痛苦代替歇斯底里的痛苦，然而，这与治疗后的心灵更加强大这一说法相悖。相反，阿德勒只是想让人们快乐。在《自卑与超越》(*What Life Should Mean to You*，1931)一类的书中，阿德勒率先使用了传统心理疗法以外的动力性心理治疗，认为自我实现和幸福都是每个人值得拥有的目标。

动力性心理治疗的三位开拓者都成了先知：弗洛伊德性和自然的

观点反对了传统和宗教,阿德勒宣扬社会的人性,荣格说了一些非常令人震惊以至于不受搭理的话。

在1911年的那场争辩之前,随着维也纳精神分析协会(Vienna Society)内部矛盾愈发紧张,协会副主席斯特科(Stekel)通过奉承弗洛伊德试着软化他和阿德勒之间的分歧,但阿德勒不予理睬。弗洛伊德用一贯带有讽刺意味的幽默总结了事件的过程,他说斯特科看似要为他准备一场最好的葬礼,但协会主席(阿德勒)却只是例行公事。在这场激烈的争辩过程中,有些人试图表明弗洛伊德和阿德勒的观点是可调和的,但无奈,弗洛伊德不同意他们的说法,他还指出在场有两个人不同意:他本人和阿德勒。

因此两人一直僵持着,直到1913年荣格在慕尼黑国际精神分析会议(Psychoanalytic Conference)上以他一贯的热情演讲了一篇论文,这篇论文的结论表明弗洛伊德和阿德勒的观点都是对的。荣格通过介绍某观察资料来论证,这份观察资料对精神病学而言并不新颖,但对精神分析运动而言是新颖的。在下一章中,我们将看到荣格如何把这个理论用到弗洛伊德和阿德勒的观点中。

第七章　神经之战

我们不能撕下生活之书的一页，但是我们可以将生活这整本书付之一炬。

(George Sand,1837)

起初荣格是弗洛伊德忠实的支持者。两人最后一次会面是 1913 年慕尼黑国际心理分析学大会，彼时弗洛伊德和荣格已处于敌对关系。荣格在演讲中解释了弗洛伊德和阿德勒的观点是如何与两人所想的相悖，他们的观点其实是可调和的。

荣格通过参照当时精神病学的一份观察资料论述自己的观点，这份资料讲的是精神分裂症和他人没有什么情感关联，而歇斯底里症趋于和他人有过多的情感关联。荣格认为所有人都在内倾型和外倾型人格之间摇摆。他认为这就像收缩和舒张，是很正常的。同时他也看到了有些人更偏向其中一种人格，换言之，我们都跟着自己的最佳性格走，通常是那种对自己最有益处的性格。因此，有些人比较外向，而有些人比较内向。

荣格认为不管我们更倾向于哪一种类型的人格，另一类人格也存在于我们体内，只是发展较差，以一种较不成熟的形式居于个人的无意识里（当然，对某些人来说，他们的内倾型和外倾型人格都不成熟……）。

一般情况下，极端内倾和极端外倾的人是很少的，实际生活中，绝大多数人都是兼有外倾性和内倾性的中间型，但用半虚构的术语“内向”与“外向”来讲这两种类型会更容易点。

荣格通过描述两个年轻人散步阐述了自己的观点。这两个年轻人一个内向,一个外向。内向的年轻人看到一座城堡,作为一个内向的人,他想知道城堡里有什么。性格外向的外倾性格者直接走进了城堡。内向的人发现了一些旧书并深受吸引,也就是说此时他位居劣势的、以自我为中心的外倾人格占主导地位,他忽略了自己的朋友。这就意味着外倾性格者被他抛到了脑后,所以外向者体内居于劣势的内倾人格便开始怨恨他的朋友。最初两人一起散步的和谐消失了,因为此时两人发展较不成熟、较少参与社交的人格已占优势。

仅因性格内倾者不爱交际就认为他们较无法适应社会是种常见的错误想法。在某些方面性格内倾者能更好地适应社会:例如他们通常比外倾性格者更可靠。只不过是内倾型人的心理能量指向内部,外倾型人的心理能量指向外部,指向外部刺激。

事后看来(细看荣格在弗洛伊德究竟是外向还是内向之间举棋不定,而且他曾在某个场合说过阿德勒是内向的人),我们可以提供一个有用的极简版证明。弗洛伊德比较内向,因为他研究的是人的内心世界;而阿德勒比较外向,因为他专注于人与人之间的关系。弗洛伊德是一个性格内倾者,他挖出了自己潜意识里位居劣势的外倾人格,其形式是恋母情结。因此,弗洛伊德能理解孩子气的、不善社交的、外向型行为,比如:

1. 依赖他人却不承认(一直被压抑的恋母情结依赖感);
2. 保持分离的和无意识的(无意识的,不仅只是秘密的)任何个人思想,如果该思想暴露就会破坏对他人的操纵;
3. 通过操纵他人避免爱的风险。

相反,阿德勒是个性格外向的人,他能理解位居劣势的、不善社交的、内向型诱惑,比如:

1. 冷漠和回避反应;
2. 贬低他人;
3. 回避感情(感情是与人交往的纽带);
4. 用距离产生权利,避免爱的风险。

荣格声称,任何神经官能症真实病例都逼真地体现了弗洛伊德和阿德勒的意见。原生家庭(弗洛伊德)长久以来的情绪性政治瓜葛以及权利和优越(阿德勒)弥补了勇气的缺乏其实是同一枚硬币的两面。后来,荣格随口说道结婚前一个人可能有弗洛伊德式的心理,结婚后可能就有了阿德勒式的心理。荣格本来可以多加一句,孩子长大后这个人可能就有了荣格式心理。1938 年,在苏黎世一场令人振奋的小型心灵自我之旅(ego-trip)研讨会上,荣格如是说道:

> 注重感官满足和情欲的是弗洛伊德,注重追求权利的激情是阿德勒,而注重自私的则是我自己,这不非常简单吗?你看,我的想法真是个性化的过程,只是自私的排名行为……第一是弗洛伊德,第二是阿德勒……而第三是我自己……(Jung,1988,p.145)

我们不敢去想 1913 年当弗洛伊德在慕尼黑国际心理分析学大会上坐着听荣格帮自己大力解释时脑海里想的是什么。但这和当年两人分裂的那场大冲突相比可能只是小巫见大巫,在下一章中我们将进一步了解为什么说弗洛伊德应该认为荣格想杀了他。

第八章　荣格：精神分析王国的皇太子

对你，我毫无保留。

（Freud，1961，弗洛伊德于 1907 年 9 月 2 日写给荣格的信）

荣格·卡尔·古斯塔夫（Carl Gustav Jung）不同于他大多数的同代人，他魅力十足，相当风趣。他很会逗人发笑，会开粗俗的玩笑，众所周知，有一次和孩子在野营时，他利用放屁点火。

荣格是个高大健壮伟岸的瑞士男人，他有着宽厚的胸膛，圆圆的脑袋，小眼睛，目光敏锐，是个冲动又富有激情的男人，他熟知性、攻击和暴力。

荣格比弗洛伊德小 19 岁，这样的年龄差距也许正好解释了两人之间的差异。弗洛伊德周围大多是男人，而荣格周围大多是女人。弗洛伊德在精神分析运动中实行严格的制度，通过复杂隐秘操纵使所有人井然有序；而荣格在苏黎世的心理俱乐部（Psychological Club）却是一团糟，荣格处于最可怖、最粗野、最激烈的人群密集区。拘谨的弗洛伊德声称自己在 40 岁时就终止了与妻子的性生活（有证据表明事实并非如此），荣格完全不同意弗洛伊德的这种行为，他宣称：“在我看来，一桩美满婚姻的先决条件就是允许不忠”（MacGuire*，1974，p.289）。

荣格过着随心所欲的生活，他的易暴易怒也是出了名的。荣格 23 岁的时候对 16 岁的埃玛（Emma）一见钟情。在楼梯上看到埃玛马尾辫的那一刻他就知道自己想娶她为妻。起初荣格的追求并没打动埃玛，

* 此处应为“McGuire”。译者注。

他被拒绝了多次，一直到七年后，埃玛终于接受了荣格。埃玛继承了大笔遗产，当时的瑞士法律允许丈夫对妻子的资产拥有完全继承权，因此她的财富成了荣格的。娶到埃玛是荣格运气好。埃玛的性情和荣格截然相反，她温和、沉稳、自重，善待朋友和家人，而且她对现实的领悟比荣格透彻。人们经常赞美她如何降服脾气火爆的荣格。对埃玛了解得越多，就越欣赏她。

荣格最广为人知是与自己的患者托尼·沃尔夫(Toni Wolff)之间的婚外情，托尼比荣格小 13 岁，她后来成了一名荣格心理学分析师。荣格和托尼的婚外情持续了十多年。在某种程度上，埃玛和托尼成了朋友，起初她感谢托尼带给了自己无法给荣格的智力激荡。但是随着荣格公开宣扬自己和托尼的婚外恋，埃玛的耐心开始告罄。她曾三次下决心要离婚，但每次都改变了主意，因为荣格要么生病了要么就是需要她在身旁。

出生在农村牧师之家(我也是，所以我了解这是怎么一回事)，荣格自小就受到精神性和动物性的熏陶。和城里出生长大的弗洛伊德不同，性行为对荣格而言并不是什么新鲜事，他也没把和性相关的一切当做禁忌。乱伦是人们有时会做的事，而不是人们应该害怕的事。

性行为在乡下和在城里给人的感觉是不同的，乡下人要依靠自家的公马、公牛、公羊、公鹅、公鸡等的交配来养活一家人。比起偷听到父母卧房的旖旎，孩子们在田野里和院子里看到的动物交配精彩多了。他们帮忙产羊羔、产牛犊，围观猪被屠杀，并在与动物的玩耍中受到性教育。当 14 岁的阿拉贝拉(Arabella)搂着正在钉蹄铁的马驹的头部，它激昂地发情了，而阿拉贝拉也从中学到了一些东西。

乡下孩子能够体会到秃鼻乌鸦在悬崖向上冲的喜悦，他看到母牛和小牛分开的那个早晨母牛流泪了。他会看到交配前公牛舔母牛的生殖器，太阳下的小牛犊之间在玩爬跨游戏，它们也会试着爬跨到牛妈妈和其他母牛的身上，公山羊会对公山羊做出骑跨行为，马鹿在石楠上来回地摩擦鹿鞭以自慰，狗则通过人类的抚摸得到快感。

他会发现杀戮的快感，可能也有内疚；他会敬畏被自己杀死的鱼/鸟/动物的美丽。他会凭直觉感知造物是怎么一回事，知道自己属于动物本能驱使的世界，那个世界的造物主也是上帝。

母亲在我小时候无意中用她特有的温柔嗓音告诉了我这点，那时她引用了弗朗西斯·汤普森(Francis Thompson)描述上帝创造雪花“是他的激情”的诗句(Boardman，2001，p.192)。

因此，令荣格感到惊讶的是弗洛伊德在性欲方面大做文章。对荣格这样一位乡村少年来说，性欲无处不在。他是不因他人性欲而冲动的一员，事实上他初尝禁果的时间还因此推迟了。

荣格亦不是优秀的猎人，但是他曾经把几个同学打得落花流水。他学生时代的一张照片透露出他的神气飞扬，那时的他随身携带左轮手枪穿过树林走夜路回家。他从来无法接受辩论失败，他也从未失败过。当他成为一名心理医生后，没有疯子攻击过他，疯子好像可以感知如果攻击了荣格自己会落何下场。有一次，一位习惯掴医生耳光的女患者威胁要打荣格，荣格说“女士优先”，并警告她如果动手他会立刻还手。那位女患者立刻蔫了。

荣格及其家人都有不寻常的本领——通灵和感知超自然事件。他的祖父每周都会和自己第一任亡妻聊天，他说妻子会来找他，并坐在那张为她每周来访而保留的椅子上。当然，这一切都经得了他现任妻子的同意。当荣格还是个小孩子，他的母亲很热衷于参与降神会。荣格偶尔会表现出不可思议的通灵能力，他曾一次或两次看到周围地区出现敲击作响闹恶作剧的鬼(门铃没人按自己会响、女儿的毛毯两次被从床上抽走等等)。

1906年，荣格开始与弗洛伊德有书信往来，同时寄去了自己的研究结果。1907年，两人第一次会面，那时弗洛伊德便开始将荣格视为理想的继承人，荣格也由他去。弗洛伊德喜爱荣格身上雅利安人的可敬，开玩笑说荣格将精神分析从变成“犹太人的国事”中救了出来(Bair，2004，p.115)。1910年，在纽伦堡的一次大会上，国际精神分析协会(International Psychoanalytic Association ，简称IPA)成立了。弗洛伊德不顾同行们的抗议，在会上推选荣格为协会终身会长。

荣格擅长和不同的人交流，面对不同的人他会选择对方可能会接受的交流方式与之交流。精神分析运动一张滑稽的照片档案是1911

年魏玛(Weimar)精神分析会上的集体照,照片上弗洛伊德(5 尺 7 寸高)应该是站在某石阶上,而荣格则是俯身于妻子所坐的椅子上,活生生地将自己的 6 尺男儿身俯低了。所以这是一张弗洛伊德立于中心之位被大家簇拥的照片,显然荣格很清楚弗洛伊德的位置。

西格蒙德·弗洛伊德与卡尔·荣格的合影,1909 年摄于美国马萨诸塞州克拉克大学(Clark University)。

1962 年爱丁堡诗歌朗诵会,左二站立者为作者。

弗洛伊德曾经两次在荣格面前晕倒,每次晕倒都发生在荣格大谈自己的理论之际,不久之后两人的友谊出现了裂痕。1912 年荣格发表了《力比多的变化与象征》(*Transformations and Symbolisms of the Libido*)。在这本书中,荣格将乱伦主题描述成宗教符号,这是和他的偶像弗洛伊德完全不同的观点。弗洛伊德无法接受荣格的"背叛"。两人决裂后，弗洛伊德再也没有提起荣格的名字（好吧，是几乎不曾提及），而荣格则是一有机会就不断抱怨弗洛伊德。

对我们而言，充分体会20世纪百年洞察早期先驱的成就是不可能的，因为在对他们有所了解后，我们无法盲目地对他们的出发点产生共鸣。

荣格的生活始于他无法理解的经历以及那些将伴随他一生的影响。他的父亲和八个叔叔都是神职人员，因此荣格早期的理论带有宗教色彩便不足为奇。

大概三四岁左右的时候，荣格做了一个具有重要性的梦，“这个梦后来一直占据着我的心”（Jung，1965，p.11）。梦中他走进一个地下小教堂，里面有个由皮和肉组成的大树桩。这时他听见了母亲的声音：“看看它吧，那就是吃人的怪物！”因此，从母亲的话中他认为恶魔会吃孩子，但是耶稣会抢先吃掉孩子，以防孩子落入恶魔肚子。此后，有好多个晚上他都不敢睡觉，生怕再做这样可怕的梦。

这个梦纠缠了荣格多年。直到很久以后，荣格才意识到他看见的那东西实际上是古老祭仪中被人崇拜的生殖器，是地下的上帝，是弥撒（Catholic Mass）象征中的残忍形象。一直到65岁，荣格才和别人说起了这个梦。为了安然度过前半生，寡言、保密和隐藏真实想法对荣格而言是必要的——就连和他亲近的人也猜不到他在想什么。

不过，荣格早年对宗教的困惑并没就此停止。12岁那年，荣格就读于巴塞尔（Basel）某学校，走出校园，他看着大教堂，赞赏之情油然而生，他幻想上帝就坐在教堂上方的蔚蓝苍穹，这场景让他产生了一些自认为是错误的想法。一连几天，他用尽在家里、教堂和学校学到的东西在痛苦中与自己搏斗，试着撵走脑袋里危险的想法。

在他痛苦的深思中，他想起上帝如何安排亚当和夏娃犯下原罪，得出的结论是他想这么做由来已久。最后荣格得出了结论要他想那些不可思议的事物的只有上帝，因此他便让自己随心所欲，并且他对此感觉颇好，他称之为“天恩”（grace）。

荣格一直以来拼命想挥开的想法是上帝的粪便砸落在精美的教堂。这种想法与他所受的教育和他的家庭生活极度不符合，因此荣格开始质疑父亲和叔叔们布道时所说的那位上帝。

很久很久以后，荣格才开始意识到并叙说他自3岁起就知道的事。他以1911年写的一本书作为起点，在他写这本书时他就知道自己会失去弗洛伊德这个朋友。但事实上，荣格是在去世之前几年才真正开始写他生命中那些令人惊讶的简单事实：他和上帝、父母间的关系，他的童年以及一些为他毕生研究成果埋下伏笔的故事。为了保护荣格的个人隐私，即使正当荣格在撰写书稿时，他的秘书安妮拉·贾菲（Aniela Jaffe）和女儿玛丽安娜（Marianne）也会删改书中的内容。后来，荣格的自传《回忆·梦·思考》（*Memories, Dreams, Reflections*）在他逝世后约两年就出版了，彼时关于要出版荣格执笔的书籍之战几乎大获全胜。[苏·麦克迪尔米德注：此处写于2009年诺顿出版社发行荣格专著《红书》（*The Red Book*）之前。]

为了还原一个真实的自己，早在1909年，荣格的确曾经试图告诉弗洛伊德自己脑中想的是什么，但徒劳无果。有一次，在去美国的船上，荣格向弗洛伊德分享一个梦，那个梦曾经暗示荣格无意识如何影射到真实的但却全然未知的领域。梦中，荣格在一栋房子里，房子每一层的装潢风格都比上一层的古老，他顺梯而下走进一层又一层的地下室，最底层的是罗马时代的，但一直通下去再走几步就到了一个石洞，荣格在石洞里找到了两个远古的头骨。

弗洛伊德的分析是荣格盼望某两个人死去，而荣格为了讨好他，假装认同了他的理论。实际上，荣格认为这个梦真正地标志着他自身中存在着原始人的世界，“邻接着动物的灵魂的生命”（Jung, 1965, p. 160）。这个梦为荣格提供了启示，并加速了那本结束荣格和弗洛伊德友谊之书的产生。

荣格提出了“集体无意识”（*collective unconscious*），他在书中和演讲中都提到了这个术语，但是在非正式谈话中提到“集体无意识”一词就只是像在提“上帝”，非常遥远。正如荣格所言，我们只是不知道无意识的范围有多大，正如我们也不清楚宇宙到底有多大。

换种方式来说，也就是荣格意识到意识下层的乱流中隐藏着什么东西，弗洛伊德将这种东西称为初级过程思维（primary process thinking)。荣格看到了来自思维更深处的宗教、愿望和激情知觉。

作为一个年轻的精神科医生,荣格已被一些精神病患者的疯言疯语吸引。通常他们的言论涉及了神话主题和古老符号。这导致荣格认为这些想法由潜意识深埋的古代图像所发出。这让荣格认为这些想法来源于深藏在患者潜意识里的古代意象。

导致他和弗洛伊德决裂的书《力比多的变化与象征》(1912)讲的是一位名叫芙兰克·米勒(Frank Miller)的年轻女子,荣格认为她患有精神分裂症。芙兰克陷入满是神话的幻想中,这些神话她先前都没听说过,而是来源于她的潜意识。起初,她退行至对父/母的幻想中,将其当做爱的客体,但随后她转移到上帝、太阳、火和蛇之类的意象。由此,荣格得出性欲并非完全和性能量相关(弗洛伊德曾声称性欲完全和性能量相关),也和心理能量相关。

因此,荣格区分了两种意象的不同。第一种意象是我们想起那些受自己控制的幻想,使用属于我们语言和文化的隐喻和神话符号,通过在学校或其他地方的艺术、文学和宗教研究获得其他人的思想。

第二种是侵入潜意识的意象,一系列不知来源的擅自闯进我们脑海中的原始意象,它们出现在我们的梦境、幻觉或者其他潜意识想象。荣格认为当我们听到内心深处的呼唤时,我们听到的是真正的自我主宰者的声音,是我们的本能,是生活在我们体内的本我。精神分裂症患者自言自语时其实是在和体内控制他的主宰者对话,主宰者试图为患者而活,尽管很少见,但是主宰者也可以迫使患者杀害现实生活中的人。

20 世纪后半叶,我有很多受到第二次世界大战间接影响的患者。他们当中很多人的父亲都参战了,再也没有回来,或者回来了,但是身体、灵魂和心灵都残缺了。

其中一位患者让我学到了很多精神分裂症方面的知识。上帝给那位患者发了一手烂牌。当他还是个婴儿时,他的父亲在战场上遇害,他在一个没有父兄的环境中成长。第一次见到他是在他精神病发作的时候。他的心声告诉他他是弥赛亚(Messiah)、是他的父亲、是上帝、是杰拉尔德·曼利·霍普金斯(Gerard Manley Hopkins)、是圣灵(Holy

Spirit)。他信了。而后心声又告诉他相信它的话是在亵渎神灵，他应该把双手浸入沸水中作为惩罚，他照做了。

他的心声参与了我们的谈话。他告诉我他的第一任妻子没为他做过一件事，但他的心声随即插话并反对了他刚说的话，心声告诉我他的第一任妻子其实一直是他的挚友，至今仍是。

我意识到他的心声就是将被我称为从潜意识里蹦出来的想法。在某次疗程中，他问我是否愿意读他写的东西，按照我职业性的安抚习惯，我正要答应，但我的心声即刻响起："不！你将会对在此耗费的时间愤愤然。"我快速和我的心声做了笔交易，然后告诉患者："我当然愿意，不过我会按时收费。"他笑着同意了。

我注意到这位患者发病时无法用我刚才的方式协调不合的冲动。而且他也无法把入侵脑海中的符号仅仅当做是一个内容丰富的隐喻，而是从字面上理解符号的具体含义。当他发病时，他的脑袋中没有空余的空间、没有辩论室或拳赛场地可以在采取行动前对冲动进行讨论。他的脑袋里没有解释符号的余地，也没有可以解决冲突的功能。

一位正在恢复的精神分裂症患者描述了脑海中有空地的幸福感，她说感觉就像在一个海岛上，只有在想要的时候想法才会冲上沙滩，因此可以一次解决所有想法。

根据我接触过的精神分裂症病例，我发现自己的思想和患者的思想的明显差别在于他们的意识无法处理潜意识传来的信息。很多人偶尔会收到相同的信息，即脑海中的声音说，"我非常了不起，我甚至就像神一样"，或者有消极的声音说我们是"邪恶的"。但它说的话我们只信一点点。不过，我的患者们却全然相信他们的心声，这让我感受到了精神分裂症里的意识弱点。在他逐渐恢复的状态中，他明白潜意识如何构建自己的信仰系统，苦笑着对我说："我们（精神分裂症患者）都有自己独创的宗教！"

1912 年荣格出版的《力比多的变化与象征》颇有争议且晦涩难懂。荣格的思想就像一个着了火的临时军火供应站，因此我们很难从他超多产的言论和著作中理出一个体系。荣格的风格和弗洛伊德相反，弗氏是学究的、耐心的、持久的、系统思维的风格，好像一个精美的金钟一步一步稳稳向前走。但这本书说清楚了两件事:一是荣格认为人的欲望不仅只和性能量有关,二是乱伦幻想不是字面意思上的那样(弗洛伊德是从字面意思理解的),而是宗教神话的一部分。

弗洛伊德被他"至爱的儿子和继承人"背离了(McGuire, 1974, p.343)自己的理论激怒了,他把荣格的不同理论看做是对自己的背叛。在随后几个月中,两人逐渐停止通信。1913 年和弗洛伊德的决裂对荣格是个巨大的打击。弗洛伊德俨然已成为他最好的朋友、师父、英勇的领导者和父亲,弗洛伊德是个在荣格事业起步之处为他解释精神分析的天才。敏感的弗洛伊德一直以父亲控制儿子式的方式爱着荣格,对荣格而言,失去自己的师父和偶像让他深受打击。

弗洛伊德的儿子弗朗兹(Franz)回忆起父亲如何和童年时期的孩子玩成一片。最初他和自己的孩子及孩子们的堂兄弟一起在假期玩耍。他们玩了一个印第安人大战英国人的游戏,每一方都有一匹马,他们烧毁了对方的树皮帐篷。这和弗洛伊德与家人的度假完全不同,与家人度假时他宁愿去喜欢摘花或找蘑菇。

两人决裂后,荣格一度迷失了方向,在那期间他的梦想和愿景(《回忆·梦·思考》一书中有提及)很怪异,有时很可怕,有一阵子他处于发疯的边缘,或者处于与发疯相近的状态。他会和内心的意象聊天,他将这些意象归为幻觉,类似醒着做梦。荣格内心的意象包括智慧老人和阿尼玛。荣格脑中的智慧老人斐乐蒙(Philemon,以此纪念自己童年时期的二号人格)美轮美奂,他的后背有两只翅膀,他会告诉荣格一些荣格自己从未思考过的事情。阿尼玛(Anima,即拉丁文的灵魂)是个陌生的女人,她也有自己的生活、意志和想法,她不得不一一处理它们。

荣格的天才在于他非常能够接纳内心世界(或集体无意识,或本我,或其他叫法)的信息。在不牺牲自己的意识的情况下,他可以得知自己最深层的想法。他有非常强烈的自我意识,因此可以领悟各种想法。就像我的那位患者,他有时也会觉得自己像是现实生活中的上帝,但对荣格来说这只是一种体验而不是现实。

这是荣格的怪异历险记:如果没越过这个坎,那么只能平庸地过一辈子。这是他和潜意识旷世之恋的新起点。童年时期,上帝不请自来闯入了他的生活，他受到了惊吓，烦恼不安。在早年，上帝袭击了他，但现在荣格完全占了上风成了袭击者，他满怀希望地准备狩猎一切能在潜意识里发现的东西。

荣格和弗洛伊德对潜意识能带来的收获有截然不同的期望。弗洛伊德在自己身上发现了一个邪恶的、世俗的、残忍的孩子，而荣格认为潜意识是个中立的个体，潜意识只有受到病态的态度对待才会让人头疼。

荣格的怪异经历产生了若干结果。他认为患者的潜意识有个“后门”，这个后门可以同时接触到本能和新旧文化的起源。潜意识能够带来冲动和理解，这样的冲动和理解战胜了心理治疗师和患者意识里已有的一切。

荣格希望患者能拥有他那样的经验，在幻觉中看见自己的本能或原型，并与它们交谈。然而，他的患者很少有人有过这样的经历，在我的行医生涯中，我从未见过可以像荣格那样开发潜意识的患者。

荣格的一两个患者有自己的愿景，但荣格大多使用他所谓的“积极想象”(active imagination)鼓励患者坐下，描绘或画出脑海中浮现的任何东西。

但是梦在荣格的治疗中起着非常重要的作用，为了和弗洛伊德的“精神分析”(psychoanalysis)区别开来，他将自己的疗法称为“分析心理学”(analytical psychology)。有时候，他直言不讳地说这是在找寻宗教经验，“科学并不是真理，仅仅是一种认识真理的工具”(Jung，1972，p.377)。他还强调，“分析心理学只是一种途径，它帮我们找到让全人类团结在一起的宗教经验”(Bishop，2002，p.23)。

诚然，想要病人和自己有相同的经验是存在局限的。正如弗洛伊德的受训者和患者被鼓励发现自身的恋母情结，荣格的追随者和病人都没亲身感知过精彩的原型意象。

荣格还借鉴“人格面具”(persona)一词来表达我们日常生活中的“面具”(mask)，指的是人们隐藏真实的自我，在他人眼中表现出的形象。荣格将隐藏的人格称为“阴影”(the Shadow)。比如一个罪犯或一位在职警员的人格阴影可能包含不得不压抑的同情或善良，压抑是因为怕心软的冲动会让自己的生命受到威胁。实际上，同情在第三帝国(the Third Reich)已成了被广泛分离和压抑的情绪。

我有一位患者，他来自青少年管教所(Brostal)，在那里他学会做人要冷酷无情。但尽管受了多年的无情教育，他还是无法忍受看孩子受苦，也无法忍受意识里的同情或悲悯情怀。荣格认为人们为自己的温柔和善良而自豪，爱好和平的人更容易遭受暴力"人格影子"的困扰。同样的，一个自我理想冷静理性的人可能会有一个不理性的情绪不稳的自我。

荣格认为梦试图弥补意识清醒时的片面性人格。"影子"出现在梦中是为了弥补有意识的偏见，因此"影子"要被尊重、掌握并被以友道相待。他喜欢看见"影子"出现，而且他喜欢激怒人，让人失去冷静并展示讨人厌的一面。

荣格声称，"影子"是他的新作，但阿尼玛和阿尼姆斯(Animus)是他的杰作。他认为，每个男人心中都有一个阿尼玛，这是男人心灵中的女性成分；每个女人心中都有一个阿尼姆斯，这是女人心灵中的男性成分。

我们可以选择活出和自己不同的性别，或者我们可以将阿尼玛和阿尼姆斯影射在其他地方，他们在我们心中的状态或好或坏，他们也可能是致命的危险。有时，我们可以将阿尼玛和阿尼姆斯影射到其他人身上，影射到那些我们认为是非常迷人的或者邪恶的诸如此类的人身上。

在探索自己心中阿尼玛的同时，荣格在自己的幻想中遇到了几个神话原型，梦中正方形和圆形出现的形式给他留下了特别深刻的印象。有段时间，荣格每天都会为自己画一个曼陀罗(梵文意为圆轮)，通过画曼陀罗，荣格记录了自己当天的生活。荣格将曼陀罗看做完美、圆满、完整无缺的象征，他用个性化(*individuation*)一词表示一个人变为心理学上个人"整体"的过程。通过加入无意识与意识以及协调自我的不同部分，荣格认为所有人都可以实现个性化。

荣格还认为人们有不同的性格类型，而且它们被归类为内向性格或外向性格。荣格认为自己是一个性格内向的人，因此他更偏向从自己的内心世界而不是从其他人那里获知真理和能量。他的作品写的都是内心世界，有人可能会误认为个性化具有彻头彻尾的内向性。但实际上，荣格认为只有在我们已经成熟懂事并借由工作、婚姻和社会地位等根植于外部世界、根植于社区之后，那么开始探索内在的集体无意识或上帝才合乎常情。

托尼·沃尔夫、妻子、孩子和工作让荣格在自己的心理危机期间忙得团团转。倘若没有这些人，我不知道在20世纪60年代隐世去“发现自我”(find oneself)的潮流中他可能会做出什么贡献。虽然他悲痛地接受了弗洛伊德的拒绝，但这也激发了荣格井喷式的成长，不仅是在发现自我这方面有所得，还进一步提高了他与人交往的能力。

荣格不仅比弗洛伊德晚20年才名扬欧洲，他在瑞士文化环境下的思考、交谈和辩论也经历了不同于弗洛伊德的发展：4世纪民众开始皈依基督教、宗教改革(the Reformation)以及和宗教有关的政治动荡。弗洛伊德也受到了上述事件的影响，但不那么直接，他受到了荣格“雅利安人宗教”(Aryan religiosity)的背叛。弗洛伊德退缩了，他将自己的犹太血统、犹太信徒和对话者紧紧拉近自己身旁。弗洛伊德的思想结构不同于荣格：它就像皇帝统治的有超我的奥匈帝国(Austro-Hungarian Empire)，也像是秘密警察的梦境审查员。相比之下，荣格的思想更像是瑞士民主，始终如一坚持公投，倾听人民的意志。

虽然荣格的经历怪异且在病态边缘，但它却是世界文化发展的必经之路。以前的伟人通过为自己寻找“创造性疾病”(creative illness)来源建立宗教，这些伟人尽其所能将一切传授给追随者。但荣格认为是传承一个伟大的宗教天才的思想会扼杀个人对上帝的体验，而不是发现自我的来源会扼杀个人对上帝的体验。

荣格在炼丹术中发现了一个更加彻底颠覆其分析心理学的先例。他发现炼丹术书籍里满是原型意象，这些意象和出现在他梦里、患者梦里以及他学生梦里的一样。

荣格把在炼丹术中发现的物质看做是个性的隐喻以及它在生活中的作用。目前尚不清楚炼丹术士自己有没有意识到他们是在摆弄爱恨交织的热火，并将这些情感卷入化学品和熔炉中。

那时，炼丹术促进了化学的发展，人们把科学视为宗教的敌人。荣格声称自己通过划分边界已经解决宗教和科学之间的冲突：通过知道宗教意象会无意识地出现在人的心灵中且会一直存在,科学可以研究宗教,但科学无法辨别意识里的上帝意象指的是否是意象之外的现实。这就是边界。马克思和弗洛伊德都没有看到这点,也没重视它,因此,他们只能用教条主义而不是用科学研究宗教。荣格近乎精神病的经验是物种进化最新进展的有力例证:我们作为单独的个体新发现的能力以面对能量在内部亚人格里的根源:寻找、应付、驯服和强化他们,把他们当做是内心世界里的猎人、农民和殖民者,在我们将其视为他人之后,让他们在我们心里活跃并成为人格的一部分。我们生活在变动的模糊地带,我们必须习惯。我们不仅只是受本我影响而活,我们还可以正视它、认识它并和处理它。

因此,即使原型本能只是以微不足道的幻想形式出现在意识里,但我们不得不承认它们具有可怕的力量。作为艺术,它们相对无害,但在人类活动的意识里,它们生动地表现了人的思想,并且会带来强大的人类互动。请不要忘记 20 世纪 30 年代和 40 年代当一个神经官能症患者及其社会受幻想控制且理解错误时,第三帝国在德国兴起了。

弗洛伊德所揭示过分强大的超自我的破坏性还只是冰山一角。如果说愿望是生活的驱动力,那就停止许愿去追求完美吧。自我想要人们完全活出自己,而不只是活得不费力气,活出追求自尊的好品质。因此,如果你需要一个理想,那么请用完整(*wholeness*)替换完美吧。

救赎、治愈和重生都始于不负责任和戏剧。戏剧必须被严肃对待,严肃性和剧本必须为戏剧提供文学底本,为戏剧表演服务。有人说,莎士比亚的剧本被当做剧作发表,但它们首先必须是戏剧,心理治疗首先也必须是戏剧。戏剧是生活的幻想,其最高价值在于幻想是上帝。

对弗洛伊德而言,上帝是一个愿望实现的幻想,是想象中给予孩子无微不至的关怀与关爱的理想父母,是一种神经官能症,是胜利者用于操控弱者的想法。对荣格而言,上帝是他在梦中和幻想中遇见并打交道的一个人,上帝以不同的形式和他接触。

撇开荣格无穷无尽的所有想法,我们也必须记住关于荣格的一切,他曾说过他的宏愿是成为一名普通人。他晚年时曾半开玩笑地说只要肝脏够强大,其实他真正想要的只不过是在小酒馆里喝酒悠闲度日。

第九章　荣格与上帝

我兄哪，我为你悲伤……

(Samuel 1:26)

本页题词摘自撒母耳记(Samuel)下，是 1952 年荣格 77 岁时出版的《答约伯》(*Answer to Job*)的引言。荣格在书中说了一件可怕的事，即上帝在一定程度上是邪恶的。后来似乎没人谈论这个问题。在我作为荣格心理分析师的长期训练中也没人问过我如何与有邪恶本性的上帝相处。

荣格的天才在于他可以往返于意识和无意识之间，这是常人做不到的。荣格可以进入另一个世界，进入有上帝的世界。“大多数人和我之间的区别是，对我来说的‘隔墙’(dividing walls)是可穿透的。这是我的独特性”(Jung，1965，p.355)。

荣格认为自己对生活流的看法可能是来源于幼年的梦。但他最深刻的体会是 69 岁时突发心脏病，产生了他所说的濒死体验(near-death experience，NDE，Jung，1965，p.309)。那次发病对荣格的思想、健康和写作都有很大的影响。

大多数有过濒死体验的人只是感觉自己脱离了床，浮在床上方几厘米处；或者穿过黑洞，接近黑洞尽头的光线；或者在另一个空间或维度呆了几分钟；但荣格浮在空中一千里处，并且一连三周都能看到黑暗中的事物。(真是少有！我们惊呼羡慕。)据说人在濒死体验前后性格有改变，荣格的性格的确有变化。每一天，当他回到枯燥单调的现实世界，他会很沮丧，但一到晚上一切都变了。

> 我感觉自己上升到了很高的空间中，仿佛安全地处在宇宙中：在一个浩瀚但洋溢着最强幸福感的空间中……(Jung, 1965, p.293)

> 死后看到的美景迸发的情感极其辉煌灿烂，语言无法描述其大概，这是我最精彩的经验……我从没想过能拥有这样的经验。这一切不是幻想，这些美景和经验是真真切切地存在过，不包含任何主观性，而是具有绝对的客观性。(Jung, 1965, p.295)

心脏病突发之际，荣格有点自责，仿佛是因为自己态度有问题所以才会生病。但随后他又想这场病其实是在给自己机会证实即使疾病缠身也要继续斗争的命运。当这种难以理解的事情发生，这就是自我反败为胜的机会。

正是在濒死体验后，荣格写了几部最深刻的作品，比如《基督教时代》(*Aion*, 1951)、《答约伯》(*Answer to Job*, 1952)和《感通之秘》(*Mysterium Coniunctionis*, 1956)。《基督教时代》开篇气势磅礴，但是谈的都是鱼；《感通之秘》对我来说太深奥了；但《答约伯》是另一回事。

荣格曾经在自己的梦里、幻想和幻觉中听到集体无意识传来上帝的声音，他也看到在精神分裂症患者在妄想和幻觉中发出的相同声音如何需要被认真理解，如何没得到理解。荣格在《答约伯》中写了幻想和梦境中的上帝声音，提及了撰写犹太基督教圣经(Jewish-Christian Bible)的人的幻想。旧约全书(Old Testament)里的上帝显然不是好人，所以在此没必要详细展开其行为。

当荣格谈到上帝，他谈的是自己的经历而不是信仰。所以，1959年，当英国广播公司(BBC)主持人约翰·弗里曼(John Freeman)问到荣格当下是否信仰上帝时，他回答道："现在吗？……很难回答。我知道。我不必要相信。我知道。"(Freeman, 1959)随后弗里曼进一步请荣格阐明对上帝的解读，比如，荣格口中的"上帝"指的是否是迫使我们犯错的某样东西？又或者他口中的上帝指的是完全不同事物？就好比上帝一方面既是我们从未见过而且是可能不存在的物质，另一方面，上帝是有点邪恶且一直在潜意识里操控我们，有时教唆我们去做坏事的物质存在？

荣格的孤僻让他有两个地方不同于其他人：第一，他不相信常人所解读的“上帝”；第二，他也不“相信”自己解读的上帝。他是和一个真实的媒介在互动，他了解它。因此，他怎么可能会了解自己在说什么？

> 这是我在治疗聪明的神经官能症患者时经常不得不处理的一个问题。我们可以用更科学、更心理学的语言描述这个问题，比如我们不用上帝、基督“自我”、“无意识整合”的化身、救度和救赎“个性化”、受难或牺牲于“实现四个宗教仪式或圣洁”的十字架，而是用“潜意识”一词。如果我们能够看到宗教传统与精神体验的一致性程度，那么我想这不会损害宗教传统。(Jung，1977，p.736)

但这个方法并不总是有效。一个聪明的现代人是不会被迷惑的。结束和荣格的谈话后，英国作家 H.G.韦尔斯(H.G.Wells)说：“我总觉得荣格在说上帝，但我实在不懂他为什么经常回避这个词。”(Hayman，2002，p.293)

由于一直以来荣格自身对上帝的体验并不好，所以他自小就反对基督徒坚持上帝是好的观点，他父亲和周围的人都认为上帝是好的。自从三四岁做了那个关于地下之神的噩梦，荣格便非常谨慎地对待内心窜动的念头。12 岁那年，在还没接受是上帝让他认为上帝的粪便正向下砸到教堂顶之前，荣格苦苦思考了数天。后来，当荣格认为是上帝的旨意让他有这种错误的举动之后，他觉得自己得到了上帝的奖赏，即自我感觉良好。但是这种感觉并没有让他不经思考就准备向自己的心声妥协。

荣格特别警惕阿尼玛原型带来的强烈欲望，然而就他与托尼·沃尔夫的婚外情，他的孙子——精神分析学医生鲁道夫·涅豪斯(Dr. Rudolf Niehus)，认为荣格的警惕不够到位。

针对与托尼的婚外情，荣格自己有不同的看法。他认为这是上帝的指示，他要荣格活出个性的各个方面，而不仅只活出好的方面。人们也跟着荣格这么做，“追求整体，不追求完美”成了当时苏黎世盛行的目标。人们尚未透彻了解这种想法导致荣格的性滥交到了什么程度。荣格心理分析师齐兰德·雅各比(Jolande Jacobi)曾告诉约翰·莱亚德,荣格试图引诱她(有一次荣格很生她的气,把她推下楼),但她说荣格太粗鲁了,所以她没办法对他心动。

荣格和托尼的婚外情越来越认真,起初这段三角关系将托尼、荣格和荣格的妻子埃玛置于地狱之中。为此,有一次荣格在游泳时一时冲动想淹死自己,但他却不愿意舍弃任何一个女人。最终,托尼学会了忍受冷漠对待:荣格的孩子们对她的恶作剧以及苏黎世心理俱乐部里其他人对她的不友好;对于自己无法和荣格结婚及生孩子这个事实她也认了。与此同时,埃玛不可思议地适应了这种三角关系,并且三人形成了工作伙伴关系(尽管如此,这是一段剑拔弩张的伙伴关系),这证明了埃玛的明智和大度。对荣格而言,这样的三角关系肯定是上帝的旨意。

因此,荣格认为人们真正体验到的真实上帝是危险的,因为他有时是恶毒的。荣格曾说"指引我远离诱惑"破坏了上帝的邪恶游戏,如果宗教的早期先驱们更加机警,那么他们肯定会从主祷文(Lord's Prayer)中删去这句话。

在《答约伯》中,荣格描述了那个对圣经作者说集体无意识的上帝如何与时俱进。(众所周知,荣格曾在一封信中说在其他有人居住的星球的上帝进化程度可能比在地球超前。)他描述了上帝的恶毒(在早期的圣经中已有充分描述)如何在他对约伯的恶行中暴露无遗,当约伯(尽管他遭受了一轮又一轮的折磨)向上帝请求眷顾时,上帝试着做个更善良的人,他变成了一个人,一个好人:耶稣基督。但上帝邪恶的一面并没有消失:集体无意识的上帝是邪恶的组合体,人们仍不得不对付上帝的阴暗面、耶稣基督的对立面:撒旦。上帝在和自己做斗争,人类作为上帝的化身"成了一个装满上帝冲突的容器"(Jung, 1958, p.89)。在和宗教史家及哲学家米尔恰·伊利亚德(Mircea Eliade)谈到《答约伯》时,荣格说撒旦代表邪恶,整合的唯一可能性在于将本我提升至意识水平,换言之这是一个类似个性化的过程。如果不怕麻烦,观察人们做梦和醒着做梦时说的话,那么这些梦话会为心理危机带来解决方法。荣格说因为每个可想象的情况早已被预见,所以集体无意识已有了解决心理危机的办法。

正如《星球大战》(*Star Wars*)中欧比旺·肯诺比(Obi Wan Kenobi)向卢克·天行者(Luke Skywalker)解释邪恶达斯·维德(Darth Vader)时那样,亚历克·吉尼斯爵士(Alec Guinness)神色凝重地说道,"荣格被原力的黑暗面(Dark Side of the Force)引诱了"(Lucas,1977)。我不知道是这一观察,即荣格原力的黑暗面观察作为星球大战系列导演乔治·卢卡斯(George Lucas)的指导者约瑟夫·坎贝尔(Joseph·Campbell),又或者是卢卡斯自己发现了这个可怕的事实。因为卢卡斯从来没有就这个问题回过我的信。1977年,在《答约伯》英文版出版后23年,《星球大战》上映了。《答约伯》可能影响了数千人,《星球大战》可能影响了数百万人,因此原力的黑暗面已经渗入许多人的思想和心灵中,而且可能已经在那里遇到了来自个人潜意识的相同信息。但是,除非你有足够的经历能思索出原力的黑暗面到底意味着什么,否则多想无益。

传统基督教教义"上帝是全能的信条"承认上帝同所有人一样都有作恶的快感以及其他所有人曾有过的感觉。那么,上帝也出现在奥斯威辛集中营吗?他把人们吊到鸟儿叽叽喳喳的树上让他们在夜里慢慢死去,他们被用钩子挂在树上,被钩子穿过的闭合着的嘴发出惨绝人寰的刺耳声音。他尽可能多地将活婴扔到煤气炉里,享受这一幕但也饱受折磨。这就是荣格关于"人成了一个装满上帝冲突的容器"的客观说辞所表达的意思。如果我们通过梦境、幻想和直觉研究内心世界,如果我们相信自己看到了本我或集体无意识或自我,那么比起如果我们看到了上帝或他的代理人,我们更不可能看到在背后盯着我们看的眼睛。

荣格揭露了宗教的心理学渊源,这可能会成为心理学思想启蒙的一部分,心理学思想启蒙将在21世纪的政坛大放异彩,特别是对宗教原教旨主义者产生了日益显著的影响。

上帝造物的故事证明了上帝不是恶毒的,他只是愚蠢笨拙,设想通过让所有创造物相互残酷吞噬从而试图获得爱。在物种进化中所有破坏性的试练和错误阶段,上帝一直比他的创造物愚蠢。大约在《答约伯》出版后8年,即将85岁的慈祥的荣格在《回忆·梦·思考》的结尾写了一篇感人至深的自白，这篇自白就像是临终忏悔或预言。文笔有点拙劣，因为荣格好像是通过思考和理性指引自己写这篇自白。比起《答约伯》、《回忆·梦·思考》更称得上是荣格的研究结论。他谈到了爱，谈到自己如何在工作和生活中遇到爱，但是他始终无法解释爱是什么，谈到我们为何只能沦为爱、"宇宙创生"①(cosmogonic)之爱的受害者和工具，而且我们是在受他的恩惠，我们不妨称他为上帝。

目前看来，20世纪心理学思想启蒙的三位开拓者：弗洛伊德、阿德勒和荣格的性情和理论看似迥然有异，因此人们很难相信这三个人都为同一发展做出了贡献。不过，在下一章中我将展示他们如何在精神分析运动中发挥了显著作用。

① "创造宇宙"。

第十章　思想冲突的三剑客

在和平年代中，儿子埋葬父亲；但是在战争年代中，父亲埋葬儿子。

(Herodotus，2004)

弗洛伊德对人类的贡献源自他的恋母情结，阿德勒源自他的自卑情结，荣格来自他的上帝情结，虽然荣格自己很少用“上帝情结”一词描述他独有的“本我”体验。

阿德勒和荣格都没抛下弗洛伊德：是弗洛伊德撵走了他们。要是弗洛伊德吸收了阿德勒和荣格的思想，那么他的伟大指数会翻两倍。虽然类似的问题有很多，比如：“要是犹太教能吸收耶稣和穆罕默德，那么……”然而，这三位精神分析医师从未能结合成一位友善的优秀治疗师(荣格、埃玛和托尼也是如此)以使必要的情绪混战成为可能，弗洛伊德通过和两人决裂避免了这场混战，遗憾矣！

我之所以说情绪混战是因为智力交锋不过是情绪的伪装。“精神分析运动”的决裂其实是友谊的失败。被认为是科学的差异容易引起弗洛伊德的情绪化。他认为差异是针对个人和种族的。在他眼里，荣格并非因科学事实而被误解，其实是荣格“不忠”且为“雅利安人的宗教”而疯狂(Gresser，1994，p.159)。但正如谈及1913年备受争议的慕尼黑国际心理分析学大会后与荣格及其他瑞士协会成员决裂一事时，弗洛伊德在写给密友兼同事精神分析学家卡尔·亚伯拉罕(Karl Abraham)的信里所说的那样，他说“犹太人善于忍耐”(Frieden，1990，p.121)。

因此，荣格并没有如弗洛伊德半开玩笑希望的那样将精神分析从变成“犹太人的国事”中救出来（Blech，2004，p.375）。古典精神分析的优点之一就是犹太人对于家庭的独特理解，以及进一步了解家庭里爱恨交错的本质和原因。就家庭环境对性本能和性行为的影响而言，犹太人比基督徒显得更自在。我清楚地记得20世纪60年代一部特拉维夫（Tel Aviv）电影里的口红广告极大地震惊了我——几秒的广告展示了口红可以帮助快乐的涂口红者找到男人结婚生子。那时，在我成长的乡下，化妆品只会让人联想到强奸、卖淫和地狱。

精神分析运动本身就像一个犹太大家庭：通过训练他们不得不服从的分析带来的“移情”引起的家庭情绪团结在一起，这个大家庭在紧密联合抵抗外来者的同时也因内部意见不合而四分五裂。从另一个角度来看，精神分析运动继续围攻犹太人村（*stetl*）心理，在这一种心理里犹太人已经接受并习惯被社会嘲笑，同时犹太人也知道自己的文化是优越的。同样的，作为一名犹太人，弗洛伊德和他发起的运动都感受到了来自医疗机构和社会的敌意与蔑视，但正如弗洛伊德所说的那样，他也知道自己和精神分析运动“拥有真理”（Steele & Swinney，1982，p.257）。当弗洛伊德“至爱的儿子”（McGuire，1974，p.343）脱离那个真理看世界时，他切身体会到被伤害和背叛。

去“拥有真理”对弗洛伊德的生存之战或者存在感来说是必要的。他在写给某位朋友的信里提到有一次当自己刚拿起神病学家和哲学家皮埃尔·让内的新书时，他的“心怦怦地跳”（Freud，1957，p.250），他害怕知道让内可能提出了精神分析领域的新观点，恢复冷静后他再次将书放下，安慰自己让内对此毫无头绪。同样的，1921年，当他读了荣格的《心理类型》（*Psychological Types*）一书，他满意地记录下“……这本书里没有新观点。荣格不太可能对我造成严重威胁”（Paskauskas，1993，p.424）。为什么他人的新观点就一定会是伤害他的威胁呢？因为弗洛伊德的潜意识在告诉自己，如果他自己都认为别人的想法是对的，那么这些意义重大的想法确实伤害了他。但如果弗洛伊德转换态度，那么他会发现这些“敌人”本来可能都是他的朋友。正如霍妮所问，为何我们不能在持有不同想法的同时继续当朋友？

在弗洛伊德恋母情结的力量下，荣格和阿德勒同弗洛伊德继续当朋友的可能性不大。恋母情结将弗洛伊德和他人的关系塑造成相对角色：专制的父亲与叛逆的儿子，两者为争夺女人而竞赛。弗洛伊德知道母亲爱他更甚于爱父亲。显然，这个认知让他有信心去成功吸引并娶到妻子玛莎。（在他们一波三折的订婚中，玛莎发现弗洛伊德要求绝对的盲目的忠诚。）但是，当这段婚姻走到尽头，弗洛伊德不费力气地将妻妹明娜（Minna）拉到自己身旁，两人会一起去度假，据说可能有过一段情。后来，女儿安娜（Anna）成了他喜欢的第三个女人，他牢牢盯住她，赶走了和她同龄的男生。因此，不管弗洛伊德的运气如何，他一直以来都依赖女人在家里给予他情感支持，从他的母亲到女儿，历经三代。

弗洛伊德认为自己是当时盛行的德国文明（*Kultur*）权威的破坏分子和逆子，作为儿子，他以令人难以理解的方式在人类学的幻想中杀死了原始部落的父亲并成功赢得了女人。作为俄狄浦斯式的儿子，弗洛伊德赢了，但是作为精神分析运动专制的父亲，他在一定程度上败了，因为他拒绝了他的"儿子们"，并疏远了他已唤醒并倾心了的新生活。所以，在这方面，弗洛伊德失败了。他焦虑的高度控制欲导致三个人看起来像弑父的逆子，首先是阿德勒，接着是荣格，最后是他另一位好朋友兼同事费伦齐（Ferenczi），其实他们三人起初压根不想和他对着干。

犹太人有一句谚语：人人皆可妒忌，唯儿子和学生不可妒忌。一个父亲最凄美的乐趣之一就是当他意识到儿子和自己一样优秀或青出于蓝，他本来认为儿子背离了自己的价值观，但实际上儿子和自己都在挖掘同一生活本源，只是途径不同。当父亲鼓励儿子站到自己的肩膀上，儿子就可以比父亲看得更远。当父亲意识到这一点并为之感到高兴，那么这当然是件好事。但弗洛伊德拒绝接受三个"儿子"（阿德勒、荣格、费伦齐）的观点，所以他错过了见证他们探索和发现他能力企及范围之外的世界的喜悦。

当弗洛伊德拒绝接受荣格的观点时，埃玛致信告诉他，"请您别怀着父亲那样的感情去看待卡尔·荣格，即'他将成长但我肯定会没落'的想法……应该像普通人对待另一个人那样，他像您一样，得按照他自己的意愿去完成他想做的事"（Dunne，2002，p.39）。

但弗洛伊德没把埃玛的话听进去。作为一位心理学巨擘，弗洛伊德的焦虑过多，这导致情况僵化。他认为自己就是太清楚儿子们想对父亲做什么。在去往美国的船上，弗洛伊德拒绝对荣格的一个梦进行一定的联想。当荣格问及原因，弗洛伊德说："因为我要维护自己的权威"(Jones,1993,p.222)。虽然弗洛伊德经常有缺乏自信的行为，但他是个专制的人。曾有一两个人向他指出这点，他也觉得自己就是这样的人，但显然他并不打算为此作出改变。他把自己说成是一个"征服者"(conquistador)，意指探险家和支配者的结合体，这是一个非常贴切的描述。

弗洛伊德没有意识到渴求潜藏在居首位和拥有控制权背后的恐惧。这种恐惧并不是阿德勒式害怕失败的恐惧，也不是本能的恐惧，这些恐惧他确实都了解。恰恰相反，被"儿子们"谋杀的恐惧表达的是20世纪后期才被理解的另一种恐惧：一种害怕丧失独立身份、丧失界限和丧失自我的原始恐惧。那就是如果他的儿子们对真理有深刻的认识，那么他的权威将会受损并破灭。在弗洛伊德可怕的想法里，如果他们有不同的看法，那么他们必须是错误的。(有人说正是因为这种恐惧扼住了弗洛伊德的思想，所以他不会阅读太多尼采的作品，虽然他汉普斯特德书房的书架上有很多尼采的书。)弗洛伊德的防御其实是一种心理排斥，排斥他人的真理、控制、权力、权威和成功。

弗洛伊德在为BBC录制完一档关于自己的节目之后不久就去世了，在节目中他谈到尽管自己的理论一开始遭鄙视被拒绝，但他如何成为一个盛大国际运动受人敬重的创始者——这就是他所需要的价值，这种价值可以让他自我感觉颇好。

要是弗洛伊德在20世纪早期相信"儿子们"对他的爱并把他们发现的真理当做礼物来接受，而不是当做攻击，那么一切将可能有所不同。他们给予弗洛伊德的"礼物"可能会让他成为一个更快乐更伟大的人。如果阿德勒被允许指出弗洛伊德对于追求力量和优势太过焦虑，那么弗洛伊德可能会听进这些话并让自己尽情追求绝对控制的神经官能症内驱力。他也可能能够安抚自己杞忧的超我，并且不是用脑袋而是用心向阿德勒学习从社会感中获得满足。这样一来，他对精神分析的未来可能会少一点关注，对人性的未来可能会多一点关注，最后他会成为一个更伟大的心理学领导者。

因此，得到更多信任和友谊的阿德勒反过来可能会放松，并且就弗洛伊德对潜意识的感觉也会抱以更开放的态度，潜意识里隐藏的攻击和性本能宝藏能使人们获得社会感。外向的阿德勒仍对内心世界的一切保留怀疑态度，他认为人们只有在受挫时才会被迫去思考。阿德勒在战争中当军医时发现自己不愿意将一位康复的士兵送回前线。后来，他做了一个梦，梦见自己杀了人，他把这个梦解释为是自己的自我在为他的“心软”找借口，而且他的自我希望那位士兵可以不参战。阿德勒说之后他再也没有做过梦，因为他坚信梦只是诱惑而且梦损害了做梦的人。再也没有做过梦？真是如此？英格兰盎格鲁-撒克逊时代的修道士阿尔弗里克(Aelfric)在公元10世纪写道，“正如我们从书上看到的那样，有些梦真的是神旨，有些梦则是恶魔骗人的把戏，恶魔在寻找腐蚀灵魂的方法”(Skeat，2004，p.467)。

阿德勒只相信梦是恶魔骗人的把戏，在和弗洛伊德决裂后，他的思想变得固执，他再也不相信前导师弗洛伊德不同于自己的任何理论。

至于荣格，我们必须说他的确是弗洛伊德所害怕的那个人。和弗洛伊德决裂后，荣格继续前进的步伐，他在精神上的生气勃勃和力量的确破坏并压倒了周围所有人。荣格很少结交男性朋友。1994年，荣格心理分析师马里奥·雅各比 (Mario Jacoby) 曾告诉荣格的传记作者戴尔德丽·贝尔(Deirdre Bair)：

> 荣格个性太强势，因此和他在一起的人很难有自己的私人空间。他自己也没办法，因为他就是这样的个性。但同时我也认为这就是为什么女性能和他相处融洽，而男性却只能和他争吵并绝交的原因。(Bair，2004，p.543)

也许，如果荣格和弗洛伊德继续当朋友，那么他可能也会有其他男性朋友。

当荣格终于面对弗洛伊德焦虑的过度控制，他并没有用友好坦诚的方式，而且为时已晚。1912年底，荣格在给弗洛伊德的一封信中写道：

> 我十分客观地看穿了您的这些小伎俩。您四处寻找周围的症状行为，使所有人在你面前都犹获儿女般的地位，他们不得不痛心承认自己的过失。而您却旁若无人地坐在父亲的高座上。(Shwartz, 2003, p.124)

回到最初的问题，要是！要是当荣格在《力比多的变化与象征》中阐明自己的观点后弗洛伊德没有将这当做是对自己的背叛。

弗洛伊德也有崇高的情绪。在他的《精神分析运动史》(*History of the Psycho-Analytic Movement*)一书中，他提到了"本能的原始旋律"(Freud, 1914d, p.62)。也许，如果荣格没小心翼翼地压抑这么久，那么两人可能会以友好的方式逐渐对彼此坦承自己的想法；这样一来，也许弗洛伊德可能就会承认对"本能的原始旋律"的敬畏不是其他维也纳人所说的宗教，而是荣格认为的宗教情感？

不管是否被称为宗教，总之是同样的情感促使弗洛伊德和荣格提出了各自的理论：弗洛伊德认为性本能是生命力，荣格 3 岁时梦见上帝是勃起的阴茎，当然两人要是合作肯定可以建立一个比孤军奋战还要好的理解桥梁。二人都是同一伟大事业的开拓者，这项伟大事业始于 18 世纪末像卢梭(Rousseau)这样的预浪漫主义思想家和威廉·布莱克(William Blake)这样的前期浪漫主义者以及后来的尼采，并一直延续到 20 世纪，18—20 世纪这段时间宣扬的思想逐渐唤醒欧洲过度文明化的人的本能。弗洛伊德展示了文明规范道德的破坏性，对他而言，这至少在一定程度上是宗教证明了的正义精神暴政，但是在荣格的历史政治背景里，宗教是对立面、是独裁主义者、是叛军、是抗议者。有一次，当荣格被迫表态自己的立场，他说自己是"极端的左翼新教徒"(Parrinder, 1977, p.92)。

但实际上弗洛伊德和荣格的分歧在于的欧洲文化已经变成扭曲的价值体系。和许多人一样，弗洛伊德声称基督教和犹太教的上帝只是一个愿望实现的幻想，而荣格怒斥社会说社会对上帝的想象是错误的。虽然两人展示了明显不同于对方的丢弃方式，但他们都被戳中了同一痛处。同样的，弗洛伊德支持爱情里的性欲，而荣格活出爱情里的性欲并从中发现了精神性。弗洛伊德也知道性本能是恐怖的缘由，但荣格自 3 岁就知道性本能是神圣的恐怖缘由。

两人对宗教似乎持相反的态度，但作为同一文化大浪潮的两个阶段，他们并非那么截然不同，回到最初的问题，两人的关系就像父亲和儿子。弗洛伊德和尼采、马克思与欧洲文化里其他伟大的解放者是同一时代的知识分子，他试图让人从宗教的束缚中解脱出来，因为宗教已死，死于 19 世纪正义的道德和善良观点。荣格则属于下一时代，重新发现每个人的内心世界，重新发现最初创造宗教的生命本能，不管是否受到本能的号召，我们都被影响了，而且我们最好是驾驭本能而不是忽视或压抑本能。弗洛伊德和荣格的思想看似和我们同处一个时代，因为它们是历经几个世纪淬炼而成的精华。

现在，仍有数百万人对旧时代的宗教怀揣满满的虔诚，因为他们很好地领悟了生命力的来源和生命的意义，而且他们的认知在正常运转，他们不需要通过死亡获得重生。他们信仰的宗教让他们肯定并坚守自己内心最深处的欲望。

另外，现在还有数百万人正在激动人心的现实主义和无神阶段的自由中茁壮成长，他们会死去而且永远不需要重生。和一个可以同时处理家庭、友谊和政治事务的人一样，他们尽可能为自己的生活发现更多的意义，也可以从正在上演的精彩科学发现中找到意义。

又或者，现在还有数百万人选择去探索自己灵性的实相。也许，上述第二类人会说必须先失去信仰而后才能找到上帝。

其他人发现了无神论的精神性，毕竟从传统基督教的角度来看，荣格和“上帝”的实际互动就是无神论。2001 年成千上万公民在英国的国家人口普查中将他们的宗教登记为“绝地”(Jedi)，当然大多数人都是在开玩笑，不过他们当中有些人真的相信绝地教。这是一个带有宗教色彩的笑话。哪怕绝地教只受到少数人的重视，但是作为一名和原力黑暗面有关联的绝地教徒，其生活可以更有乐趣。

你可能会言过其实，说阿德勒(受洗的基督徒)代表的是通过接受宗教体验上帝的第一阶段，即集体无意识或诸如此类的说法；而弗洛伊德代表的是竭诚反驳第一阶段的第二阶段；荣格则是通过提出创造性的个人问题追问精神满足，没错，即追问宗教满足达到宗教体验上帝的第三阶段。（你可以把这分别看做是黑格尔三段式中的正题—反题—合题。）

虽然这三个人都有各自的情结，但是他们是在同一战线上。三人都在探索潜意识的黑暗面，找寻伟大的发现，解放不知受潜意识操控的人类，暴露甚至连人类都不知道自己有的欲望和恐惧，并开阔人类的眼界，让人类见识到以前无法想象的再现，再现真正的、自由的、整体的、不可预测的自然生命和成长过程。当然，如果他们之间的关系再亲近点，能支持彼此，那么他们就可以一起克服排斥彼此、分离彼此思想和心灵的情绪爆发时遭受的痛苦。但是，通过用这样的方式谈论三位开拓者，我们正在为他们消除隔阂，我们可以看见他们的发现实际上倾向于相互启发而不是互不兼容。

至此，我已介绍完心理学思想启蒙三位伟大的开拓者。在离开他们三位所处的时代之前，在接下来的两章，我将探索本时期哲学的贡献以及 19 世纪两位存在主义哲学家的思想，这两位哲学家分别是克尔凯郭尔和尼采。两人在宗教以及人应该如何看待自己和所处的世界这两方面的看法渗入了 20 世纪的流行文化。我认为，即使结合他们的思想，至今心理学思想启蒙有些地方仍尚未被理解。

第十一章　克尔凯郭尔与存在主义心理治疗

人们对我的了解甚少，因此他们无法理解我抱怨自己被误解。

(Soren Kierkegaard)

存在主义心理治疗的一个优点是它鼓励治疗师要尊重患者在世界中的真实困境，不用精神分析理论或其他理论对此进行干预；存在主义心理治疗的一个缺点是它有时会太尊重患者清醒的头脑以至于忽略了患者的潜意识。路德维希·宾斯万格(Ludwig Binswanger)在《爱伦·威斯特的病例》(*der Fall Ellen West*)这份报告中给予患者爱伦难以置信的尊重和同情，读来令人震惊，读者也因此很敬佩爱伦的不屈、毅力和勇敢，但是在接受了13年的厌食症治疗后，33岁的爱伦服毒自杀了。

存在主义心理治疗的核心基础是两位有情感缺陷的哲学家：索伦·克尔凯郭尔和弗里德里希·尼采。两人之所以都有情感缺陷，不仅是因为死神给他们的家庭带去了悲剧(克尔凯郭尔的母亲早逝，她的离世重创了这个家庭；尼采4岁多的时候，他的父亲去世了，不久后他唯一的弟弟夭折了)，也因为他们成长的环境都对二人有巨大影响。他们完全吸收了各自环境中的文化，以至于差点被这样的文化毁灭；后来，通过驾驭文化超人般地引起社会震动，两人改变了文明的进程(很难算出改变有多大，但他们的确带来了改变)，并影响了数百万永远不知道自己的存在感的人。

索伦·克尔凯郭尔(1813—1855)

你能准确地记起生活中遇见的令人惊叹的十字路口在哪里吗?我记得1947年在爱丁堡邂逅的西恩(Thin)书店:该店杂乱繁忙,坐落于爱丁堡大学老学院方庭(Old Quad)对面;我,一位十几岁的艺术系学生(为了修美术学士学位也要读哲学书籍)从书架上拿下采取克尔凯郭尔的《恐惧与颤栗》(*Fear and Trembling* ,1946),一旁的友人,即神学系的乔治·罗斯(George Ross)正在告诉我出于不让心脏处于兴奋状态的考虑,医生让阿伯丁大学道德哲学系教授麦金农(MacKinnon)停止阅读克尔凯郭尔的书籍。

《恐惧与颤栗》用不同方式讲述亚伯拉罕(Abraham)的故事来展开篇章,描述了亚伯拉罕祭献亲子以撒(Isaac)。我一下子就被吸引了。我对丹麦人克尔凯郭尔产生了狂热的青春期迷恋,连做梦都梦到他。大部分照片里的克尔凯郭尔看上去孤僻而古怪,但在某张画里,他有一张好看的脸,明亮的双眼闪烁着智慧的光芒,这正是我想象中的克尔凯郭尔。我记得在去苏格兰高地泰恩(Tain)镇的路上,一位站在羊群旁的牧师疑惑地看着我[那时我手里拿着《恐惧的概念》(*The Concept of Dread*)]说道:"你是个聪明的少年,我敢肯定你会没事的。"他说错了,不过最后一切都没事了,因为五六年后,克尔凯郭尔这杯鸡尾酒带来的精神障碍以及我所处的过于令人振奋的环境带领我接触了第一次精神分析,作为一位患者,我在爱丁堡的戴维森诊所(Davidson Clinic)接受了治疗。

十几岁的我很崇拜父亲并试图让自己长大得不再需要母亲,我已经准备好让与克尔凯郭尔的类似想法冲昏头脑。他反复提及的只有父亲,仿佛他从未有过母亲,而他一位在加拿大工作的哥哥跟他的雇主只说到母亲,仿佛他从未有过父亲。

1813年,克尔凯郭尔在丹麦首都哥本哈根出生。父亲是他童年和少年时期的关键人物,父亲"疯狂的教育方式"(Chamberlain & Ree, 2001,p.326)导致他很忧郁。其父迈克尔·克尔凯郭尔(Michael Kierkegaard)是个虔诚的忧郁男人,老克尔凯郭尔深爱着克尔凯郭尔,而且经常和他分享基督教信仰。这些宗教性质的谈话对小克尔凯郭尔有很大影响:有一次,父亲给他看了拿破仑、亚历山大大帝和其他伟人的照片,其中有张照片里是一个被钉死在十字架上的人,小克尔凯郭尔问父亲:“被钉死的是谁?”父亲回答他是“历史上最善良的人”(Rohde, 1963, p.24)。

父亲极大地开发了克尔凯郭尔的想象力,他会带克尔凯郭尔在书房里进行假想的散步,他把街景和街上的故事描绘得如此生动,以至于“散步”结束后小克尔凯郭尔觉得很累,仿佛刚才经历的一切都是真的。小克尔凯郭尔学会了这个游戏,于是父子俩会创造出属于两人的街道冒险情景。责任感和道德感理所当然地被认为是个人的基本要素,但是创造性的情感反应成了克尔凯郭尔的生活,然后他将此倾注于文学作品,表达了心灵和思想的冲突(以及他回避他人的孤僻行为)。他的大部分作品都是以不同的笔名出版。尽管他的多重性格是刻意的相互矛盾,但是它们永远在克尔凯郭尔的控制中;实际上,有时候他的名字也会作为发表者出现在扉页。

父亲曾告诉克尔凯郭尔自己出身贫寒,一个人孤零零地放牧,他曾爬上一个小山坡咒骂上帝给了他悲惨的生活。但是,后来当他变成了富人,他怀疑这是上帝对他的惩罚,他的几个孩子年纪轻轻就先他而逝。然而,令克尔凯郭尔倍感震动的是父亲承认自己和第二任妻子阿尼(Ane)通奸并让她怀孕。阿尼是克尔凯郭尔的母亲,克尔凯郭尔是她最小的孩子。我们永远也不会知道这母子俩之间发生了什么事,也许没什么,不过是互不理解,或者也许她只是妒忌自己被儿子和丈夫之间的爱排挤在外。

克尔凯郭尔当了很长一段时间的学生,他看似风度翩翩地流连于各类社会生活,在镇上到处晃,花钱如流水,有点轻浮放荡(他可能就是到妓院只参观不消费的那类人),他总是能让自己和他人都乐在其中,以花花公子形象来掩饰自己的忧郁。他爱上了雷吉娜·奥尔森(Regine Olsen),两人订了婚,订婚之后他意识到自己不能娶她。因为他不能与她分享内心的痛苦、忧郁和性愧疚。早在这之前五年,他曾在日记里写到他需要了解上帝希望他做什么,需要寻找"一个我愿意为它而活、为它而死的理念"(Chamberlain & Ree,2001,p.15)。

所以,也许他还没有找到自己的"理念",而且在雷吉娜结婚之前他必须先找到它。克尔凯郭尔不知道要怎么协调爱情生活和他视之为毕生工作的事业,但他知道上帝禁止他和雷吉娜结婚。

克尔凯郭尔断然解除了婚约。克尔凯郭尔借亚伯拉罕献祭儿子以撒的故事来反映他和雷吉娜的关系。书中有个版本的故事是这样的:亚伯拉罕在以撒面前假装自己只是个想要杀死以撒的自私怪物,这样一来以撒就不会知道其实是上帝想要杀他,如果以撒知道了,那么他可能会与上帝为敌。这也正是克尔凯郭尔处理自己和雷吉娜的关系的方法,他假装自己只是个对她心生厌烦的自我放纵的花花公子,他说也许当自己年纪大点的时候他会想要一个年轻的小妞带给他活力,但是现在他还年轻,所以不需要,谢谢。他写道雷吉娜"像母老虎一样"挣扎着要留住他(Rohde,1963,p.59)。一个男人的精神也是对女人性吸引力的一部分,如果雷吉娜感受得到克尔凯郭尔面具背后的精神,那么他对她肯定有强烈的性吸引力。雷吉娜的父亲放下骄傲为她挽留克尔凯郭尔。好几次,克尔凯郭尔哭了整整一夜,悲哀地说上帝不允许他和世上善良的人类一样体会到婚姻的快乐,他早已被划分成不得不与众不同的独立个体。然而,即便如此,也许他也知道没有什么能满足他,除非成为远离普通生活过着不平凡的冒险生活的个体,成为一个会"到上帝控制得了你的远方冒险"的人(Carnell,1965,p.62)。

看起来上帝是通过让你做任何你最害怕做的事来控制你:即杀死你唯一的儿子或者和最爱的女人解除婚约。17 岁那年,我也想要过着危险的冒险生活,那时我从未想要做的事情就是和父亲讨论性的问题,所以为了可以和克尔凯郭尔一样,我必须这么做。我的效仿有限,但足以让我了解克尔凯郭尔的想法。

法国存在主义者的无意义行动(*acte gratuit*)和这有点接近,但克尔凯郭尔和我都不知道这件事,而且我俩对"对立的想法"的简单精神病学观察知道得更少,这种不被需要的想法会在那些极度想要适应他人的人的脑海中浮现。例如,玛丽让我抱着的这个新生儿,如果我把他扔到窗外会怎样？如果当牧师问我“你是否愿意娶这个女人？”诸如此类的话，我起誓了，会怎样？如果我从这个阳台跳下去会怎样？如果我砸了那个他们引以为豪的价值连城的花瓶会怎样？如果我……会怎样？（不堪言）。坚称自己和他人的对立，和他人唱反调是我们的本能需求，这甚至是强制性的需求，比如2岁的孩子会说，我要自己开门，你不准来帮我；15岁的少女会说，今晚我要穿一件超短裙。这是成为我们体内的“我”的必经之路。

有时对立的想法要求被付诸行动。我治疗过一名13岁的肥胖少年，他母亲管得很严，他总是忍不住冲动向街上的人吐唾沫。他带着掺杂恐惧的笑颜，兴奋地向我描述当他靠近受害者时那种有趣的恐惧，他离受害者越来越近，然后向他们吐口水！过后，他便开叹息，但却幸灾乐祸地注视着受害者，真可怕！同样的，我治疗过一位非常善良、非常有才华的女孩，她忍不住偶尔直接尿到地板上；事情就这么发生在她身上了，泌尿生殖专家经彻底检查，确认这并非泌尿系统出问题引起的现象，之后她被转诊到我们医院。原来她有一个支配欲很强的母亲，她母亲的气势会渗透所有房间的所有空间，也会渗透房间里的人的思想。她怎么敢显示自己的威力和母亲唱反调呢？更别说能做什么或说什么，那女孩甚至连刻意想想都不行。

即使我们所处的环境——母亲，或学校，或皇帝弗兰茨·约瑟夫，或美国总统乔治·W.布什或任何人——劫持上帝来支持他们的愿望，我们仍然可以感受到一个明确的冲动要显示自己的权威，以此来证明上帝要我们将自己的意愿付诸行动。克尔凯郭尔甩掉爱人雷吉娜、亚伯拉罕杀死独子以撒都是不道德的行为，但上帝不受道德的束缚，克尔凯郭尔提出了“伦理的目的论悬置”（Kierkegaard, 1946, p.v）来掩盖这种情况（这听起来更像是“结果决定方法”的悦耳说法）。

潜意识教唆人们做可怕的事情。我有一个朋友在自己的诊所里被一名陌生人捅死了，后来那名凶手向警察解释是真主（Allah）示意他杀死医生的。约克郡开膛手（The Yorkshire Ripper）说杀死妓女是上帝给他的指示。2003年，米贾洛·米贾洛维奇（Mijailo Mijailović）暗杀瑞典外交部长安娜·林德（Anna Lindh）并声称是耶稣示意他这么做的,但心理检查医生说他并非精神错乱。荣格在12岁的时候就知道上帝让他想到他的粪块砸在教堂顶部,荣格的确这么想了。据《华盛顿邮报》(*The Washington Post*)报道,美国总统布什告诉巴勒斯坦总理,"上帝让我扫除基地组织(al Qaeda),我扫了,然后他指示我推翻萨达姆,我推了"(Kamen, 2005)。

我们知道年轻的荣格一直饱受那些向他涌来的指示的折磨,在明确上帝的指示之前他解决了自己所知道的一切。而克尔凯郭尔只是饱受上帝指示的折磨。其他人对上帝的指示付出了多少心思?如果没有赖斯(Rice)、朗姆斯福特(Rumsford)、沃尔福威茨(Wolfowitz)、切尼(Cheney)与他一起祈祷,布什总统敢如此果断地做决策吗?在确定上帝的指示时,我们可能只是简单地遵循我们的文化,或者家人和朋友们的期望。又或者这可能是艺术才能的一部分,有了艺术才能,我们的心灵为我们发明并创造了生活(有/无我们有意识的选择)。

正是艺术才能的部分属性给予我们这样、那样或其他最高价值,而这种给予几乎是随机的。这有点像是一个突然产生的念头把冲动归咎于上帝的旨意,比如当一个艺术家认为他要把更多绿叶画在这一角;不,他突然改变主意,画在那一角。好像非常多的事物都具有神性:书、建筑物、水、女人、男人、家庭、社区、国家、图腾动物、达赖喇嘛(Dalai Lama)的粪便、面包、华夫饼、图片、日出瞬间、勃起的阴茎或其象征图形、所有事物。神圣和尊崇是我们在看待某物时所采取的态度,随后这种态度成了该事物的属性。你可以随意赋予任何事物神圣属性;不管冲动告诉你什么,你都可以献花给它。你可以带着娱乐的心态做这样的事,12岁的时候,我有一位朋友说在他的苏格兰褶裥短裙下,在他男童尺寸的毛皮袋后面有一位神仙。他肯定是刚知道自慰是怎么一回事。强迫症可以使某些事物具有压倒我们意志的价值,实际上这就是神旨,只是我们不这么说罢了。还有精神分裂症,你怎么知道冲动何时真的是神圣的职责,何时是上帝的旨意?你不知道。而克尔凯郭尔认为我们只能继续怀揣恐惧、颤栗、忧虑、疑惧等情绪,而且他希望我们能明白这一切。上述例子表明如果你让"上帝的旨意"在大脑里接受关键性的严格检查,那么结果将会多么不同;联手你的朋友,你将调解意识和神旨的冲突,没联手朋友的话就利用你所知的一切来调解。精神分裂症患者缺乏一个可以反思的内心世界(荣格做得还不错),至于布什总统和他的朋友们是否给予严格审查足够长的时间至今仍存在政治分歧。(例如,自1789年起对上帝持有更多文化怀疑的法国人对该问题持绝对否定的观点,尽管他们甚至可能没意识到布什总统的自信来自哪里。)

心理学思想启蒙告诉我们要让潜意识具有意识,要去思考是否存在神化某一冲动的潜意识原因,是否能够好好看清在潜意识里说话的上帝。有谁曾从克尔凯郭尔的内心世界给出一个理由让他(或她,或它)不要跟克尔凯郭尔提到神旨?难道克尔凯郭尔不那么稳定的人格中隐藏的部分真的需要他离开雷吉娜?这是有充分的理由还是空穴来风?克尔凯郭尔的确也承认失去雷吉娜让他成了一名诗人。因为失去雷吉娜过度激发了他的幻想,极富创造力的想象爆发填补了心灵的空白。这听起来像是一件好事。但这称得上是充分的理由吗?

克尔凯郭尔用真名和多个不同的笔名出版自己的作品,通过这些作品体现的不同自我历程,我们会发现婚姻在他的这些作品中占有一席之地,在他看来,婚姻是幸福和美好的理想状态,特别是当他在抱怨上帝禁止他拥有婚姻时这种想法更加强烈,但在其他作品中,他对女人带有明显的蔑视。在某些作品中,克尔凯郭尔说女人是及时行乐(*joie de vivre* ,这不是他的最高价值观),这是男人获得的大部分乐趣,因为男人本身的乐趣乏善可陈。但在其他作品中他又说女人是困住男人的性诱饵,比如在《非此即彼》(*The Seducer's Diary*)中,引诱者祝贺自己只依靠性诱饵生活而且从未被抓包。

克尔凯郭尔以真名出版的最后一本著作是《基督教的训练》(*The Attack on Christendom*),在这本书里他用一系列反对丹麦教堂的文章公开抨击了自己所处社会的文化。就像尼采抨击德国的文化,克尔凯郭尔是在抨击自己的基督教社会,他指责基督徒是软弱的人群,但和尼采不同的是,克尔凯郭尔是站在一个更激进和更具极权主义的宗教立场进行抨击,按我现在的说法应该是有点疯狂。他把丹麦国家教会(Denmark State Church)当做非常虚伪的资产阶级和贪图安逸的个体,因此他便能全然做一个反对基督教的人。他说，教会是邪恶的，教会让年轻的神职人员被“无辜妻子的香软臂弯”带来的极乐诱惑（Lowrie，1961，p.207），就像唐璜（Don Juan）和泽琳（Zerlin）那样，因此神职人员首先是将教会工作当做为了养活妻子而谋求的生计。随后，当工作步入正轨后，他便展开教会首要任务是寻找天国（Kingdom of Heaven）的精彩布道，这才是一位真正的基督徒应该做的事，但神职人员并没有这样做。狡猾腐败的教会知道“每个政治上英明的政府都知道……婚姻让男人低微到尘埃里……”（Kierkegaard，1968，p.215）。

对此有人会感到惊奇。难道这真的就是克尔凯郭尔的所思所想吗？他真的认为婚姻让男人低微到尘埃里吗？是的，这正是克尔凯郭尔的想法。

但只有对妻子过分顺从或言听计从的婚姻会让男人低微到尘埃里，也就是说，如果只有在男人仍需要母亲的情况下婚姻才会是如此。所以，这就是克尔凯郭尔从不提及自己母亲的原因。对普通读者而言，因为缺乏温暖的母爱，所以克尔凯郭尔写出的作品令人感到心酸，母亲温暖的怀抱可以缓解他孤独的痛苦感。他的思维方式就像是一个闷闷不乐的小男孩需要一个温暖的拥抱，但是他太骄傲太多疑所以他不愿意接受任何拥抱。他想逃离女人对他的同情。当他酝酿要离开雷吉娜时，他在日记中记载了两人的事情，但他是以第三人称描述整个事件，不愿意直接承认日记里的主人公就是自己。

克尔凯郭尔认为女人对他的同情会使他失去男子汉气概，会让他低微到尘埃里。他绝对不会允许自己意识到他有多么渴望得到从未有过的母爱。他从未察觉自己有恋母情结。

于是，我们便很容易理解为什么荣格受不了克尔凯郭尔。荣格认为他像是个爱抱怨的小鬼，为自己找借口活在思想世界里而不是活在现实里。他认为克尔凯郭尔只是一味地提及要执行上帝的旨意，但实际上他的内心和外部世界都在避免接触上帝。

荣格太正常了，所以他没办法和那些有情感缺陷的人产生共鸣，那些人没有余力去做任何事，除了追求回到生活的狡猾迂回逃避路线（在追求的道路上懂得一些深刻的真理）。有些人就是没办法像荣格那样成为内心强大的人，只能懦弱地成长。但是后来荣格不得不承认，克尔凯郭尔的想法可能对某些人有助益。

作为一个男人，克尔凯郭尔是个可怜的家伙。克尔凯郭尔一生未婚，充满着孤独和痛苦（他曾经告诉一个犹太朋友自己非常幸运得以免受基督的折磨），新闻界嘲笑并讽刺他的怪诞行为和驼背，他说这些嘲笑像是在“让自己被群鹅活活地踩死”（Rohde，1990，p.78）。疾病让他感到满足，他甚至认为疾病是为了“在身体和心理健康不可能并驾齐驱的情况下引领精神生活”（Miller，1960，p.90），1855 年，42 岁的克尔凯郭尔死于神秘的原因，当时他已经花光父亲留下的遗产。尽管他曾大方地祝福雷吉娜和其他男人结婚过上幸福的生活，但是当她真的嫁给别人，他暴怒，而且还觉得自己被羞辱了，仿佛他希望雷吉娜像修女一样停留在他的回忆里。临终前，他昭告世人，他的所有作品都是要献给雷吉娜的，他甚至在遗嘱中说要把所剩无几的遗产赠给念念不忘的雷吉娜，但雷吉娜和她的丈夫拒绝了。

克尔凯郭尔的哲学和理智无关，他的哲学是情绪反应的波动，是恐惧、疑惧、悲伤、精神打击的反复反应，是莫扎特式音乐的优美引起的情欲，是喜悦之光，是其他更多与理智无关的事物。他逐渐憎恶黑格尔有条理的、理智的哲学。黑格尔说过，只有厨子都懂的哲学才称得上是好的哲学，而克尔凯郭尔的哲学甚至连爱因斯坦都不懂（基本上是无法解释的），更别说和他那未受过教育的母亲一样的人群，从肖像画看，克尔凯郭尔的母亲就像是一个寡言的爱空想的厨子。

但克尔凯郭尔给那些想真正走进生活的气馁者、失败者、“垮掉”的一代带来了思想的甘霖，他是特别的，正如他对我而言那般。克尔凯郭尔是存在主义哲学的创始人，起初人们用“存在主义”一词嘲笑他：正当我面对着你，不可预知的、未知的事情正如我们之间尚未被创造的现在和未来，它们必须推翻过去所有的理解和认知，而且可以粉碎它，不管这些认知是从何处获得，可能源自父母亲，或黑格尔哲学，或其他意识形态，或宗教，或生活态度，或人生目标，或其他路径。仅依靠参与并给予未来无数的（但确实是无数的）盲目相信的空白支票，我们就可以继续生活，经先前存在的真理给予确认。[①] 在此，我们必须为本世纪心理学思想启蒙领会增加另一个非常宝贵且深刻的事实：对我们人类而言，现实中的存在（being）永远不只是存在，严格说来，存在即成长。生存即成长和改变。“在世界之中存在”（*being-in-the-world*）就是要和我们爱与恨的人共同成长，共同改变。

人们对克尔凯郭尔有不同的解读。我的解读是：顺从上帝的旨意，他只好弃绝雷吉娜，但是当克尔凯郭尔用的是“弃绝”一词，这就意味着失去爱人，不管是失去唯一的儿子还是未婚妻，人们受到的都是至深至痛的折磨。失去的不仅只是他或她，如果失去的那个人是你的一切，那么你失去的也就是一切。

通过著名的“信仰的飞跃”（leap of faith），克尔凯郭尔的骑士弃绝（Knight of Resignation ）也可以成为信仰骑士（Knight of Faith）。但是，这里“信仰”并不是英国宗教信仰的意思（比如，信仰一些你知道并非真实存在的事物，即英国的小男生被教导要拥有的信仰）。这就意味着无论情况有多糟糕，也要用一切好像都会好起来的态度活着。

虽然克尔凯郭尔使用的是宗教语言（“荒诞”就是“在神凡事都能”，Kierkegaard，2008，p.32），但是描述的是情感（心理）过程，其中包括失去理智。如果你可以失去你的理智和具体的现实感（他称之为“有限性”），那么之后你就可以发现新的看法，他称之为“信仰”，最后带着信仰回到现实。克尔凯郭尔把信仰定义为“反思后的自发性”（spontaneity after reflection）。他说过，“如果我有信仰，那么我会和雷吉娜在一起”（Kierkegaard，1946，p.171）。

把克尔凯郭尔的信仰吸取进我们的心理学思想启蒙。之前我们已经讨论了精神生活的精神基础，正如精神分裂症所体现的那样：精神分裂症患者认为自己是和常人同根的耶稣，他有信心他或他的人生观能为他人做贡献。一位精神分裂症患者告诉我：“我是用于发现性欲是否安好的实验。”他忍受着痛苦，过着被实验的生活。

---

① 这就是萨特“存在先于本质”（existence comes before essence）想表达的思想，这就是他的“存在主义”哲学。

所有人内心都有一处地方，不管它会受压制还是会丢失，这一地方很没理性，所以我们的存在是有价值有意义的。我们需要这样的信心，而且当我们独到的个人见解与包容我们、渗透我们的文化发生冲突的时候尤为需要。所以，如果我们想要成为自己，那么我们不得不超越我们的文化(只超越一点点)。5—15岁(碰巧和最容易被催眠的年龄段一致)是受到文化渗透最深入的年龄。我们看到的现实是我们的文化让我们看到的，但我们不知道是文化在作祟；我们认为，我们只是看到了现实。但是我们对现实的感觉肯定就是那些创造我们的文化的亡者决定的，正如某位男人嘴里可口的橘子味是催眠师决定的！催眠师给了他一个洋葱吃，并告诉他那是橘子。

我们只能希望我们的看法不是被伪装成橘子的洋葱，但有时它们的确是，比如，如果我们的文化包含了被社会接受的愤世嫉俗，或愚蠢，或焦虑，或受干扰的焦虑。在一定程度上所有文化都是如此。

比如，我们的文化对我们施催眠术，让我们视善良为杂务或费力气的活，但在自然状态下善良和性欲或食物一样是令人宽心的推力。当然，相较于自己的文化，从其他文化中我们可以更清楚地看到被扭曲的事物。在北非一些社会，母亲容忍女性割礼，出于本能地，她们似乎认为对女儿的爱必须包括割礼这一仪式，如果没有为女儿割礼，那么母亲会产生不可饶恕的罪恶感；正如母亲们无法不这么做，但我们可以看到如果小女孩们尖叫或抱怨，那么母亲可能就有理由不让女儿接受割礼。但如果涉及我们自己的文化，我们看得可能就不那么清楚了，比如，关于严肃对待儿童之间的性游戏。

如果内心的冲突本是与生俱来的爱与“现实”之间的冲突，那么，如果我们顺着天性去爱，现实就必须作出退让。如果我们能够利用自己所需的内心的疯狂，那么我们就可以超越我们的文化，而且在某种程度上反而会看到周边的现实并不是真实的，荒谬的可能是真实的：爱可能以某种被我们的文化所摈弃的不真实的方式在发生。我们不需要知道自己的所作所为是荒唐的被摈弃的现实，但对心理治疗师来说，知道此事大有裨益。

如果不是受到文化的阻碍，那么克尔凯郭尔描述的事情可能就是我们成长中都会经历的正常事件。事实上,每一种文化都有强烈的动机(焦虑的社会凝聚力)以抑制大多数人的创造力和想象力,尤其是心灵最脆弱的人。实际上,一些文化确实鼓励在心理治疗中有疯狂行为,例如我曾听过有个部落会将马上要成为萨满教巫医的人吊在火堆上一整夜,这个部落鼓励有点变态的行为,他们认为这对巫医有益。

第二个从克尔凯郭尔吸取的非常有益的精华是他观察到对我们来说最致命的事情是绝望,正如他所言是《致死的疾病》(*The Sickness Unto Death*)。他引用莎翁笔下理查二世(Richard Ⅱ)说的话:

> 兄弟,我本来已经万虑皆空,
> 你却又把我领到了绝望的路上!
>
> (Shakespeare,2007,p.334)

这是精神疗法的症结所在。请勿忘记心理学家们是怎么说的,阿德勒说精神疗法往往要鼓励患者;荣格说他把勇气借给患者;其他人也用自己的语言纷纷表达了与此相同的观点。

我的朋友约翰·莱亚德是一位荣格心理分析师,在本书第十九章我们将会见到他,约翰说拯救我们的是关注方向的改变。当我们精疲力竭或者对所有事情都提不起兴趣,或者感受被拉进绝望的"万虑皆空"的拉力,不管是对内心世界还是对外界,我们仍可以选择关注的方向。换句话说,我们仍然可以选择自己关注的方向。虽然希望与绝望都具有传染性,但说到底,希望或绝望是我们拥有的唯一选择方向,而且选择方向可以用于对抗所有影响。也许这是我们拥有的唯一真实选择:受到的各种影响是所有其他选择的前提条件(所有其他选择受各种影响的制约)。不同于他人通常要求我们做出的"选择",这种选择无需费力。[柯尔律治(Coleridge)《古舟子咏》(*The Rime of the Ancient Mariner*)]中的那位古代水手就是很好的象征。这个水手饱受了数周的无奈绝望,后来当他看到船周围的海蛇,它们的美丽唤醒了他,让他不由自主地产生了意外的反应,这就是这首诗的转折点。

所有自然冲动和情绪的影响取决于它们是否正被希望与信心或绝望所控制。希望控制的恨意可以产生爱;绝望控制的恨意只会置人于死地。我们周围的现实性是由选择决定的，因为现实即对行动的反应，对行动的反应组成现实。如果我们只把人看做是恶魔的具体化（正如一个偏执型精神分裂症发作的宝宝在看自己的母亲），比如希特勒或自杀式人体炸弹，那么我们正处于特定的现实之中。但如果我们进一步仔细看这些邪恶的人物，把他们看做是可怜的、矛盾的人，他们只是太恐惧，以致不敢活出本能试图让他们活出的希望和自信，那么我们将处于另一种现实之中。他们的反应是为了折磨对自己本能作出反应的其他人。信或不信，选择真的是你自己的，因为选择将会是你的行为结果，而你的行为取决于你选择希望或绝望。

信仰和绝望都具有传染性，和身处同一病房的患者一样，精神治疗师和患者之间的精神状态会互相传染。精神治疗师的职责用充足的希望感染患者，让患者得以感受绝望，得以感受自己潜意识里的无助，得以描述他所处的环境现实（外界或内心）。这是起步。然后，我们就可能会疯狂地抱着希望。希望和信仰受本我（或上帝，或集体无意识）非理性之根的影响，这两者不惜一切代价去生存和创造；另一方面，绝望理智且清醒。选择希望方向的人把生活看作地狱，认为人真是讨厌，因为在希望中的人允许痛苦告诉自己人们现在没有但未来可能会出现的面目。希望感觉到疼痛，但绝望避开疼痛。绝望说一切都很好，一切都是为了在一切皆有可能的世界里达到最好的境界。如果这就是全部，那么我的朋友，让我们继续跳舞，让我们不醉不休，让我们尽情享乐，如果这就是全部。希望很乐意告诉我们一切都是错的，因为希望关注的东西是绝望不想让我们看到的东西，以防“把我领到了绝望的路上”(Shakespeare，2007，p.374)。

与克尔凯郭尔同时代的丹麦人没看到自己国家存在的问题，但克尔凯郭尔把当时丹麦的文化和社会看做是充满了无意识的绝望。不过克尔凯郭尔并不是唯一一个用与他人不同的角度看现实的人。经常被赞为存在主义“祖父”的尼采也有与克尔凯郭尔类似的看法。

第十二章 上帝已死!

尼采,快乐的科学

与信教的人相处之后,我总觉得自己必须洗手。

(Nietzsche,1908)

弗里德里希·尼采出生于1844年,他不仅是存在主义者的开创者,也是整个动力性心理治疗的开创者。19世纪末,欧洲所有年轻人的反抗本能都因为受了尼采的刺激。1900年尼采与世长辞,但是他的影响力依然存在:我很高兴能在电视剧《黑暗家族》看到黑帮老大托尼·索普拉诺(Tony Soprano)夫妇被处于青春期的儿子对"尼奇"(Nitch)的着迷震惊了,"尼奇"是小家伙对尼采的昵称,就像上帝的权威不存在。"你说什么!"夫妇俩不约而同地感到惊骇。尼采倾入传统观念中的幻灭和尖酸以及他揭示善良的基督教徒——比如他的父亲、祖父和外公(两人都是神职人员)——意识文化下无意识的、野蛮的、自欺欺人的和感伤的凌乱时近乎下流的喜悦之情都是心理学思想启蒙的根源。和其他思想启蒙一样,我们的心理学思想启蒙在一定程度上具有颠覆性。我记得有位心理分析学家曾说过,英国人允许精神分析运动在伦敦扎根的唯一原因是因为英国并没有意识到它是怎样地具有颠覆性。

我们必须把法国革命前的哲学家狄德罗当做是心理学思想启蒙的"曾祖父",因为尼采也继承了他老旧的、颠覆性的看法:文明不利于人。文明阻碍了人类正常自然本能的发育,破坏了人类体内的圣洁野性。我不知道狄德罗的思想是否影响了卡特以及卡特关于歇斯底里症是

“文明女性生存状态带来的不幸之一”(Carter, 1853, p.93)的理论。

弗洛伊德避免读尼采的书籍,这样他的思想就不会被尼采过度干扰。然而避开尼采的影响并非易事,因为尼采是维也纳咖啡厅社会的热门话题,而且大众媒体经常会提到他。

尼采哲学包括:潜意识及其伪装、抑制、压抑、基本本能的升华,对它们的反应形式、潜意识的自我欺骗和相反的敌对情绪。阿德勒关于“求权力的意志”(the will to power)以及人类超越自我的动力也是继承了尼采的想法。

和弗洛伊德一样,尼采意识到了性欲的力量,但是弗洛伊德的性欲全都是关于与母亲扭曲的乱伦关系,而尼采则是关于与自己的妹妹伊丽莎白(Elisabeth)的乱伦关系。1951 年,就在尼采去世 50 多年后,他的著作《我妹妹与我》(*My Sister and I*)问世了,这本书受到了研究尼采的杰出学者们的否定,他们说这本书被篡改了,或者说这本书是尼采在精神病院中撰写的。也许这本书里是有精神错乱的迹象,但请记住英国神经大师哈格林·杰克逊(Hughling Jackson)的观点:精神错乱产生的情绪和思想比不上伤口喷出的血,《我妹妹与我》是一个天才活生生的写照,比起揭示尼采分离亚人格的查拉图斯特拉(Zarathustra),这本书让我们对尼采有更全面的了解。

《我妹妹与我》开篇讲的是一个梦,梦中年轻的尼采和妹妹伊丽莎白正在埋葬他们的母亲(尼采憎恨的人)。当装着母亲的箱子被丢进地里时,她的生命结束了,而兄妹之间的乱伦关系才真正开始。尼采讲述了“基督教爱无能”(impotence of Christian love, Nietzsche, 1951, p.145)如何将兄妹俩推入乱伦之爱,但其实他真正想说的是母亲的破坏天性和基督教的压抑导致他对妹妹产生乱伦的感情。

这就是为何尼采知道文明和道德(其彼时彼地的最高成就是基督之爱)变得越来越无能。由于没有受到正常的反对,因此兄妹间普通的儿童性游戏演变成情欲强烈的爱,当时他们的文化无法帮他们摆脱这个问题。部落文化可能会拯救兄妹俩,而不是让他们苦恼:年长的男人会握住哥哥的手,明确告诉他:“你必须停止和妹妹之间的性行为。”然后他们会为哥哥安排更令他兴奋的事情,让其他同龄男孩和他玩耍,这种做法有助于哥哥顺利进入成年生活。

后来伊丽莎白结婚了(她丈夫是个仇犹的人,他的观点和尼采大相径庭),但尼采并没有逃脱她的控制。在16岁之前,尼采曾和一位伯爵夫人私通,这位贵妇人只是在和尼采玩性欲游戏。有一阵子,尼采深受妓院里一亚洲女孩的吸引。但是,当尼采爱上露·安德烈亚斯·莎乐美(Lou Andreas-Salomé),这给伊丽莎白对尼采的控制带来了最大威胁,因此她用尽手段破坏哥哥的这段感情。

尼采的成年生活是场令他神经衰弱的噩梦:起初,他过早地体会了成功的感觉,年仅24岁就成为教授,但九年后他因健康状况不佳辞去该职务。他蓄着那个年代最浓密的八字须,在胡须的伪装下过着避世的生活,在1889年精神大崩溃之前,尼采通常是在自我放逐、情感孤独、长期患病或依赖氯醛中度日。查拉图斯特拉超人模式的辉煌胜利和尼采的真实生活截然相反。尼采和莎乐美、理查德·瓦格纳(Richard Wagner)、保罗·雷(Paul Ree)的深情厚谊并没有以完美收场。但是他用沉重的乱伦之爱带给他的悲剧性精神启示将同代人从令人窒息的文化中释放出来,通过自己的作品让他们不得不接受一件事:父辈和祖父辈刻入他们思想、心灵和生活中的上帝已死。

文化的功能是让爱实现,但是当尼采长大了,19世纪的基督之爱文化太浅薄太唯唯诺诺,以致它无法容纳和培养爱真实的情感,比如怜悯、性欲和憎恨(下文我们将谈到这点)。你不能对那时的基督之爱有这样的期待,这样你还不如期待贝多芬用素歌表达他的情感。它和时代脱节太严重,以致无法在家庭以外的地方对尼采及其妹妹就性观念进行教育,无法为他们的恋情指路;它太无能,以致无法在充满苦难的世界中承受尼采的心碎。

1889年某日,正如查拉图斯特拉所预言的那样,尼采最终失去了理智,他在大街上抱住一匹马的脖子,那时马正在被马夫虐待,沉重的怜悯心好像已将他征服。尼采文化中过于伤感的基督之爱(想想维多利亚时代的赞美诗即可体会)无法容纳怜悯真正的深层强烈情感,无法容纳上帝自己的苦难,无法容纳“基督之爱与慈悲的不健全”(Nietzsche, 1951, p.92)。查拉图斯特拉认为基督之爱已经失去了创造所需要的冷酷，而且没有冷酷，上帝早就死于他对人类的怜悯之心，上帝没有足够的冷酷和侵略性去采取攻击行为、去修复痛苦。

作为过于文明的基督教男人，克尔凯郭尔和尼采都错过了部落社会用于加强阳刚之爱的经历。这两人从没献祭过活生生的动物，从没残忍地切断和动物之间建立的情感纽带；他们从没明确表达也没意识到自己对女人的情感依赖以及和女人的乱伦关系。他们从没参与男性紧密结合在一起的传授部落灵性的组织，也没体验过男性社会坚强的情感因子。他们既没有上述的一切，也没有许多文明的父亲教导儿子的与大众文明相等的非正式独家文明。他们所拥有的只是正式的传统基督教文化——他们所处时代中最先进的文明。二人都致力于反抗所处时代的文明。克尔凯郭尔和尼采都无法和女人相处得很好，连相处融洽都没办法，但他们都可以从自己内心最深处找到纯创造活力的自由，以此对付他们的基督教文化在不知不觉中带来的绝望。

一位朋友告诉我尼采哲学如何帮他从他成长的文化束缚中解脱，正如克尔凯郭尔帮了我那样。我们两人都同意自己已从各自文化里指定性道德（*prescribed morality*）解脱，指定性道德即“百依百顺”。尼采写道超越“百依百顺”，超越道德和“超越善恶”（*beyond good and evil*，Nietzsche，1966，p.90）的是爱的冲动。

克尔凯郭尔和尼采长大是为了憎恨和摈弃他们时代的文明，即基督教。尼采不仅称自己是反对基督教的人，还称自己是反基督教者。但是他“身上流着的都是耶稣的血！”（Nietzsche，1990，p.203）。这二人对耶稣都很感兴趣，因为他们从耶稣身上看到了不同的事物，或者说，实际上他们看到了自己憎恨的基督教的对立面。的确，历史上从未有过像基督教这样的宗教，在实践中大力否认其创始人的灵魂。对 19 世纪和 20 世纪初文化的一种理解可能是基督教设法毁灭耶稣，其手段是把耶稣的重要性降至他无法再鼓舞人心的神感。到了 19 世纪，虽然欧洲基督教已衍生出很多不像耶稣行为的残酷和破坏性，但在某些方面它仍是令人讨厌的宗教，而且已沦为平庸和无用之辈，不足以厌恶克尔凯郭尔和尼采。

在历史上早些时候，基督教曾强烈地、公然地、自持公正地反对爱，比如西班牙菲利普二世(Philipe II)结婚时,为期两天的婚礼都是在把人活活烧死,被烧的原因想必是一些平常的事情,比如用方言阅读圣经或偷偷成为犹太人,诸如此类。总之,尖叫两天！婚礼上的所有人肯定都深深感受到了精神快乐(我并非在讽刺,正义的残酷确实让人感觉颇好,是一种胜利的喜悦)和宗教的报复,基督教对此深有体会。

威尔第(Verdi)把婚礼大屠杀的场景搬到了歌剧《唐·卡洛斯》(*Don Carlos*,意大利文版本首演是在 1884 年)。在大屠杀或信仰审判(信仰行动)全部结束后,舞台上传来的女高音安慰观众,安慰他们被焚烧的人都上了天堂而且觉得很快乐。的确,因为有人在婚礼第一个晚上起哄,所以并非所有人都愿意参与大屠杀,但如果这就是早期基督教对抗其创始人灵魂的全部罪行,也难怪那时欧洲的基督教文明会反抗克尔凯郭尔和尼采。

如果有足够多的人不遵守,那么指定性道德(prescriptive morality)和百依百顺只能在一些特定的文化中起作用,这个道理就像二战后意大利的经济奇迹是因为黑市的蓬勃发展。同样,只有当足够多的人不听话到足以让爱的性欲形式保持活力,那么性压抑的道德才会起作用。但是如果所有人都遵守指定性道德,那么这将导致本我(弗洛伊德对本能的叫法)不遵守规则,并导致被压抑的性能量和绝望的仇恨一起爆发。指定性道德可能是文化发展的必经阶段,正如它也是小孩成长过程中必须接受的观念。指定性道德通常是表示反对的"不可……"且以某种祭祖的形式传给后代。十诫(Ten Commandments)中有九条是"不可……",只有第五条倡议要服从长辈:"当孝敬父母。"

如果过度压抑性欲望,那会很糟糕,但同样的,如果本我的自由精神能动性受到过多"不可"(不可到教堂外寻找上帝等等)的压抑,那么它们就会分裂,并以极富想象力和灵巧的仇恨与残忍形式来表现自己。

18 世纪的启蒙运动没有看到教化以及使用非理性和情感能量的必要性,到了那时,这已被归为宗教。因此我们现在受到了基督教、犹太教和穆斯林原教旨主义野蛮的且只有半开化的能量和热情的威胁:祖先流传下来的宗教,伪装成智慧,但这样的宗教包含了过多邪恶的憎恨情感,即正义的恨(*justified righteous* hate),这种恨扼杀了对话的可能性,是的,它只会扼杀。

弗洛伊德开启了心理学思想启蒙之路,但他能做的也就这样而已。他“优越”的世界观在很大程度上(虽然难以确认)受到尼采的影响,但他把基督教和所有宗教当做神经官能症,试图远离它们;而且引起欧洲文明不满的德国文明还不足以提供当时所需的两样东西:一是对基督教文明的抨击;二是控制驱使人类行为的破坏性潜意识冲动的办法。克尔凯郭尔和尼采的贡献帮助解决了这两个问题,展示基督教文明如何萎缩,如何变得无法容纳和表达具有生命力的古老情绪的新波动。

荣格的贡献可以概括如下:如果我们怀着适度的恐惧和尊重去倾听并教化一度被称为“我们心灵中的神”,那么我们将不再受疯狂的上帝的摆布,我们将能释放体内最大的活力。当我们探索梦的主题时,我们将越发清楚地认识到我们的新心理学思想启蒙如何达到该目标。

由于心理学领域的广阔性,所以在下一章中我会更有选择性地着力于本世纪随后一些新洞察,这些洞察始于新一代心理学家对弗洛伊德精神分析传统的发展。

第三部分

精神分析的人性化

第十三章　安娜·弗洛伊德：新技术

对于有理想的人，没有他到达不了的彼岸。

(Shakespeare，1623a)

让内称自己的研究是“心理分析”(psychological analysis)，弗洛伊德称自己的研究是“精神分析”(psychoanalysis)，而阿德勒称自己的研究是“个体心理学”(individual psychology)。荣格用的术语是“分析心理学”(analytical psychology)，不过很明显我们可以看出哪个名字最容易引起人们的兴趣。有一段时间，精神分析之于心理治疗犹如胡佛牌(Hoover)之于吸尘器。

随着年龄渐长、名气越大，弗洛伊德成了自己一直以来真正想成为的哲学家和先知，他渐渐对帮助患者失去兴趣。费伦齐，弗洛伊德的追随者之一，最后成了他最好的朋友。费伦齐1932年在日记中写道时年76岁的弗洛伊德曾和他说过患者是吵闹的人群(原文为德语“*ein gesindel*”，Ferenczi，1995，p.93)，他们带来的好处只有支撑精神分析师的薪水以及提供研究经费，“显然我们无法帮助他们”(Webster，1995，p.354)。如果费伦齐写的真是弗洛伊德的原话，那么和从前相比，这时的弗洛伊德已大大不同。19世纪90年代的弗洛伊德饶有兴趣地，几乎是充满深情地记载了歇斯底里症患者的病例报告，那时的他对“鼠人”非常好，向“鼠人”保证自己对他的喜爱之情和尊重，在整个负移情(negative transference)过程中耐心地坐在“鼠人”身旁，仅以善意和治疗回应“鼠人”，而且显然他治愈鼠人了。

弗洛伊德是怎么在20年间变得如此刻薄？因此，从弗洛伊德手中救出精神分析就靠新一代的心理学家了。安娜是弗洛伊德的女儿,她出生于 1895 年,是在弗洛伊德之后悄然以新方式给精神病患者带来希望和关爱的首批心理学家之一。

1972 年,78 岁的安娜来盖氏医院给我们作报告,彼时她已将一生贡献给儿童心理学(安娜逝于 1982 年)。弗洛伊德曾经解开了斯芬克斯之谜,他是一个伟大的男人。因为她曾经从自己的阿尔卑斯村姑式连衣裙口袋里掏出一条弗洛伊德的白色手帕,用它擤鼻涕,所以我在想:台上的这位老太太是否就是心理学最伟大的男人的真正子嗣。安娜作的报告让人觉得她真的很关心儿童,比如她指出人们总是同情孩子的病情而不是治疗情况,这是孩子们真正在意的。她还告诉我们儿童哭的时候需要被倾听而不是被喊"安静",尤其是那些经历创伤事件的儿童,比如失去父母或遭遇其他重大灾害。

我觉得安娜表露的是真正的同情,我对她的印象是一个有同情心的女人,她有着弗洛伊德早期的善良,但没有他晚期的刻薄。然而她的侄子安德烈·弗洛伊德(André Freud)对此持有相反的观点,他说自己小时候根本感受不到安娜的诚挚亲切。但在我看来,比起父亲弗洛伊德,她似乎更有爱心,至少显得更专业。当然,安娜无微不至地照顾着身染重病的伟大父亲,1939 年,弗洛伊德最后一次注射结束痛苦(癌症)的大剂量吗啡,陪在他身边的就是安娜。

被弗洛伊德分析之后安娜成了精神分析学家,一想到父亲解释她的恋母情结时可能说的话她就感到惊恐:"你想把和我发生性关系当做是否认想和你父亲发生性关系的方法。没关系,是的,我是你的父亲,但……"

虽然弗洛伊德的阻挠导致安娜终身未婚,被父亲的传记作者欧内斯特·琼斯(Ernest Jones)疯狂追求对她而言可能已经是相当幸运的爱情轶事了,但安娜的确也经历了家庭生活。有部分时间她和已离异的友人,即精神分析学家多萝西·伯林厄姆(Dorothy Burlingham)及其两个孩子一起生活。安娜分析了那两个孩子,但结果不尽如人意。他们都长大成婚,有了各自的孩子。但多萝西的儿子死于酗酒,女儿美碧(Mabby)则是在弗洛伊德位于汉普斯特德的家中自杀,她回到那里去是为了让安娜再次分析自己。

在《自我和防御机制》(*The Ego and the Mechanisms of Defence*, 1937)一书中,安娜指出了截至1936年精神分析的最新成果。精神分析早期目标是揭露隐藏在潜意识里幼稚的、性爱的和攻击的愿望,并使之能被有意识的头脑控制。单独研究所谓的“自我心理学”(ego-psychology)这一清醒意识是受鄙视的(阿德勒为此被严厉批评),但随着时间的推移,心理学家们的兴趣再次转向自我和技术,这些技术是“我”潜意识里用于逃避不可无法承受的记忆及愿望。最显著的技术是将它们驱离意识层次——弗洛伊德用的是“压抑”一词,这是一种积极的做法,但是感觉就像你在不知不觉中失去了这些痛苦而难忘的想法,就像你不喜欢的亲戚没告知你一声就移民美国了。这和其他技术都被称为防御(*defences*),用阿德勒的话来说,这叫“安排”(arrangement)(Adler,1956,p. 284),是我们的恐惧在意识里产生的机制。在“我”隐藏的、无意识的一端是一个类似小淘气的人,他以一种我们可以选择不知道的方式暗中保护我们,就像一位国王要求对某个令人烦恼的牧师处以死刑,但随后当获悉牧师被处决时国王震惊了。虽然防御机制首次被触发时可能是救命的,而且在发现防御机制后不应轻率弃之,但是它们最终只会使事情变得更糟。事实上,当防御机制抑制我们的时候,它们是我们生病的诱因,它们阻碍了我们的成长,让我们出现了症状。

安娜·弗洛伊德列举了其中11种防御机制,展示大脑逃避痛苦的不同方式,比如投射(*projection*,即把一种无意识冲动归为别人的,比如“你为什么这么生气?”);退行(*regression*,退行到早期生活阶段的精神状态,比如当一位妇女意识到自己排错结账队伍嚎啕大哭起来,这唤起了收银小姐的同情心,便让她在此处结账);反向(*reaction formation*,因为性冲动的恐惧所以变得心地纯洁,或者因为想要揍人所以变得非常有礼貌);对攻击者的认同(*siding with the aggressor*)等等。在所有防御机制中只有一种好的机制,那就是升华(*sublimation*):是指人把性欲望转变为艺术创作行为。

安娜在《自我和防御机制》一书中描述了精神分析如何有效地发现我们体内的防御机制,这样一来,便可以处理并最终放下这些防御机制。这一过程发生在自由联想,这是病人接受治疗之初就同意的事情。但安娜颠覆了原来的治疗理念:现在整个治疗前提是基于患者无法进一步自由联想的确切发展阶段,也就是说,治疗者与患者间建立的自觉协约关系就是要打断自由联想。当被驱离意识层次痛苦的或可耻的回忆慢慢浮现时,患者便用成长过程中发展的防御机制拒绝回忆,反抗精神分析师的治疗。然而,在防御精神分析师治疗的同时患者也暴露了自己的防御机制,就像敌人在夜里射击巡逻兵的同时也暴露了自己的位置。

关于防御机制,弗洛伊德有自己的一套理论:比如,他认为爱上自己的治疗师的女患者就是否认自己真正想和父亲发生性关系的防御机制。然后,她可以一边把感情停留在过去(怀着幼稚的愿望,希望一个男人既是父亲又是爱人),一边假装一切都已过去。

对于合适的患者,弗洛伊德出色的古典精神分析曾经是,而且依然是一种强有力的治疗方法。躺在沙发上每周和精神分析师进行五次对话是为了让病人退行至童年甚至是婴儿时期的精神状态。用催眠术可以更快地退行患者的精神状态,但这只对少数患者有效;或者可以用静脉注射药物,比如巴比妥类或苯二氮卓类;又或者可以采用精神分析疗法。弗洛伊德式精神病专家查尔斯·伯格(Charles Berg)在《深度心理分析》(*Deep Analysis*,1947)中详细地介绍了弗洛伊德的古典精神分析。最初几个月,查尔斯一位年幼丧父的年轻男性患者反复在说:"解开的婴儿期记忆仍强烈地活跃在他成年后的日常生活中,飞快浮现,对话疗程也因此变得越来越有趣。"(Berg,1947,p.181)

但这只是为即将到来的决定性情绪之战埋下伏笔:在此时疗程之初,这位患者绷着脸和伯格打招呼,而且一反常态地在沙发上一言不发地躺了5—10分钟。过了一会儿,他和伯格说,到治疗室来是在浪费时间,他以后再也不来了,"我不相信你。我不喜欢你。这样的治疗是行不通的。这种是一种徒劳的欺骗行为"(Berg,1947,p.183)。

伯格不仅没有被吓到,反倒认为他们的治疗有所进展,而且那位青年男子最终坦白了自己的情感生活。

尽管起初不是很情愿,但是后来他继续说了,述说对生病的绝望,对生活的绝望以及对伯格的愤怒。随着他继续往下谈,当他唤起父亲在世时的幸福回忆,他渐渐地让自己沉浸于脑海中浮现的儿时情感和无理性的情结(自主情结,或如让内所说的固定观念)。他记得父亲哄自己上床睡觉时的喜悦,父亲会挠他痒痒,直到他被挠得发出歇斯底里的大笑……“被挠痒的时候也有点惊吓,但好激动”(Berg,1947,p.186)。

“天哪!”他感叹道,因为他终于明白这是他潜意识里一直想和伯格做的事。“天哪!是这样没错。这简直荒谬至极”(Berg,1947,p.186)。父亲的早逝阻止他从儿童情绪逐渐发展为成人情绪,如果父亲在世,那么他就会发展出成人情绪。伯格向这位患者解释他是如何受困以及有恋父情结,然后患者意识到自己为什么习惯性地抛弃一段感情,“……这让我想起自己某日在舞会上丢下格拉迪丝(Gladys)一个人”(Berg,1947,p.187)。伯格随后描述了患者如何多次试图从他人身上获得满足感,但多次失望,这也导致他拒绝他人,让自己陷入孤独。曾经因追求幸福而遭受的拒绝是让个体接受失望的尝试,但最终可能会发展成抑郁症。

伯格总结了我所说的医患对战

> ……当凌驾于患者理性生活之上的隐蔽的、半无意识的情感模式优势受到损害且最终被消除之前,我们也许必须反复与之做斗争,即疏通(*working-through*)。(Berg,1947,p.189)

如安娜·弗洛伊德所言,伯格的患者无法继续自由联想引发他暴露了自己对绝望之境的防御机制,这一防御机制总是使他作出放弃的决定、离开爱人并患上抑郁症。患者找上精神分析师,潜意识里他希望自己把精神分析师也拉入这场具有灾难本性的古老绝望之舞,但当他愤然退出绝望之境时,伯格不会让这种情况发生。伯格不是生气地回他“好,那你走吧”,而是坚持倾听并理解患者,直到他沉积已久的渴望从受伤的心灵深处浮现出来并得到理解。所以,至少在这次大战分析师(Battle with the Therapist)中,这位患者终于成功了。

在伯格和弗洛伊德看来,对精神分析师来说“最重要的事”就是“不要对患者作出情绪化反应”(Berg,1947,p.189)。但精神分析师也可以采用另一种不同的反应方式,在下一章我们将看到这种方式带来的结果。

第十四章　梅拉妮·克莱因：儿童的游戏

游戏是儿童发展的最高表现，因为它本身就是儿童灵魂的自由表现。

(Froebel，1826)

古典精神分析的绝妙技术有了回报.暴露没人想象得到的内心深处，而且还能够治愈先前隐藏着的创伤，并重建生活恢复心理发展。这是从未有过的事情。但彼时整个精神分析过程是一种非常单方面且不自然的治疗方式：两个人(精神分析师和患者)必须互相配合，这完全符合了弗洛伊德说的自恋神经官能症。

在他纯粹的思想世界里，这种治疗方式让弗洛伊德能无可非议地坐在沙发的另一端，即坐在患者头部后方的椅子上。在这样的治疗场景中，弗洛伊德是居高位的人，房间里的一切都在他的控制中，包括患者和椅子下的狗(虽然狗偶尔会跳起来舔病人)。弗洛伊德从来不必直视病人就可以接收到患者所有的情绪，但他却不给予情绪回应，而且向患者收取治疗费前的闲暇中他带着自己所谓的"优越的世界观"给患者"配药"。

曾有一位见习分析师在我面前大声惊呼："精神分析的优点在于患者总是错的！"当我在精神分析治疗中的分析越来越精准时，一些敏锐的患者会指出这种情况很贴切地适合我的神经官能症，实际上他们说得很对。

在弗洛伊德所处的年代，精神分析起初只是心理治疗在小镇上的一个游戏。但是随后阿德勒和荣格提出了非常不同于弗洛伊德的心理治疗方法，以至于弗洛伊德无法接受，随后客体关系理论家(object relations theorists，ORTs)也提出了新的理论，客体关系理论家是弗洛伊德的一些追随者组成的团体，他们介绍了动力性心理治疗的新变化。

"客体"(object)可以与"他人"(the other person)互换，或者也可以指阿德勒所谓的对手，但这是个不恰当的心理呓语。[叛逆的英国精神分析师查尔斯·克里罗夫特(Charles Rycroft)抗议道没人可以喊我母亲"客体"。]但是，通过接受这个令人感到不舒服的"客体"，我们可以讨论梅拉妮·克莱因和其他人在研究中发现的大的方向新变化。

客体关系理论家是一群从来不把自己当做独立组织的精神分析学家，他们有着相同的看法，讨论着类似的问题。其中较出名的几位分析学家是梅拉妮·克莱因、米歇尔·巴林特(Michael Balint)、威廉·费尔贝恩(William Fairbairn)和唐纳德·温尼科特(Donald Winnicott)。他们提出了三个新的理论：一是注重自我与他人之间所发生的事；二是强调婴儿阶段，而不仅仅强调学步(俄狄浦斯情结期)阶段；三是关于爱的认知的转变。正如费尔贝恩发现的那样，个人最根本的需求不是弗洛伊德所说的"性欲满足"(Harriman，1946，p.147)，而是有个可以爱的人。因此客体关系理论家在精神分析的理论框架中探讨人际关系、婴儿和爱：精神分析的人性化。

梅拉妮·克莱因(Melanie Klein)是一个强大的挑战者，或者如《泰晤士报》(*The Times*)对她的尊称"这位鼓舞人心且令人震惊的女士"，她挑战了大多数伟大精神分析学家的地位。但是她的同代人对她的看法各执一词，英国精神分析师詹姆斯·斯特雷奇(James Strachey)说"克莱因肯定是个非常可怕的女人！我为那些落入她魔爪的孩子们感到可怜"(Strachey，1985，p.174)；但另一方面，奥地利精神分析学家伊尔丝·赫尔曼(Ilse Hellman)持有不同的看法："克莱因就像是个有趣又友善的奶奶"(Segal，1992，p.26)。当弗吉尼娅·伍尔夫(Virginia Woolf)在某次会议上见到克莱因，她形容克莱因是"一位充满个性和力量的女性，有点像……来势汹汹的下层逆流"(Abel，1992，p.19)。还有精神病学家罗纳德·大卫·莱恩，他很不喜欢克莱因，作为一名年轻的见习精神分析师，他在她一系列的讨论会中就只是一直坐着，从头到尾都保持沉默。

有人说厌恶梅拉妮·克莱因就和喜爱安娜·弗洛伊德一样简单。事实上,克莱因曾有过无情的时刻:在弗洛伊德去世后,克莱因及其追随者曾企图取得对英国心理分析学会(Psychoanalytic Society)的控制权,他们极力反对安娜,以致最终决定在训练课程中同时教导两种不同的观点,以防学会发生分裂。克莱因自称比安娜更忠诚于弗洛伊德,但当安娜看到克莱因时,她看到的是一个激进的修正主义分子。

从表面上看,克莱因似乎不是个特别温暖或充满爱意的人,几乎相反。她的控制欲-喜怒无常在弗洛伊德之上。她的追随者们,即克莱因学派(Kleinians),不仅自认为是精英,也被其他人当做是精英;他们就像是精神分析运动中的英国陆军特种部队(SAS)或防震部队,他们的苛严超越了其他所有人。米歇尔·巴林特不喜欢他们自以为是的态度,他怀疑他们发表的论文似乎从来没有提及失败,不像其他分析师那样提及自己的失败。克莱因学派的分析就是由非常严谨的移情解读组合而成,仅此而已。克莱因学派的分析师不会同患者打招呼,更别想说要他们为患者端一杯水。实际上,克莱因学派的规则非常苛严,以至他们经常预支月薪。

我的一个朋友,他在首次参加克莱因学派会议结束之际,在缴纳了会费之后,向该学派的人问了从斯隆广场(Sloane Square)到达他的目的地的最快方式,对方解释了我这位朋友的问题,却从来没回答。一位克莱因学派同事曾告诉我,在 20 世纪 70 年代接受了古典弗洛伊德精神分析的患者希望自己能接受克莱因学派的分析,但接受了克莱因学派分析的患者根本不希望再接受分析。

克莱因对儿童 5 岁之前的情况了解颇多,虽然我们知道她母亲没对她进行母乳喂养,但很可惜对于她的婴儿期我们只能猜测。1882 年,克莱因出生于维也纳的一个犹太家庭,她是家里最小的孩子,排行老四,她的母亲莉布莎(Libussa)小她的父亲 24 岁。克莱因的父亲明显更喜欢较大的女儿埃米莉(Emilie),对此她永远无法原谅姐姐。克莱因还认为自己察觉到母亲身上的性厌恶迹象,她认为母亲还爱着学生时代的一位朋友,那个男生后来死了。克莱因是个美丽聪明有抱负的女孩,她的社交能力很强。克莱因崇拜哥哥伊曼纽尔(Emanuel),虽然伊曼纽尔对她产生了重大影响,但他自己却成了无用之辈。正如格罗斯克斯(Grosskurth)所写:

> 这是一个充满内疚、嫉妒、间或盛怒的家庭,并掺杂了强大的乱伦色彩。克莱因婚期的迫近成了伊曼纽尔因疾病、营养不良、酗酒、吸毒、贫困和自我毁灭意愿而去世的前奏。因此,梅拉妮·克莱因认为哥哥的死是她造成的,所以她怀着这份内疚度过了余生,这可能也正是伊曼纽尔的目的。(Grosskurth,1986,p.20)

克莱因21岁时同工业化学家亚瑟·克莱因(Arthur Klein)结婚,新婚之夜把她吓坏了。非要这样不可吗?她问:"为人母非得要始于令人作呕的性事?"(Grosskurth,1986,p.41)不过,他们有三个孩子,一女两男,梅利塔(Melitta)、汉斯(Hans)和埃里克(Erich)。婚后前几年,她的母亲搬去和他们住,母亲是个以自我为中心且极具操控力的人,她介入克莱因的家庭生活,不让克莱因接近丈夫和孩子,还经常建议女儿把时间花在休养上面,她认为休养可以帮助克莱因战胜抑郁症。

1914年,梅拉妮·克莱因阅读了弗洛伊德《梦的解析》,从那时起她对精神分析的兴趣越来越强。在费伦齐给她做了个人分析之后,她开始发展自己的理念。克莱因也有兴趣分析自己的孩子,她亲自给他们作分析并就此匿名发表了一篇论文。因此,我们知道17岁的梅利塔在学习代数方面有障碍,因为一想到父母交欢她就没办法学代数。我们还知道汉斯对父亲怀有敌意,当梅拉妮为小埃里克提供他所需要的性知识,他的焦虑情绪就会消除。

按格罗斯克斯的话来说,梅拉妮和女儿梅利塔的母女关系"令人费解且令人不安"(Grosskurth,1986,p.111):虽然母女俩最初关系亲密,但后来梅利塔自己也当了精神分析师,而且她恨母亲。1934年,汉斯突然死于一次登山事故,梅利塔声称汉斯是自杀,并将汉斯的死归咎于母亲。历史证明梅利塔恨母亲恨了整整一辈子,梅拉妮葬礼当天,梅利塔甚至穿着亮红色的靴子在伦敦给一些团体开讲座。

为小儿子埃里克作分析时，梅拉妮·克莱因似乎没有考虑到其他可能影响埃里克行为的外界因素，比如搬家到柏林、和父亲兄姐分居、母亲梅拉妮的抑郁症、哥哥被送到寄宿学校、他所面临的反犹太主义、父母最终分居及随后的离异。梅拉妮反而注重的是埃里克自身的性幻想和攻击幻想。例如，走在那条绿树成荫的上学道路会让埃里克很焦虑，因为有一群粗野的男孩会在那里欺负他，梅拉妮将这解释为是埃里克想同她性交的象征，是阉割焦虑引起的。她干涉了埃里克生活的各方面：让他不要再见一个比他年长的女孩，因为这是在“幻想他的母亲是名妓女”（Grosskurth，1986，p.98）；让他断了一段“同性恋”友谊，“埃里克肯定认为自己在母亲面前看起来毫无隐私可言，母亲知道他灵魂最深处的秘密……”（Grosskurth，1986，p.99）。

梅拉妮的丈夫并不是精神分析的崇拜者，格罗斯克斯写道亚瑟·克莱因认为精神分析挑起了他和孩了之间的不和。

但对梅拉妮来说，她是儿童心理分析伟大的创始人中第一个货真价实的母亲，这让她有很大的优势。当工作上需要接触儿童，她便拿出自己孩子的一些玩具给某个儿童玩，从而发明了特殊的分析技术。在治疗中让儿童病人玩玩具就像让成人进行自由联想。她发现游戏可以传达出儿童的潜意识幻想。梅拉妮报告的内容相当劲爆相当不成熟，以致震惊了安娜·弗洛伊德和其他精神分析师，正如弗洛伊德曾经震惊了他的同代人。

安娜和其他弗洛伊德式精神分析师在原则上会先分析表面水平再渐渐进行深入分析，而克莱因却直奔患者心灵最深处且最可怕的幻想，不管对方是成人患者还是儿童患者。这里有个关于克莱因的轶事，有一次，当她在治疗一位难以沟通、不近人情的儿童患者时，她和那位小病患说了“你想杀死你妈妈，你是怕她会杀了你吧”之类的话。后来，医患间出人意料的一幕震惊了在场的人，小病患满怀信任地和克莱因手拉着手。虽然克莱因的解释听起来令人震惊，但倘若她说对了，那么这会给患者带来极大的宽慰感。

1924年，时年32岁的克莱因在维尔茨堡（Wurzburg）作了一篇论文（后来大约在1932年改写）演讲，论文写的是克莱因口中名为尔娜

(Erna)的老太太,尔娜年约60,患有抑郁症(尔娜说"生活里有些我不喜欢的事情"(Grosskurth,1986,p.116),抑郁症导致她走路摇晃、摇头晃脑、强迫自慰、对母亲过分亲热,但也让她变得充满敌意。

尔娜首次神经官能症并发是在她1岁多的时候。当尔娜还是个婴儿的时候,不同于其他人,她很早就被训练出了清洁的习惯。但维尔茨堡会议厅只能让克莱因分享简短的分析片段,不过这些片段的确展示了克莱因这位了不起的女性,这位在日常生活中颐指气使的女人如何成为精神分析游戏室里对儿童任性的游戏充满宽容、公正且顺从的女分析师,日复一日,她以不可思议的耐性倾听,倾听……她从不要求从儿童那里获得什么,也不给予儿童什么,除了用语言描述儿童游戏在戏剧中表达的情感。

在早期疗程中,尔娜走后总会留下一个看上去一片狼藉的分析室,但克莱因对此完全无动于衷,而且对于年幼尔娜的情感爆发,她也回以最微薄的情绪。

尔娜的游戏揭露了一个令人惊讶的秘密幻想世界,这个世界里充满了爱与恨、色情、暴力和虐待。实际上,克莱因的儿童病患都曾玩过攻击或破坏玩具的游戏。

梅拉妮也观察到尔娜在玩角色扮演时经常扮演母亲,梅拉妮则扮演她的孩子。梅拉妮可以看出尔娜过度害怕她的父母,尤其是她的母亲。

事实上,克莱因认为尔娜神经官能症的关键是嫉妒。但是由于克莱因对她怀有坚定不移的耐性,尔娜开始有了改变。起初,克莱因认为尔娜的父亲只是尔娜和母亲战争中的炮灰;事实上,如果尔娜扮演的是自己的母亲,而且她对扮演其父亲的角色很友好,那么这只会引起尔娜的妒忌;同样的,如果尔娜在角色扮演中与父亲结婚,那么这也只会使母亲受折磨。随着尔娜对母亲的敌意消失了,她渐渐开始对父亲产生了真诚的正面情感。不知怎么地,尔娜可以正常地爱人了。事情究竟是怎么发生的?克莱因的疗法中究竟有何改变尔娜的妙招?

同威廉·布莱克笔下的傻瓜一样,克莱因也坚持自己的愚笨,直到她成了智者。起初她让自己的孩子们绝望,直到他们都恨她,但她坚持这么做，直到她发现强大的对策可以拯救儿童丢失的灵魂。

克莱因发现在人们出生后的第一个月内都充满了与生俱来的仇恨和野蛮残暴的冲动，悲剧在于这些情绪是冲着我们所爱的人。如果我们无法以某种方式处理这些情绪，那么我们不得不分离(压抑)爱恨两个自我之间的混战，仇恨的自我会产生不可抗拒的快乐，这种快乐源于恶意的残酷、控制和人格占有；充满爱意的自我有着与此相反的快乐，充满爱意的自我一直在我们体内从未改变，它处于循环之中：渴望破坏，渴望因破坏受惩，渴望作出修复。这个不可避免地从无意识里涌现出来的循环不仅表现在我们儿时的游戏中，它贯穿我们的人生，在我们成年后的行为举止中也有所体现。

尔娜在克莱因的游戏室里玩的通常是极其可怕的游戏，她玩的是可怕的罪行和可怕的惩罚。克莱因总结了这些游戏和某些罪犯罪行的相似性：像开膛手杰克那样把受害者撕成碎片，或者强暴、折磨、肢解受害者并吃掉部分尸体，以及我们能从报纸上看到的犯罪手段。当英格兰警方在一个藏满受害者的四分五裂的腐烂尸体的屋子里找到一位多重人格罪犯，我被震惊了。但是一位曾处理真正罪犯的精神问题的克莱因学派精神分析法医朋友指出："但这就是罪犯潜意识里的想法——他只是把想法付诸行动。"

心理学思想启蒙很大一部分是朝想象力价值的大转移。能唤起你晚餐食欲的想象比让你抑郁得无法下咽的理性事实还要好。想象里的事实可以决定人体组织的生或死，因为它们驱使、激励并导致新陈代谢把食物转换成儿童体内的能量和欲望。通过想象我们得知了生命的意义。

想象和游戏通过象征说话。克莱因习惯她的小病患在游戏中毫不费力地倾泻出大量的象征。但 1930 年，她遇到了一个叫迪克(Dick)的 4 岁男孩，迪克给克莱因带来了前所未有的挑战，他的治疗故事是一个真正扣人心弦的惊险故事，因为治疗差点就失败了。

不同于以往，克莱因竟然提到了迪克的母亲在对他病情的影响，她说迪克的母亲过度焦虑而且无法给迪克真正的母爱。迪克的情况比神经官能症患者还糟糕，他的智力发育迟缓严重，相当于 15 个月大小的孩子的水平,他对母亲、护士和周围的环境都漠不关心。为什么会这样?原来迪克无法形成象征,而且他的灵魂也不让他这么做,目的是为了保护他免受过度恐惧的伤害。克莱因和温尼科特将这一恐惧描述为孩子害怕对自己的母亲做出残酷的敌对行为,在迪克的病例中,极度匮乏的爱无法阻止这样的行为。

攻击母亲身体器官的渴望和母亲体内的东西(孩子、粪便和父亲进入母亲体内的阴茎)让迪克大受惊吓,以至于他不敢去想象这些事情可能的象征。后来通过他为数不多的话语,我们得知他几乎对任何事情都不具有想象力和兴趣,除了一样东西:门。克莱因将这一兴趣解释为迪克试图建立交流,门代表了迪克的阴茎进出他母亲身体的方式。4 岁的迪克不能咀嚼食物,不能持剪刀或工具,无法使用言语,他甚至不想去了解任何事或任何人。

迪克未能形成象征,因此无法玩游戏,既然他玩不了游戏,克莱因怎么能对他进行分析呢?当这些象征尚未出现在游戏中,她究竟是怎么获知迪克潜意识里的象征并激活迪克的感情?迪克麻木地看着玩具。克莱因必须作出第一次分析,她描述了自己如何拿起一辆大的玩具火车

> 把它放在一辆小火车旁边,并且把它们称作"爸爸火车"和"迪克火车"。于是他拿起被我称为"迪克"的火车,让它驶向窗户并且说了"车站"。我将这解释为:"车站是妈妈,迪克将进入妈妈。"他丢下火车跑向这个房间的内门和外门之间,把自己关在里面,说"黑",然后立刻跑出来……我向他解释:"妈体内是黑的,迪克在黑的妈妈体内。"(Klein, 1975, p.225)

不管你对克莱因的理论持何种态度,总之她的直觉天赋再次击中病例核心。问题解决了!原来这个几乎快没救的小病患也不是完全无法沟通的嘛!因为克莱因"把她的勇气借给了迪克",所以他的焦虑出现了,她也可以分析迪克的焦虑了。通过一步步克服恐惧,迪克恢复了自我,可以玩游戏,有了感情,能用语言表达思想了。因此,他把攻击行为投射到游戏中。他开始研究玩具,并且无意识地破坏玩具,知道克莱

因向他解释他的行为:他在重演自己和父母亲之间发生的事情。

迪克的病例和其他类似的病例让克莱因认为没有象征我们就无法生存。如果无法形成象征从而在前往意识的途中把情绪带入无意识的想象[她称之为"幻想"(*ph*antasy)],那么我们就从根本上被卡住了。

因为有了无意识的典型精神分析低估,所以克莱因认为象征只是表示乳房、阴茎等引起的情绪,而玩具会唤起类似的情绪:比如,小尔娜请求梅拉妮让她吸的那个玩具电动车红色前灯被梅拉妮解释为尔娜父亲阴茎的象征。

然而,克莱因的很多同代人就象征与想象有不同的理论。稍后我们将看到,当精神分析学家不能接受温尼科特相反的观点时,他感到很失望。温尼科特将想象和现实的混合体(即游戏)与艺术和宗教的混合体连接在想象和现实的范围内:在此范围,梦是最主观(想象)的一端,包括幻想、游戏、艺术、宗教等等;继续往下在共有的现实中和其他方面连接,而科学在最客观(现实)的一端。巴林特也在婴儿心理发展阶段观察到了一个"创造性区域"(Kohon,1999, p.103)。当然,(简单地说)荣格认为梦和象征是上帝的旨意,从集体无意识中将生命力以脑海中原型意象的形式传递给我们。

迪克的发展受阻是因为在遇见梅拉妮·克莱因之前,他所处的环境不利于他古老的和婴儿的动物本能、基本的性欲和攻击行为发展为成人的爱。令人震惊的是,他受阻的本能甚至无法和自己的潜意识交流象征问题。对于克莱因其他的儿童患者,这些象征很容易从潜意识体现在他们的游戏中,然后她可以提供词汇让儿童用语言表达出来。然而,就连克莱因也对象征的起源感到很好奇,它们从何而来?这些象征不仅是修饰性的、诗意的隐喻、明喻以及言语玩具,它们是我们需要握住的必不可少的手,我们要用它们改变本能、改变情绪、改变彼此。

克莱因最大的本领就是激活儿童潜意识里的仇恨及其带来的恐惧,使之能被意识到。

其实尔娜病发是在1岁。同弗洛伊德的观点一致,克莱因认为成人的世界有其婴儿时期的根源,而不是只有学步时期的根源。婴儿期可以解释儿童和成人的行为。尔娜在儿童室里形成了自己的主要思想:嫉妒、贪婪、感恩、爱和修复。人类内心爱与恨(或者如克莱因常说的求生本能和死亡本能)之间的冲突是焦虑的根本原因。男童和女童就该冲突有一点不同的体验:男童害怕被阉割,而女童害怕她们肚子里的五脏六腑和未出世的婴儿被挖出来,克莱因认为这就是愤怒妒忌的小女孩想对她们的母亲做的事[女童仿佛认为女性本质上就是一个"容器"(containers)]。但实际上克莱因有一个比弗洛伊德先进的理论:她意识到人体内存在一种本能的自发冲动(*natural spontaneous impulses*)能修复儿童造成的伤害。本能冲动,并非仅是阉割恐惧或残酷清空的恐惧强加的良好行为,即她所谓的"修复"冲动(Klein&Riviere,1964)。倘若留下儿童和玩具,那么游戏中的儿童确实会尝试修复他们破坏了的玩具。因此,弗洛伊德认为因为害怕受罚,所以我们压抑了自己的恨意;而克莱因认为自发的爱可以制伏、消除恨意并使之变得有用,她对成人和儿童的精神分析就是释放自发的爱的方式。

所以,你现在明白为什么克莱因的理论会震惊安娜和其他弗洛伊德式精神分析师,他们认为潜在的蓄意谋杀和人类的放荡行为只是(被恐惧)不稳定地控制着且无需鼓励。而且,第一位儿童分析师胡格-赫尔穆特(Hug-Hellmuth)的悲剧命运也无法消除他们的疑虑,胡格被自己收养的一位少年患者谋杀了。安娜担心让儿童意识到自己残酷的仇恨幻想(她用"*f*antasies"和"*ph*antasies"分别指代意识的幻想和潜意识的幻想)可能会破坏他们脆弱的超我,使他们变得无法管束。因此,克莱因震惊了一大批精神分析师,就像弗洛伊德的新理论震惊了人们一样,只不过克莱因理论的影响面更黑暗。

在不干扰儿童玩耍的情况下,通过多次数小时观察他们在游戏中流露出的无穷无尽的发明和创意,克莱因有了一些惊人的发现。她意识到儿童心理不正常是因为有些事情没发生在他们身上,也就是他们没有经历正常的心理发展,因此在某种程度上他们的情感反应仍像出生数月的婴儿,几乎不知道自己在何处停止,不知道母亲在何处出现。孩子们对爱和恨感到困惑,对此他们的处理方式是试图破坏物品把坏的情绪投射到母亲身上,把美好事物内投到自己身上,比如一个充满爱意的乳房，反之亦然。这是一场混乱又残暴的战争，因为试图把坏情绪投射到母亲身上的同时，孩子也尝试仍可以拥有一位好母亲，比如，孩子可能会吮吸被他的恨意伤害的乳房，并报复式地把这个“被破坏的客体”含在嘴里。克莱因将婴儿的这一早期状态称为“偏执-分裂样状态”(Paranoid-Schizoid Position, Doane & Hodges, 1993, p.8)。这时的婴儿处于碎片状态，不知道自己所恨所爱的是哪个碎片，就像是疯了一样。

对于分析成人患者，清除婴儿时期残留的精神问题也是关键。从过去到现在，克莱因及其追随者一直都比大多数分析师更愿意研究人格分裂。但克莱因理论伟大的可用之处是它让我们看到婴儿时期的偏执幻想果真对日常家庭生活及爱情有影响，而且我们意识到在很多常人(比如你我)中，我们凭感觉相信的事情以及他们对我们的意图有时就真的只是疯狂的，即只是幻想的，不是真的。比如他们真的只是不小心不注意，或恐惧地保护自己，或暂时地被惹火，或天性使然地嫉妒我们拥有比他们多的东西，而且我们毫无与之分享的迹象，或者他们可能甚至只是单纯地在做自己的事情根本就没有想要伤害我们，我们会认为他们在恨我们，认为他们的主要动机和快乐就是恶意地虐待以及折磨我们。

克莱因认为婴儿自出生就怀有恨意，而且这种恨意会体现在行动中，不仅只是在脑海里。难道她认为自己的女儿梅利塔自婴儿时期就开始恨她了？大多数婴儿的恨意被消除了，但梅利塔的没有？当孩子没恨我们，我们对他们的误会是最令人心碎的仇恨错误认定例子，但这确是常见的错误，正如必读书目《爱丽丝梦游仙境》(*Alice in Wonderland*)里的一段话：

对小男孩说话要严厉，
他要是打喷嚏你就拍他。
因为他这样做只是为了捣蛋，
他知道大人会被惹火。

(Carroll, 1993, p.39)

于是悲剧就这样发生了。错误的直觉让我们的行为极具挑衅性，以至于我们最糟糕最疯狂的幻想成真了，被误解的一方最后会对我们恨之入骨，我们疯狂的想法也因此成真，事实证明我们没想错，只不过后果很可怕：战争、改革运动、离婚，诸如此类。你可以看到这样的错误认定在夫妻之间、父母之间、孩子之间和国家之间不断上演。

但是，我曾遇到闯过这一阶段的人持有过度乐观的态度，这就意味着他们无法意识到或除了真正对他们不怀好意的人。因此，教会人们正确判断他人对我们的情感并尽可能准确地了解憎恨的程度、憎恨的本质、憎恨的原因、对方情感的复杂程度、除了杀死对方我们还能怎么处理此事，这些对家庭和国家来说是至关重要的。绝对有必要弄清楚彼此间的恨意如何从婴儿时期留在我们体内的不起眼的、难以察觉的、极小的疯狂因素萌发而成。误会他人对我们怀有恨意对家庭和国家来说是灾难性的行为——看看上个世纪西方社会低估希特勒对犹太人的仇恨带来的灾难性后果。科学已指导大多数人多角度地思考，但是我们体内微小的疯狂因子让我们退回到一分为二的黑白思考世界。

克莱因也可以使用“态度”(attitude)而不是“状态”(position)一词，因为在压力之下我们很容易就产生偏执-分裂样态度。就连美国总统对敌意的反应也可能和4个月大的婴儿一样是绝对的黑或白。事实上这样的人可能是非常幼稚的，如果这个人是精神病病房的患者，那么他说的话会让精神科医生断然挥笔在病历上写下“偏执狂”，比如，他可能会说“不支持我们的人就是反对我们的人”之类的话。

尔娜野蛮地用一个更逼真的形象代替她对母亲的极端幻想，而不是把她母亲看做一个兼具好坏品质的较平常的普通人。克莱因认为在孩子半岁左右我们就可以得出这个结论，如果我们没能在这时得出结论，那么随后不管是在孩子6岁(比如尔娜)或者更大的时候，精神分析也会得出该结论。克莱因认为这个关键发展的发生时间是在婴儿约半岁的时候，就在婴儿因为发现母亲兼具好坏品质而露出悲伤的神情。对我们来说，一个人可以同时拥有好的和坏的品质，并非是两(至少)个人，而是一个普通人既有邪恶的残虐的一面，也有完美的慈爱的一面。她将这个适应现实的阶段称为“抑郁状态”(depressive position)

(Miller, 2004, p.94)。

如果在6个月大的时候解决了偏执-分裂样状态，或者甚至在60岁的时候才解决，那么这种悲伤的感情就比较不会成为泄气的原因，而是更容易变成对现实的接受和适应。因此，有时候一位沮丧的成年人不需要将抑郁症完全“治愈”，只需把抑郁症看做是通过改变态度或改变行为就能处理的现实觉悟。比如，我经常感到沮丧，因为我斗不过我母亲的情绪(可能在我是个婴儿那会儿就输了)，因此我养成了认输的习惯。但是某一周我下决心不让我的精神分析师以和母亲的相同方式将我击败，我决定要查明他是否真的下决定心想恶意伤害我，如果真是如此——而且他的潜意识很可能需要击败病人，因为他自己本身患有神经官能症——那么我决定不干一架我是不会让他得逞的。实际上，如果他看轻我，那么他就是对的我是错的。不可爱的人不是我，他才是那个无法爱也不会去爱的人！

同样的情况也见于工作中令人泄气的老板，以及家庭中令人泄气的妻子或丈夫。随后，在和我的精神分析师干了一架之后，我可能更有了真实感，而且我意识到母亲和分析师根本就不是我想的那样令我失望，也许我没意识到自己恢复的程度不亚于发病的程度。

但是这样的解释超出了克莱因的理论范围，因为她假设挫折来自于内心深处，来自于自身的死亡本能，而且她对生活中和他人建立的真正关系比较不感兴趣。她只对人的内心世界感兴趣：比如尔娜和幻想中的母亲的假想关系，她自己扭曲了母亲的形象然后在内心世界里产生一个关于母亲的“内在客体”(internal object, Klein, 1975c, p.30)，这就像是弗洛伊德良心内化的严父，或者是弗洛伊德论文里那位抑郁症妇女令人不满的丈夫的内化。克莱因对尔娜真正的家庭环境并不是很感兴趣，而且她对成年患者及其周围人的关系也不感兴趣。

克莱因提出的“抑郁状态”，即婴儿认识到母亲和自己都是由好的部分和坏的部分组合而成，这种情感态度有点类似于荣格认识到上帝和人类一样有邪恶的一面。伦敦的一些荣格精神分析法的信奉者感受到了荣格和克莱因的理论之间相像性，所以他们开始从事研究荣格心理分析师迈克尔·福德汉姆(Michael Fordham)所谓的“荣格-克莱因学派”(the Jung-Klein Hybrid, Fordham, 1995, p.9)。

其他学派的精神分析师在读了克莱因学派的论文后有时会有气馁的表现。在行医过程中,就病情较重和病情较轻的儿童,克莱因对前者的分析往往似乎更准确。霍妮将两个女儿送到克莱因那里接受分析,那时人们认为为了自己好,每个人都应该进行精神分析。尽管其中有个女儿的确有点喜欢脏东西,但是她俩讨厌精神分析并且成功反抗了。据说,有一天,邻居向霍妮抱怨,抱怨霍妮的两个闺女往她家信箱里扔了一张纸条,纸条上写着“问候你大爷”之类的字眼(Quinn, 1987, p.183)。最后,霍妮的惊愕变成了欢笑和拥抱,女儿们的精神分析结束了。不过这一切是在柏林发生的,彼时克莱因还只是个新手。

接受正确的治疗,无论是儿童还是成人,克莱因的理论都具有真正的治疗力量。梅拉妮·克莱因给自己的三个孩子进行了恶魔般混乱的分析,她还亲手毁了自己的家庭幸福。但是到了分析像尔娜这样的儿童患者的时候,她已经有一些赫然有效的发现。克莱因的精神分析法要求给予每个儿童极大的耐心和注意力,几乎每天对他们进行分析,如果有必要,则是数年的分析,一点一点将儿童的内心状态从恐惧的和虐待狂的疯狂祸根中释放出来,一心一意地培养孩子表达正常情感的潜在能力。不论在同龄的成年患者看来克莱因是否是个友善的女人,但她对儿童患者的付出肯定只能用爱来描述。除了爱,还有什么能这么持之以恒地,这么心甘情愿地,甚至这么温柔以待地包容她在孩子们身上发现的仇恨,而且压根不急着用可能会干预儿童与生俱来的能力的方式来治疗他们,一旦儿童被倾听时没有惩罚甚至没有责怪,是这样他们才变得有意识吗?

由于从事了20世纪上半世纪(她于1960年去世)的精神分析工作,所以梅拉妮·克莱因开启了心理学思想启蒙最棒的启示:如何憎恨。我的一位学生发现并在她的论文中重新表述了克莱因一段精彩的话,但是后来她没记下参考文献,所以我只能向读者展示那位外国学生用她娴熟的英语写的内容:

> 从性欲理论我们很容易就能发现克莱因和弗洛伊德之间的不同。对弗洛伊德来说,性欲与快乐和权力有关。相比之

下，克莱因认为性欲与爱、破坏和修复有关。交际是非常重要的一幕，那里上演着爱恨交织，上演着自我修复，通过给予欢乐以及个人接收欢乐的能力，我们在交际中邂逅了爱恨与修复。

“交际是非常重要的一幕，那里上演着爱恨交织。”我实在没法想出这么贴切的话。现在我们应该继续探索其他三位客体关系理论家费尔贝恩、巴林特和温尼科特就爱与恨的发现。

第十五章　威廉·费尔贝恩：离群索居的苏格兰人

所有的孩子都有一张清单，上面列了父母施以其的恶行，其中有些即将发生。

（佚名）

我曾经很羡慕费尔贝恩在爱丁堡拥有一栋房子。那处房子对于非常内向的人来说是一个极其理想的住所，比如他和我。房子坐落在亚瑟宝座山(Arthur's seat)旷野中间一湾湖边，这里受到法律的保护，就连建造这座房子的人也不得靠近。但它的确就在爱丁堡中间，距离马莎百货(Marks and Spencer)不到 20 分钟的路程。

费尔贝恩生于 1889 年，他是安娜·弗洛伊德和梅拉妮·克莱因的同代人，但他和这两人没什么关系，他毕生的精神分析研究都在爱丁堡进行。年轻的费尔贝恩笃信宗教并取得了哲学学位，那时他立志要成为一名牧师。然而，第一次世界大战期间于炮兵队服务退役之后，他改变主意选择当一名医生，在受训的时候阅读弗洛伊德和荣格的理论。他曾参观位于爱丁堡克雷格洛克哈特(Craiglockhart)一家治疗患炮弹休克症军官的著名医院，西格夫里·萨松(Siegfried Sassoon)和其他一战中的军官都曾在那里接受精神病医生威廉·里弗斯(W. H. R. Rivers)的治疗。在那里所见的一切给他留下了非常深刻的印象，所以他决定从事精神分析领域。

同许多伟大的精神分析学家一样，费尔贝恩不擅长处理自己的婚姻。1992 年，他的儿子，著名的保守党国会议员(Conservative Member of Parliament, MP)兼苏格兰副检察长(Solicitor-General)尼古拉斯·

费尔贝恩爵士(Sir Nicolas Fairbairn)在接受新闻采访时说到自己的双亲:“自嫁给我父亲的那一天起,我母亲就成了寡妇。他俩并非天作之合。我们的生活非常窘迫。父亲一直很穷,因为他给人看病每小时只收费1先令。”

采访者接着问尼古拉斯爵士:“所以,您是说自己有一个不幸的家庭生活吗?”

“我没有家庭生活,”他答道(Davies,1992)。

但我还是要补充一下,卓尔不凡、思想奔放的尼古拉斯爵士是个有点言过其实的政治家,他有意用言论制造效果。我所认识的大学时代的尼古拉斯是苏格兰最爱炫耀的人——也许这是为了引起沉默寡言的父亲的注意。我也不相信他说的“他给人看病每小时只收费1先令。”

不过,尼古拉斯爵士的确是在为母亲和她的困境打抱不平,而费尔贝恩的传记作者J.D.萨瑟兰(J.D. Sutherland)在这场婚姻之战中更倾向于替费尔贝恩说话。妻子去世后,费尔贝恩娶了自己的秘书,事实证明第二段婚姻是一个比较成功的结合。

费尔贝恩有种古怪的症状,即在他人面前小便的恐惧症。他真的给厕所上了两道门,将自己和外界隔开,这样他才能自在小便:他的恐惧症和费尔贝恩小时候见到的一幕有关,在火车上的时候,他父亲想小便。但这种行为对当时的苏格兰礼仪来说是个大挑战。所以,无奈之下父子俩打开了客车厢的门,然后……

萨瑟兰描述了费尔贝恩为什么会将情感距离作为防御机制。费尔贝恩生于爱丁堡一个名声显赫的信仰苏格兰宗教的家庭,他是家中的独子。他的家庭教育他要“兼具全心全意的眷注和令人难耐的严厉”(Dobbs,2007,p.87)。母亲对他的态度是积极的控制。她喜欢他的聪明,但不喜欢他的性别,而且稍后我们将看到母亲的矛盾态度对他的余生有重大影响,影响了他与妻儿的关系。

作为一名医生,费尔贝恩受到了有影响力的精神分析学家梅拉妮·克莱因及其作品的启发,然而他并不是很赞同她的观点。反过来,克莱因完全不赞同费尔贝恩的观点,她认为费尔贝恩在阐述理论之前本身并不具备足量的精神分析经验。

费尔贝恩在处于精神分析领域初始阶段的时候就写了几篇非常优秀的论文，所以他成了英国心理分析协会(British Psychoanalytical Society)的一员，但他并没有接受该协会的正规培训。

和任何其他重要的精神分析学家不同，费尔贝恩侥幸得以用原创的、非弗洛伊德式的思维思考人格结构。因为他住在距离伦敦350英里的地方，所以他与英国心理分析协会的同行稍微有点隔离，可以不必担心遭到报复，有更多的自由提出自己的理论。彼时，弗洛伊德已逝，加上整个心理分析协会都沉浸在梅拉妮·克莱因和安娜·弗洛伊德就儿童精神分析的辩论中，这些都有助于费尔贝恩专心做自己的研究。他默默地工作，心无旁骛地构建自己的理论，融合本身的哲学素养，事实证明，他可以非常非常好地解释自己的发现。

和心理学思想启蒙所有其他伟大的贡献者一样，费尔贝恩通过对自身的了解以及一些特别具有启发性的病例的帮助，获悉了自己的洞察。费尔贝恩对那些恰好和他一样沉默寡言的患者很感兴趣，他捍卫这些患者的病因，以此对抗认为这些病例不值得分析的医生。他知道这些沉默寡言的患者会被归类到荣格所说的“内向型人格”中，但是他更喜爱用“分裂性人格者”(schizoid)一词。费尔贝恩所有的精神分裂症患者都有共同点，比如

- 无所不能的态度；
- 隔离和超然的态度；
- 专注于内心世界。

“分裂性人格者”是最糟糕的心理呓语之一。这听起来好像应该指“有点精神分裂”，也就是说和他人没有情感联系，活在自己的世界里，费尔贝恩本身就是如此。但是这个词派生出来的意思是自我的“分裂”(split)，所以他认为精神处于分裂状态是值得注意的事情。这对费尔贝恩来说难以理解，因为他很快就明白不只沉默寡言的人会出现精神分裂，所有人都会！

费尔贝恩认为，一个人就是全部的“我”，全部的自我：不是本我有愿望，是“我”有愿望。对此，“我”可能会处于两种精神状态，比如“我”

可能想做爱,但又担心后果,担心会发生冲突,但那就是一部分的"我"反对另一部分的"我"。(实际上这与弗洛伊德把"我—对战—我的—良心"冲突放在"哀悼与忧郁"的原因相差不远。)

费尔贝恩写道:(1)"自我是天赐的礼物"。(2)"性欲是自我的功能"(Scharff,1995,p.155)。

他接着说,只有当"我"没得到"我"想要的东西,"我"才会变得有攻击性。我的攻击性不是源自某个"自我"的某种"死亡本能"(Fairbairn, 1952, p.79),只不过是"我"因受挫而生气。因此(3)"死亡本能是不存在的,攻击只是对挫折和损失的反应"(Scharff,1995,p.155)。

是的,没错,但我在想是否只有受挫时我们才会变得难相处?那么那些不由自主地享受恶斗,杀害并折磨弱小生物的小男孩是怎么一回事?那些不由自主地享受社交残酷行为——"我正在开派对但我不邀请你"的小女生又是怎么一回事?是不是所有人在儿童时期就必须学会残酷行为,以防未来某天需要用到?又或者我们全都只是在对所有家庭普遍性失常引起的挫折作出反应。

儿时我有个玩伴,他喜欢在猫走到门中间的时候"砰"地关上门。现在回想起来,我觉得他的侵略是父亲对他过分严格造成的结果,是他对受迫的反应。另外,我无法赞同费尔贝恩认为攻击行为完全是件坏事的观点。鼓励、培育和教化一个人的攻击性(玩橄榄球就是一种很好的方式)是成长的本质,如果一个人本来就极具攻击性,那么就更好了。

费尔贝恩的第三个理论自然导出了以下观点:(4)既然性欲是自我的功能,攻击只是对挫折和损失的反应,那么就不存在所谓的"本我"(Scharff,1995,p.155)。

但是对我来说,最大的宽慰和满足来自于他的第五个观点:(5)自我从根本上说是"客体的寻求"(object seeking),所以性欲也是如此(Scharff,1995,p.155)。

虽然他不能也无法使用这个词,但此处费尔贝恩是在表示拥护爱。他是在说我不仅需要本能的满足或快乐的奖赏,或缓解紧张情绪的性爱,或者性行为和攻击行为本身就是有意义的等等。如果事情出了岔子,如果我放弃了自然的生活并降低自己的期望,那么那也只是我本来的样子。如果我惊恐不安且试着满足于低于期望值的事物,那么爱就会被减少至纵欲和愤怒的本能核心。我从根本上真正十分想要的和需要的是你。

费尔贝恩认为这是弗洛伊德内心深信不疑的观点,和试图在《圣经》中寻找经文支持实践的学者一样,费尔贝恩阅读了弗洛伊德的作品,总结道弗洛伊德在《文明与缺憾》(1930a)中关于爱和客体的讨论在某种程度上和他的理论是相同的。但无论弗洛伊德内心深信的是什么,他曾说过神经官能症的病因是自我的恐惧本能。相比之下,费尔贝恩认为客体才是神经官能症的病因,比如当它不是来自母亲实在真挚的爱的客体时儿童所受的伤害。

费尔贝恩认为,儿童对这种伤害的反应可能是抽离对母亲的情感依赖,只和母亲有很小一部分的情感联系:比如一个觉得自己不被喜爱的婴儿可能会放弃一切,不仅只放弃母乳,因此母亲的形象在他脑海中只是一个哺乳客体。占有欲强的母亲和冷漠的母亲尤其会引起孩子有这样的退行,因为在患者幼儿时期她们无法给予他们真正的爱。

我在想最后这一点是否带有自传性质。因为我们必须考虑到费尔贝恩和弗洛伊德两人观点的不同可能只是反映了爱丁堡基督徒母亲和维也纳犹太母亲之间的差异。

戒掉对母亲的依赖并且不向她索取感情是对待这种冷漠的母亲的方式之一。如果费尔贝恩处于习惯继续这么做,那么婚后他肯定会把妻子逼疯的。

克莱因认为婴儿的仇恨或死亡本能是与生俱来的,但费尔贝恩不这么认为,他(和他同时代的巴林特和温尼科特一样)认为婴儿与母亲之间最初的个人关系发生了点问题:分裂型人格的根源在于婴儿感受不到母亲应有的爱意。

费尔贝恩的观点带领心理学思想启蒙进入令人痛苦的可耻阶段——指责母亲(Blame the Mother)。即使在今天,这种分析方法依然可以被应用于非常多的领域。比如我们可以因小布什总统的外交政策而责怪他的母亲芭芭拉·布什(Barbara Bush):做一位太霸道的母亲是她的错。

我认识一名女精神分析师，以前每当她看到母亲对孩子施暴，她都会尖叫："当妈的不应该这么做！"她是在开玩笑，但也有人是来真的。精神病学家罗纳德·大卫·莱恩就是被施暴的一员，他的不幸遭遇发生在格拉斯哥，他的母亲是一位非常可怕的苏格兰女人，以致他的个人精神分析没办法使他从母亲的暴行中完全恢复。

关于母亲施暴这个话题可以说的有非常多，不过在费尔贝恩的理论中有个重要的观点值得一提。费尔贝恩在自己的著作中提到的母亲是"决定无论如何都不宠坏她的独生子"(Fairbairn, 1952, p.13)。因此，也有可能是父母的好意产生了坏的影响。关于"指责母亲"还应说明的一点是，尽管可怜的母亲可能是第一个攻击孩子的人，但她们自己通常也是受害者。

后来，费尔贝恩开始摈弃"好客体"(good object)与"坏客体"(bad object)这两个术语，他更喜欢用"令其满意的"(satisfying)客体和"令其不满意的"(unsatisfying)客体(Fairbairn, 1952, p.111)。

不过，和克莱因一样，费尔贝恩也认为病发是在婴儿哺乳期。婴儿不知怎么地感受到了母亲对自己的态度并且通过不在情感上依赖母亲对此做出反应，结果影响了他自己的正常成长。该婴儿学会在自己不被爱的基础上生存，因为他和他的爱是不被母亲接受的。

你可能会想，在婴儿甚至还没有思考能力或认知意识的时候，费尔贝恩如何假设一个小婴儿可以感知母亲的态度并对此作出反应。因此，你可能选择同意他的假设，或者不予理会；我个人选择同意。

有一次我观看了牛津大学一位研究者制作的一个令人心碎的视频，视频内容是对一位抑郁症母亲的临床研究。画面上的母亲说着"给妈妈笑一个！"而不是母亲们通常说的"宝贝你太棒了！"当然，她的孩子不可能从精神上理解母亲话语背后隐藏的情感依赖，婴儿感知到了其他情感并且厌弃母亲，不愿意和母亲对视，而是看其他地方。正常情况下，婴儿都会注视自己母亲的脸，但画面中的婴儿没这么做。

费尔贝恩认为，分离焦虑(separation anxiety)是所有焦虑中最先出现且最深刻的一种，焦虑的原因是害怕失去其他人。如果一个人抽离并孤立自己的情绪，还放弃与人交往，那么这个人便处于危险之境。如果婴儿选择成为内倾型性格的人，并且放弃了一部分外部世界（母亲），他必须找到自己的主要支持以及心灵的慰藉。因此，他把美好的感觉藏在心里，如果他在他人面前流露情绪，那么他就会有失落感。这种失去的恐惧使他压抑了自己的情绪。他的情绪是秘密——通常他连自己都瞒着。这种防御系统为后期生活的大量发病症状埋下了伏笔。

针对这个问题，费尔贝恩举了一些例子。比如，有位学生的口试总是不及格，因为他不允许自己说出正确的答案，他心里非常清楚正确的答案是什么，但是这些答案是他必须藏在心里的宝贝。再比如，有位艺术家一旦完成画作后，要么把这些画作看得一文不值（我想到了塞尚），要么表现得自己仿佛仍是既售画作的拥有者。事实上，20 世纪有位法国画家的资助人曾开玩笑说要给自己购置的画锁在墙上，因为这位画家反复取走它说要完善画作。

沉默寡言（内向或精神分裂）的人暗自觉得自己高人一等，因为他认为他的世界中最好的事物就在他心里。他内心的幻想比现实还要美好："我更喜欢自慰，因为人们只能和超级优秀的女生发生性关系。"

在病情较为严重的案例中，患者无法保密而且优越性也消失了。我记得有位患者在一场案例会议上击败了六位精神科医生，这些医生试图找出他身上的异常，但是该患者非常友善、自若、自信、坦率和正常。不过有句话却暴露了他的问题，他说他很遗憾他不能告诉我们他究竟是谁，因为时候未到。

阿尔弗雷德·阿德勒认为一个正常的人是一个通过向他人展示并分享自己的情绪等等来提高自尊心的人。这是因为对他们具有真正意义的爱的客体（love-object）都是他外部世界里的人。然而，向他人展示自己的情绪会让性格内向者觉得内心空虚且失去自尊。性格内向者可能会通过扮演一个角色过日子，比如假装自己是一个关心他人的人或者是个真诚的人；又或者以炫耀度日，比如表现狂可能极具表现力，但却避开真正的社会接触。我记不清是哪位编剧曾说他可以把灵魂暴露在座无虚席的影院面前，但却无法暴露在一个人面前，不过我明白他的意思。他可以是宴会的生命和灵魂，但却不流露任何真实的情感。一个采用这种方法的优秀表演者甚至可以毫无保留地给观众留下暴露自我的印象,同时不着痕迹地控制所有观众的反应。

费尔贝恩还认为精神分裂症患者从母亲那里得知自己的爱不受欢迎,但是,在内心最深处他们害怕自己的爱实际上是具有破坏性和杀伤力的。费尔贝恩认为这种极度的恐惧起源于早期的婴儿阶段,而不是后来所谓的一个人认为是自己的仇恨置人于死地:认为婴儿的爱具有破坏能力是一种比弗洛伊德的洞察还深刻的洞察,弗洛伊德会认为这只是死亡之愿。费尔贝恩意识到我从根本上需要你表现出我们之间交换爱的必要性是最强烈的欲望。因此,精神分裂症患者一直把爱藏在心底不仅是因为它太珍贵以致不能和他人分享,还因为它太危险以致不能释放给他人。这是沉默寡言者的第一个大悲剧。其第二个大悲剧是为了安全起见,他可能会以赶走自己周围的人为乐,让那些人恨他。其第三个大悲剧是前面两大悲剧的组合,也就是说既然爱和他无缘,那他还不如喜欢仇恨,而且如果去爱人就是去毁灭他人,那么仇恨是比爱更好的毁灭方式。

这里,我们感觉到自己正在靠近心理学思想启蒙最饱受争议的方面之一,即了解邪恶的男人和女人,我们可能会感觉有点毛骨悚然。

如果我们用心去想,那么我们就能以一种他们自己永远无法了解自己的方式去了解他们。继而我们就会陷入同情邪恶之辈的泥沼,同情可能会招来诸多问题。因此,就目前而言,我们应该再次快速转移焦点,回到描述上述一切如何与“精神分裂”(being in pieces)有关联。

费尔贝恩认同弗洛伊德和克莱因的一种理论,即人们以某种方式把重要他人藏在自己心里,这在当时是一个备受争议的观点。但是,费尔贝恩也在自己心里藏了一个重要他人。如果母亲一直教导自己的孩子说“谢谢”,那么她的建议会永远刻在孩子的脑海里,孩子最终会将母亲的教导付诸行动而且永远不会注意到这是受了母亲的影响。如果这是一位正常且善良的母亲,那么她本人也会成为孩子一生的内心支持(internal support);又或者涉及受母亲影响的死亡场景,比如士兵在垂死之际会哭喊着要妈妈。

在梅拉妮·克莱因儿童病患较为黑暗的世界里,孩子内心深处的母亲已经被婴儿的仇恨扭曲成骇人的迫害者,又或者已被婴儿的爱升华成一个虚幻的、理想的、绝对令人满意的形象。当这些爱与恨的大使出现在梦中,他们从来就不像真实的人,而且,他们可能是以难以辨认的形象出现。例如,一位厌食症母亲可能会以一只食人的巨型蛞蝓出现在孩子梦里。这些大使有自己的生命,因为他们是自我活生生的一部分,他们被赋予的任务就是当真正的父亲或母亲不在场的时候要替他说话,就像是我们在内心唤醒的其他自动驾驶仪和自主情结。他们以某种方式自发地被激活了,不像同样被内化了的物理环境地图。

费尔贝恩内化的母亲破坏了他的婚姻。她成了他的良心,并抑制他使用男性的身份和攻击性,使他无法爱自己的妻子,进而离开自己的儿子,让他成了没有家庭生活的孩子。可怜的尼古拉斯爵士。

我们内化的母亲可以进入梦境把我们吓成令人欣慰的孩子,或者,若是和蔼的形象,则会鼓励我们做自己。她们会在我们毫无察觉的情况下检查或增强我们的冲动,有时她们会招致坏的事情发生。难以讨好的内化的母亲很不好对付,她们有一种不受外部现实影响的恒久性。

同其他精神分析学家一样,费尔贝恩认为我们体内什么都没有除了部分的自我和他人的代表。因为他本身非常沉默寡言,所以不像荣格那样,费尔贝恩从没注意到存在来自集体无意识的陌生人从意识后门侵入自己的思想。

克莱因认为我们通过吃掉他人的幻想将他人内化,这不是个容易被接受的想法。但就如何内化,费尔贝恩有个不同的想法:

> 有次轮到我检查非常多的犯罪儿童,大多数普通人一眼就可以观察到这些儿童成长的家庭环境从最简单的角度来说就是"坏"……然而,我想起只有在最罕见的案例中,我才能成功诱导一位犯罪儿童承认……他的父母是坏的客体。(Fairbairn, 1952, p.64)

我不禁想象费尔贝恩和儿童患者之间的对话:"侬省魔(你什么)意思,偶麻麻(我妈妈)是坏的客体?"

但是,费尔贝恩意识到了一些重要的事情,他明白,孩子宁愿认为是自己本身就坏也不愿意认为是母亲或父亲让自己变这么坏的。事实上，在孩子看来，自发承担过错的动机是此举看似可以为自己的施虐型家长开脱责任。

精神分析学家发现受虐儿童通常都会认为责任在自身。适应并试图和施虐型家长和谐相处是一种无奈的处理方式，这也是一种爱。因为爱所以孩子可能会舍不得离开这样的父母。社会工作者经常听到受虐和未被妥善照顾的儿童说，如果可以选择，他们宁愿选择和施虐型父母呆在家里，也不要停止父母对自己的虐待。

人类在不知不觉中为家庭和睦牺牲了个人的健全。例如，如果你的母亲告诉你，你的性欲是坏的，因此你会觉得母亲待你不好，你可以让她在你的脑海中又好起来，办法是告诉自己母亲说的对，性欲是坏的，而且是坏的你想要发生性关系。但是只有小部分的“我”对此表示同意，有很大部分的“我”并不同意。但是，你不知道怎样才能使持有不同意见的两个“我”达成　致的观点，因此你起支配作用的自我就这样分裂了，并且把怀敌意的内化母亲以及同意她的那个自我分裂出去。被分裂的东西就像是两个客体，即让你守规矩反对性欲的母亲以及服从她的你的部分自我。同意母亲认为性欲是坏的观点的另外两个客体准备好联合起来无情地击倒它。但是由于你的这些部分已经分裂而且不被你的中心自我察觉，所以它们会不知不觉地影响你的行为，直至你接受治疗。当然，这些分裂的自我也会反对性欲之外的所有东西：比如童稚的自信、或冲动、或顺从的知足、或持久性的蠢行或母亲可能认为是难以驾驭的一切事情。

费尔贝恩将这两种险恶的隐藏的客体称为“令人拒绝的客体”(rejecting object，Fairbairn, 1952, p.121)和“反力比多自我”(antilibidinal ego，Fairbairn, 1952, p.129)，并将“反力比多自我”称为内在破坏者(*internal saboteur*)。这是叛逆的自我，也就是那个同拒绝性的内化母亲合谋憎恨爱的隐藏在内心的听话的孩子。费尔贝恩认为内在破坏者要为以下事情负责：发生在我们身上所有费解的灾难性事件以及看似远远超出我们能力范围的必要事件。这远远超出了性欲抑制，比如卡特的患者们无法公开索求同情，或弗洛伊德那位受催眠的患者无法哺乳自己的孩子，或费尔贝恩那位学生患者无法通过口试，或数以千计的交通事故，或其他各种麻烦与灾难。

费尔贝恩提出的内在破坏者与弗洛伊德残酷的超我以及荣格的人格阴影是相同的概念。内在破坏者偏袒令人拒绝的母亲并不知不觉地破坏一个人的生活。令人拒绝的母亲只是真实母亲的一面。患者的母亲通常具有两面性，甚至是对立的两面。

我有个同事的母亲是个苏格兰人，但是她不同于其他普通的苏格兰母亲。她夫家的家族成员有些人很好但不是很有趣，还有一些人不规矩但是很有趣。她嫁给了其中一个好人但却鄙视他，与此同时她饶有兴趣地与那些不规矩的家族成员互动。有一次，当我同事还是个小男孩的时候，屋外正在重新铺混凝土路面，她对他说："如果你有胆量，就出去把自己的名字写在路面上。"但当我同事真的这么做了，她却勃然大怒并严惩他，她甚至否认自己说过这样的话。我相信了他的话，而不是她的，因为至少在某种程度上她含糊地说了一句有歧义的话。

同样的，费尔贝恩知道母亲施于他的不仅是压抑还有全心全意的爱，更重要的是，母亲在一定程度上使他产生了性兴奋。尽管她可能是一个苏格兰式的母亲，但是如果她像弗洛伊德所描述的那样充满爱意地抱着婴儿，那么这很难激发婴儿的性欲，不过就因为她有一副女人的身躯所以这也可能会激发婴儿的性欲。

在此我们将再次谈到儿子和母亲之间的乱伦性交，这在爱丁堡和维也纳一样都是极其不可思议的事情。这会导致占中心自我主动忘记，并从与母亲之间难以忍受的刺激互动中分离出来，从而导致了"我"被分裂成三部分：

1. 与现实中的/易驾驭的而且方便一起生活的真正母亲有关的中心自我。

2. 与内化的令人兴奋的母亲（爱的客体）一起在幻想的肉欲天堂中生活的分裂自我。

3. 与内化的反对生命的母亲（内在破坏者）合谋的另一个分裂自我。

这就像弗洛伊德的病患鼠人的三个部分：他善良开朗、明白事理的自我；他具有童稚激情且邪恶冲动的自我；他顶礼膜拜宗教和禁欲主义的自我。费尔贝恩通过展示三个部分如何与母亲相关完善了整个客体关系图，并阐明一个人为何必须分裂成三部分去处理一位让人承受不住的、时而令人兴奋的、时而令人拒绝的母亲。

费尔贝恩的一位患者的梦境很好地体现了这张客体关系图。梦中的她身处一条走廊，走廊两端都是自己的父亲。走廊一端的父亲以色情挑逗的方式挥动着手里的棍子，而走廊另一端的父亲挥起棍子正要打她。在梦中，她束手无策，试图找出最佳的解决方法，而其他人却只是透过窗户看着她说："这姑娘真傻！"

你可能会认为"令人拒绝的客体"（母亲）和"内在破坏者"只是纯粹的幻想，除了说它们有能力影响并控制一个人的行为。比如，一个"令人拒绝的客体"或"内在破坏者"控制的男人会发现自己在妻子面前表现得就像是一个不负责任的黏人的孩了，被动地接受性感的母亲；又或者表现得像一个对自己青春期的女儿怀着敌意的内化的母亲等等。在旁观者看来，这个男人分裂的自我不一定是完全不可见的，它们很可能有条不紊地过着他的生活。治疗也可以帮助他看到自己分裂的自我。

然而这些分裂的自我并非真的和我们周围的真人有关，而是和幻想有关：令人兴奋的母亲和令人拒绝的母亲的幻想会投射到父亲、姐姐、妻子、女儿、儿子、老板、下属……身上，因此真爱是假的。但不可思议的是，当爱是由错误投射自身真正招致的外界生命灾难释放出来的，爱会开始成长。

20 世纪 60 年代，我在伦敦诺丁山门（Notting Hill Gate）看了一场演出，一台老式电影放映机的画格投射在银幕上，于是银幕上出现了博蒂切利（Botticelli）的《维纳斯的诞生》（*birth of Venus*）。然后电影放映员点燃画格，画格逐渐燃尽，留下足够的光线展示一个真正的裸女，她就站在先前维纳斯诞生的画面处。我从未见过一个这么好的放映影像被一场真人展的灾难破坏。

我把费尔贝恩的"原欲依附"（libidinal attachment）转述为"爱"，目的是为了指出一些东西而不只是被他的研究结果震撼得摇摇晃晃，费尔贝恩发现了破坏性内在破坏者的起源。内在破坏者的起源是：去爱人的需要是人类生存最基本的东西,正是在爱自己父母的决定中我们变得像他们一样,感受到了他们的绝望和仇恨,然后像他们一样把这些情绪表露出来。正如纪录片《南太平洋》(*South Pacific*)的歌曲所唱的那样,我们学会去恨家人憎恨的人,而家人所恨的人也可能是爱人。

弗洛伊德认为超我、自我和本我是三个相互协同工作的部分,每个都有各自的功能;而费尔贝恩认为它们是一个病态的"我"分裂成三个"我",每个"我"都让人吃尽苦头。他不同意弗洛伊德所谓的发生在父母和孩子之间的恋母情结矛盾,他认为婴儿和母亲之间存在一种初始模式,这种模式后来会转变成父亲也加入的三角关系。

那么如果我们都分裂了,要怎样才能重新聚在一起呢?关于费尔贝恩的研究,我的一位学生写了非常精辟的一句话:"人格的内部整合是由于患者选择诚实对待另一个人。"

这里的"另一个人"可能是一个心理治疗师。在费尔贝恩看来,心理治疗并不是一门科学,而是"一种超越科学并利用科学的人类活动……你可以永不停止地继续分析但没有出路。有益于健康的是个人关系"(Guntrip,2005, p.64)。

以下是费尔贝恩没注意到的但却至关重要的一些方面:如果孩子不服从也不同意母亲的观点,而是勇敢地面对母亲,并告诉她她是错的呢?这样的话,不断升级的相互愤怒会出现,而且母亲总是比孩子愤怒!例如,"如果我生她的气,那么她会更生气"。如今,就此语境我们更经常听到的是"她会暴走!"你体内有个人想说话,但是你体内的另一个人必须让他闭嘴。

因此,我那位学生精彩论点(人格整合是同某人坦诚交谈的结果)的推论是矛盾的回避导致人格分裂。当你应该和至亲至爱的人发生一场斗争,你却回避了,于是这成了你在内心世界和自己的斗争,这和现有的神经官能症定义一样。

婴儿、儿童或成人如何勇敢地面对愤怒的母亲?如果一个人已经将斗争变成内心的自我斗争,那怎样才能让这场斗争再次回到它应该待的现实生活中呢?

分裂的自我(或亚人格或自主情结或任意叫法)是孩子气的,因为它吸收了所有令他满足的事物;反对爱的自我也是孩子气的,因为它的所思所想和母亲一样。只要这两种自我继续保持从日常中心意识分裂的状态,它们将永远长不大。由于失去了本身的部分自我,因此主体的“我”的成长也可能受到阻碍。

费尔贝恩认为成长的实质是从婴儿时期对他人的依赖逐步发展为成人时期的依赖。

在人生的各个阶段,依恋上那些拒绝我们的人真是匪夷所思。拒绝紧密相随。有时,我们似乎在寻求一个可以爱的人,并且迷恋上那些反复拒绝我们的人,正是我们从父/母那里遭受的那种拒绝,仿佛这种强迫性反复是重返尚未解决的老问题的需要,这个老问题就是要再次担心被拒,并且看我们最后能否拾回曾经被剥夺的东西。如果这样东西是成长的必需品,那么,我们当然不能就这样放它走并忘记它。

在没有以某种方式回到婴儿时期,没有获得情感成长必需的情感食粮的情况下,怎样才有可能补好成长的缺口呢?针对这个问题,米歇尔·巴林特找到了答案。

第十六章　米歇尔·巴林特：匈牙利混蛋

古代基督教婚礼仪式上新郎说，"吾以吾身崇拜汝"；妓女说，"我用我的身体抚慰你"；心理治疗师说，"我用我的身体治愈你"。

(Derry Macdiarmid)

在一次聚会上我曾问过米歇尔·巴林特的遗孀他是一个什么样的人。对方直截了当地回我："他是一个匈牙利混蛋。"巴林特天生散发着狂放不羁的侵略性。他是一颗集能力、自信和独创性于一体的重磅炸弹。他的讣告作者萨瑟兰记录了在他和巴林特频繁的争吵结束后，巴林特重拾幽默感后总是会再次提到一句谚语，"如果你有一位匈牙利朋友，那么你永远不需要敌人"(Sutherland, 1971, p.332)。萨瑟兰接着以真正的讣告风格写道，"他的挑战和急躁是热情的一部分，是他天才的体现"(Sutherland, 1971, p.333)。

巴林特 1896 年出生于匈牙利，但 1939 年，由于匈牙利成了政治大动荡之地，在那里几乎无法开心理分析讲座，巴林特不得不流亡到苏格兰。事实上，警察经常现身在他的心理分析讲座上。因此巴林特离开他的家乡以寻找一个更和平的环境。可悲的是，苏格兰无法继续作为他的第二住所，因为尽管爱丁堡好客的费尔贝恩教会他繁多的苏格兰威士忌品种，他还了解到"苏格兰文化倾向于培养忍受痛苦的品格，而不是培养缓解痛苦的品格"(Sutherland,1971,p.331)，所以他和妻儿去了曼彻斯特(Manchester)。

米歇尔·巴林特是为数不多的善于处理婚姻关系的伟大心理治疗

师之一。他的第一任妻子艾丽丝(Alice)在抵达曼彻斯特仅数月就惨死于动脉瘤破裂。他的第二段婚姻维持了短暂一段时间就破裂了。20 世纪 40 年代后期,他再婚,再婚妻子恩尼得(Enid)是他的一位同事,她是一位积极的重要的社会工作者,她密切配合巴林特的工作直到他于 1970 年去世。这对夫妇因为成立了"巴林特小组"(Balint groups)而闻名于世,该小组的首要任务是培训全科医生处理医患关系。事实上,巴林特小组的工作极具挑战性和艰巨性,但是该小组让全科医生通过致力于对患者的情感反应从而帮助问题患者。

巴林特在匈牙利曾被弗洛伊德的追随者之一费伦齐分析过。他喜爱并崇拜费伦齐,而且费伦齐对退行到婴儿时期精神状态的兴趣启发了巴林特。巴林特之所以了解婴儿时期,不仅是源于自己的童年,也源于他写了一篇关于婴儿行为个体差异的论文。也是因为这篇论文,所以他从曼彻斯特大学获得了心理学硕士学位。

根据梅拉妮·克莱因的说法,婴儿身处地狱;但是在米歇尔·巴林特看来,婴儿身处天堂。克莱因认为婴儿早期是处于混乱仇恨与爱的疯狂幻想世界,而巴林特认为婴儿早期是原始爱"相互渗透的和谐混乱"(Siegelman,1993,p.179),在婴儿时期你永远不需要知道自己在哪里结束,母亲在哪里开始,而且所有的需求都得到了满足。婴儿的需求和要求(食物、好看的食物、拥抱、睡觉、每次触摸带来的柔情、极乐)是最重要的。母亲通过阻止任何持久的痛苦创造了整体和谐。

巴林特直接反驳了克莱因认为仇恨和怀疑是与生俱来的想法,他用一个不宜被翻译的德国形容词"无害的"(*arglos*)描述了婴儿在这一时期的态度,"无害的"具有无邪地相信、天真的、无猜疑心的之类的含义,形容人觉得"环境里没有针对他的有害事物,同时他本人对环境也无害"(Balint,1979,p.135)。这是我们自婴儿时期起就有的态度,随后当事情开始出现问题的时候,这种态度就消失了。在治疗中我们需要恢复的正是这种态度,目的是为了制造一个新的开始。

巴林特和其他生性外向的心理治疗师(例如阿德勒以及相当多的家庭治疗师和团体治疗师)一样,对人的内部结构或内部冲突或内心世界不是那么感兴趣,但他对外部世界里人与人之间发生的事情深感兴趣。因此,对荣格和费尔贝恩来说他是最完美的补充。巴林特简单地提及内心世界,也就是他所说的“创造区域”(the area of creation, Balint,1979,p.24)。“创造区域”是指当一个处于孤单但并非完全孤独的状态时,大脑会产生一些东西,比如艺术、思想、洞察、对健康或疾病的认识(后者是非常重要的)。因为他认为没有词汇可以用于形容这样的想法,因此他只把它们称为“某些事”(Balint,1979,p.25)。

没有词汇?荣格可是用满满18卷厚的词汇描述了“某些事”!融合荣格和巴林特你将得到内外世界的全景图。正如我们将要看到的,巴林特描述的是人与人之间的互动而不是人的内部结构。

因为我们像婴儿一样非常开心,怪不得我们经常渴望回到婴儿时期。巴林特认为一旦有这样的机会我们就该尝试这么做,比如,在露天集市的时候。露天集市里有数不尽的食物和侵略性游戏(射击游戏、以椰子为靶子的投靶游戏等等)的奖励。显然巴林特认为一位普通的母亲应该为孩子具有侵略性感到高兴。在玩摩天轮(Big Wheel)和其他乘坐装置时,我们可以冒险上升到头晕目眩的高度,但最终总是仍安全回到地面。在露天集市,有些人更喜欢较为安全的快乐,比如待在妈妈身边;而有些人更喜欢离开妈妈自己去玩过山车诸如此类的游戏,随后带着更多的乐趣安全回到妈妈身边。这给了巴林特一个隐喻用新的说法描述荣格的性格外向者和性格内向者。他提到了荣格但不承认自己和荣格说的是同一件事,这不免让人更怀疑20世纪的伟人大部分时候并没有真地非常透彻地研读彼此的著作。

巴林特主要研究不成熟的性格外向者如何以依赖的方式需要其他人,他称之为“依赖的人”(ocnophils,Balint, 1959, p.52),这意味着他们害怕拿离开母亲冒险,坚持体会安全舒适的生活。他们依赖他人的帮助和照顾。巴林特把性格内向者称为“喜欢冒险的人”(philobats, Balint, 1959, p.52),因为他们喜欢远离母亲去宜人的(正如他们对自己的感觉)空地。喜欢冒险的人(性格内向者)认为“他人即地狱”,但他相信自己在不得已而为之的情况下操纵他人的技能。

这让人想起了费尔贝恩对精神分裂症患者讨喜表现技能的描述。我记得有个人曾告诉我,如果他被直升机从我的房间带走并被扔在沃姆伍德·斯克拉比斯监狱(Wormwood Scrubs),那么他知道在那天结束之前他会受到囚犯的欢迎和喜爱,并且会有宾至如归的感觉。

你以前从未听过"依赖的人"和"喜欢冒险的人",因为它们就是没有流行起来。而且表示这两种意思截然对立的心理呓语非常多:

自恋型(narcissistic)— 依附型(anaclitic)(弗洛伊德);

独立性(independence)— 合作性(cooperation)(阿德勒);

内向型(introvert)— 外向型(extrovert)(荣格);

精神分裂(schizoid)— 歇斯底里(hysterical)(包括费尔贝恩在内的传统精神分析师会使用,但现在比较少使用。);

喜欢冒险的人(philobat)— 依赖的人(ocnophil)(巴林特);

疏离(disengagement)— 缠结(enmeshment)(家庭治疗师);

回避瘾(avoidance addict)— 依恋瘾(love addict)(派·麦乐迪(Pia Mellody)。

每个学派的支持者都会说这些术语指的是不同的事情,但请不要相信他们。这些术语的重合性多于差异性,而且更有用。我特别喜欢最后一组术语,虽然回避瘾没有很好地表达出自立的冒险精神,也就是巴林特观察到的和社会无联系的"喜欢冒险的人"。我认识一位年轻人,他开着一部最新款的刺激型跑车,但他是我见过的唯一一个用小拖车装载可能需要的所有备件,以防汽车故障,这会让我或他这样喜欢冒险的人感到紧张。他可以安然地驾车横跨撒哈拉沙漠,何况只是开来伦敦南部见我。

荣格是个自我平衡得当的性格内向者,他在非常热闹的外向型环境生活的同时找到内心世界的原始刺激源。他可能见过很多和自己一样适应良好的无拘无束的性格内向者,不会太内向所以可以融入社会或融入生活,正如适应良好的、考虑周到的外向者,不会太外向所以有时可以独处并审视自己的内心世界。因此,荣格认为性格外向者是勇敢投入生活的人,而巴林特认为他们是回避生活的人。巴林特把疾病所致的自立且过分冷漠的内向型患者当做是费尔贝恩所说的精神分裂症患者,把像弗洛伊德所说的歇斯底里症外向型患者当做是过于黏人且依赖性太强的人。

在《颤栗和退行》(*Thrills and Regressions*,1959)一书的序言中,巴林特给出了两位年轻女患者的临床描述作为上述两种类型的患者案例。他说这并不是两种截然相反的类型,因为他们是相同主干的分枝(意指它们是神经官能症的两种方式)。其中一位女患者是依赖的人(即外向型、依恋瘾)绝对需要可依附的客体(即人和物,甚至是信念)。因为她总是需要帮助,所以她非常擅长激发陌生人的善心,但尽管如此,人们一再让她失望。另一位女患者是喜欢冒险的人(即内向型、回避瘾),巴林特说她比较喜欢独处而且把他人当做(并非令人厌烦的)讨厌鬼。有几位男子想娶她,但她拒绝和他们有进一步发展,同时仍和他们保持着友好关系。而且她拒绝自己拥有超过两个行李箱的物品。她是一名精神科医生,在管理患者这方面具有非凡的天赋。巴林特得出的结论是"两个女人都病了,确实病得很重"(Balint, 1959, p.16)。

荣格认为性格外向者太过无畏地投入社交生活,但是巴林特认为每当社交意味着孤独,那么性格外向者也会倾向于从冒险中退却,而且他认为他们一直以来都极其战战兢兢地向他人索求自己的需要。由于非常依赖他人,所以一个依赖的人不得不接受并留住他人,但他从来没有真正信任对方,而且不得不依恋对方,并且让对方一直处于自己的掌控之中。因此,依赖的人的独立能力发展受到了抑制。这就是临床顾问派·麦乐迪所说的"依恋瘾",但巴林特问了,这是爱还是恨?

荣格认为性格内向者活在自己的世界里,但巴林特认为远离他人时性格内向者感到非常自由和勇敢。回避亲密关系的喜欢冒险的人(性格内向者)认为自由高于爱,他们喜欢宜人的空地,回避独立的客体,更喜欢那些让自己有优越感而且受自己控制的人。他可能喜欢独自走在乡间小路上,如果他不小心撞到别人,那么他的兴致只能被破坏了。喜欢冒险的人离开并重新加入其他客体,没有预料到客体是否会对被抛下和被重新重视表示愤恨。客体几乎不容许有自己的自由。巴林特再次发问,这是爱还是恨?

巴林特写道,显然两者都是矛盾的。依赖的人鄙视自己极需要客体并且因此憎恨客体。喜欢冒险的人提防自己对客体的需要,对此他否认到底。依赖的人表现得就好像真的是个多疑的、吹毛求疵的和疑心的人。喜欢冒险的人具有优越感、自信、傲慢和冷淡(再次让人想起了费尔贝恩对精神分裂症患者的解释)。

两者下意识地都希望自己从未成长。他们真的很渴望回到婴儿时期的幸福时光并且试图使之再现。依赖的人通过秉承不切实际的信念展开行动,他认为所有人,或者说至少被选中的客体将会像一位理想的母亲那样"轻拍"他。巴林特认为依赖的人的黏人像是正常婴儿的行为,但后来他意识到正常的婴儿不会黏人,正常的婴儿会让别人抱着自己。通过极度的黏人,掩饰或否认自己害怕被抛下,依赖的人实际上是在防止自己被控制,这才是他真正想要的。同样地,喜欢冒险的人通过秉承着不切实际的信念展开行动,他认为全世界将会像一位理想的母亲那样"轻拍"他,而他却向自己假装他不需要任何人。两者都秉承着不切实际的信念展开行动,但在内心深处他们无法真正相信那个信念,而且两者真的很不开心地假装着原始爱的和谐混乱感。

喜欢冒险的人需要技能,还需要从根本上接受一个令人沮丧的事实,即客体是独立的。[过后卡伦·霍妮将会描述病态独立者的放弃(*resignation*)]虽然喜欢冒险的人和依赖的人具有相同的目标,都要重新发现原始爱的和谐混乱,但喜欢冒险的人采取的是更加迂回的方式,他完善自己疏远和控制他人的技能,直到它变得毫不费力进而不易察觉,因此他感觉仿佛整个世界都像母亲一样与他相处融洽。

巴林特真了不起! 他明白两种态度是如何产生的:如果母婴关系以某种令人惊恐的方式出了问题,那么婴儿有个选择:惊恐不安且变得冷漠,或惊恐不安且有依赖性,他们的选择要么导致内向-精神分裂-喜欢冒险的人-回避型的生活方式,要么导致外向-歇斯底里-依赖的人-依恋瘾的生活方式。

是什么引发这两种相反的强烈方式?克莱因认为问题从一开始就已存在,我们体内的仇恨和混乱在我们出生之前就已存在,而在出生的第一年内,我们开始不遗余力地与之对抗。但费尔贝恩、巴林特和温尼科特的观点与克莱因相反:他们认为我们出生之际没问题,随后出岔子了。这就引发了一个问题:是什么出了岔子,怎么发生的?

费尔贝恩认为最深刻的焦虑是分离焦虑。但是逐渐分裂就是出生和成长的意义所在。然而,分离通常伴随着纽带的发展——出生后随之而来的是身体的感情交流,母婴认识并感知对方。婴儿知道当母亲不在时,自己可以通过哭把她召唤回来,他还知道即使母亲离开自己的时间越来越久,她依然在;婴儿还学会用言语作为和母亲沟通的桥梁等等。如果母亲的情绪太冷漠或者一度离开太久,而且纽带通过一直伸手、变温顺、变可靠也无法弥补这一切,那么分离有可能变成损失,这可能会引起惊恐不安。相反,如果纽带是因为母亲太靠近、侵入性太强、从不给婴儿足够的空间和自由(在婴儿饿之前喂食,或者和婴儿玩耍时太喜欢占上风)而使婴儿无法成长,那么婴儿可能会有相反的恐惧感,害怕无法分离,害怕受不了母亲。由于没有自己的空间,所以在这种情况下,孩子便处于被母亲的情绪控制并淹没的危险之中,这会导致孩子失去作为一个独立自我的感觉,而这就是引起惊恐不安的另一个相反的原因。因此,分离焦虑和淹没焦虑(engulfment anxiety)同时存在:在婴儿发展初期,无论是失去母亲还是被母亲的情绪淹没同样都可以毁灭自我。

作为一个回避瘾者,费尔贝恩发现了自己潜意识里隐藏的依赖是一个启示,他认为分离焦虑是更基本的焦虑,在第二次世界大战中治疗遭受分离焦虑的士兵加强了他这种想法。但 20 世纪后期,其他人,比如治疗厌食症患者的家庭治疗师,增加了我们对淹没和窒息恐怖的了解。你可能会认为害怕被母亲吞没的孩子会成为一个回避瘾者,而母亲太过冷漠的孩子会成为一个依赖性强的人,但事情并非这么简单。

和荣格一样,巴林特认为如果要成为一个更好的人,那么两种类型必须融入对方的特质:依赖性强的人必须停止对独立和自立的极度恐惧并发现自由的乐趣;而回避瘾者必须停止对亲密关系、感情和真正的爱与恨的极度恐惧,并发现它们的乐趣。但是,如果我们是因为早期糟糕的经历才变得如此害怕、多疑、戒备和复杂,那么我们要怎样才能停止害怕呢？

巴林特的思想主要强调我们拥有回到婴儿时期精神状态的非凡能力(退行)。这确实是一件不可思议的事情,人类可以退行而且可以通过催眠术戏剧性地展示退行的精神状态。通过在情感上退行至一个我们记得非常清楚的场景,我们会发现其中所蕴含的事情比我们想的还要多。我记得有一位广场恐惧症女患者,她的病症越来越糟。她记得病发始于 6 岁,从学校回家的路上她被一场雷雨给吓坏了。催眠术让她退行至事发地点,让她再次在暴雨中步履维艰地回家,让她得以重新捕捉那种恐慌的感觉:她的父母正在分居,她很怕接下来发生在自己和他们身上的事情。这就是她恐惧的原因所在。

巴林特知道在心理治疗中,患者如何能够真正回到心理受挫的地方并重新开始。但我们不需要被催眠就能退行至儿童时期的精神状态,而事实上,在这种情况下很多时候我们都用了催眠术。在充满爱意的环境下,我们可能会变幼稚,这是令人愉快的一件事。同样,医院环境会引起婴幼儿的依赖性。我记得成年后的我在做完阑尾切除术出院时脑海中闪过一个想法,我在想大人们怎么能把和我一样脆弱的小家伙驱逐进残酷的医院。同样,在心理治疗的常规疗程中,患者躺在沙发上时精神就可以飘回很早的状态,尤其是治疗次数特别频繁的患者。我注意到了处于退行精神状态的患者有时会改变说话的方式:比如,他们不会再说“我母亲”,而是说“妈咪”。因此,通过退行治疗,我们可以回到最先出岔子的地方。

巴林特的一些病人谈到了自己身上的“基本裂隙”(basic fault),他们觉得这个裂隙肯定是由非常早的时候发生的问题引起的。巴林特在《基本缺陷》(*The Basic Fault*)一书中写的全是关于这种裂隙如何出现在婴儿时期,以及它如何让我们觉得因为它我们永远无法过上正常的生活。但是巴林特发现,通过心理治疗中的退行疗法,我们如何能够回到过去处理这个缺陷并重新开始,即使我们必须退行至非常非常早的时期。因此和其他客体关系治疗师一样,巴林特将医患对战跳过学步儿童(俄狄浦斯)阶段的三人心理学,回到母婴阶段的双人心理学。母婴阶段不会出现俄狄浦斯阶段的冲突问题,而且在母婴阶段是无法用语言描述的，因为这时的婴儿还不会说话。

巴林特发现，有时一个渐渐感到放松和足够安全感的患者会怯生生地主动对他伸出"橄榄枝"，之前这对患者来说是非常吓人的，甚至是"不可能的，令他反感或厌恶的"。而且要是巴林特以一种富有人情味的"即刻的突破伴随出色的治疗进展"方式回应他（Balint，1979，p.128），这该多好。

他举了一个例子是"一个妩媚动人的、活泼的、非常轻佻的二十八九岁姑娘"（Balint，1979，p.128）（那会儿巴林特 30 岁左右），这个姑娘抱怨自己无法做成任何事。许多男性追求她，但她无法回应。渐渐地，巴林特发现"每当她必须冒险，即作出决定时，她就会产生严重的不确定性恐惧"（Balint，1979，p.128）。巴林特向她指出，她那暴力的父亲和胆怯的母亲对她的影响已经说服她对她来说最重要的是

> 稳稳地抬起头，双脚牢牢地站在地面上。对此，她提到自从很小的时候她就无法翻跟斗，尽管在成长的各个阶段她都拼命地想成功翻一次跟斗。（Balint，1979，p.128）

如果弗洛伊德教授听说了她的故事，也许他会从上帝的角度来解释，但是较为狂放不羁的青年"匈牙利混蛋"巴林特并不是个抑制冲动的人，因此他对那姑娘说："不妨现在翻个跟斗试试?"那姑娘从沙发站起来，成功地翻了个跟斗。

事实证明，这是一个真正的突破。之后她的感情生活、社会交际和工作都有了许多改变，她变得更自由更快乐。此外，她设法获得资格参加并通过了一门最困难的研究生专业考试，最终她订婚，嫁为人妻。

该病例和其他治疗经验向巴林特表明，一旦患者习惯和治疗师待在一起，并习惯和治疗师聊天，那么该患者就有可能愿意冒险退行至受到母亲惊吓之前天真的（无害的）信任他人的时光，并且相信治疗师是不会反对幼稚的自发行为或破坏这份信任，治疗师既不会过度刺激或过低刺激，也不会太亲近或太疏远自己。有了这样的认知，患者便可以再次尝试并重新开始。

如果基本缺陷发生在婴儿出生的第一年或起初数月内，那么这可

能意味着患者的精神状态要退行至很早的时期。巴林特变得擅长识别患者何时已回到真正的早期阶段。他注意到了某些迹象,比如他的解释对病人来说为何像是针对个人的打击或景仰,还注意到他的话和手势可能会被大大曲解。

在这种情况下,传统的精神分析技术是行不通的。巴林特把自己的新技术建立在上述的发现以及一些可能会引发惊恐的信念之上。

同费尔贝恩一样,巴林特认为仇恨不是原始本能或死亡本能,而是对挫折的反应。相反,他认为这是原始爱无条件依赖令人讨厌的一面,表现为婴儿受挫时彻底的仇恨、大呼小叫、狂怒;正常的成长会让婴儿从令人讨厌的一面恢复过来。但基本缺陷会把你固着住,至少让你带有些许的缺陷。这就是巴林特气馁的原因。

> 为了将个体从固着仇恨中释放出来,必须要有环境的配合……环境有望符合意图和条理的唯一场景是……精神分析场景……(Balint,1979,p.71)

我打从心里希望这不是真的 ,希望心理治疗不是停止憎恨的唯一方法,我希望这不会削弱巴林特提出其他方法的创造力:为了治愈固着型仇恨,我们必须在首次被固着的地方成长,成长的一部分是为了成为父母或治疗师的平辈而不是部属。

如果成熟可以治愈与生俱来的仇恨或受挫时的仇恨反应,那么巴林特和克莱因之间关于仇恨来源的冲突就显得不那么重要了。但是巴林特描述仇恨的方式表明了仇恨的功能是通过摆脱"令人烦恼的不平等"(Balint,1979,p.71)以坚持自己的权利,让自己和他人之间的事情更加公正平等。拒绝自以为比患者优越对巴林特的治疗方法而言是必要的。为此,他特别批评了克莱因和她的追随者。他说克莱因学派的人认为治疗师不仅可以通过词语的正常意思了解婴儿患者(他们尚未学会说话),还可以通过克莱因赋予"乳房"、"分裂"和"破损"等词汇的特别含义来了解婴儿患者。这种独特的语言形成了一种超自信、知识渊博,或许令人不知所措的全能精神分析师印象,这种印象太鲜明以致患者无法接受。

与此相反,巴林特似乎认为他对患者的行为以及患者对他的行为几乎比言辞更重要。他观察患者的行为,确定患者是否带着情感或自由独立的冒险精神在寻找试探性的实验。他观察患者对身下沙发的感受,观察患者觉得沙发是个安全的地方还是个束缚人的地方,或者观察患者如何环顾四周,如何闭上双眼,观察患者是否体会到足够的安全感足以冒点险等等

巴林特认为通过患者对沙发的幻想就可以观察到变化,比如通过患者躺在沙发上的姿势,或者患者是否闭上双眼寻找安全感。因此巴林特一直在观察恢复的无害信任自发行为做出的小举动。天真的深信不疑(让人想起费尔贝恩那只受惊吓的老鼠冒险并退行的图像)一方面敢拾起失去的冲动再次尝试独立的自由冒险,另一方面试图去沟通。

当一位先前试图和他人沟通的患者开始尝试自发性的外向行为,巴林特觉得这种行为往往就在那里,而且不可摧毁,就像可供患者接触的原始地球元素:土壤、空气或水;或者他必须在那里,让自己成为一个可以让患者去爱的人,起初是以婴儿爱人的方式,“不关心在自己和患者之间保持适当的界限等等”(Balint,1979,p.167)。

这是一件惊人的事:只是有了一位不会迫害自己的治疗师的陪伴,不知怎么地就能把他从内心长期的迫害魔爪中暂时释放出来,在这个病例中,一个内在的亚人格总是会“告诉他要做什么”(Balint,1979,p.142)。

如果巴林特有位患者先前依赖性很强,但他突然有了独立的迹象,那么巴林特会给他空间。同样的,如果一位先前病态自立的患者有需要治疗师的迹象,那么巴林特会回应他。他的反应可能包括身体提供的温暖,虽然他没有提到接吻拥抱或者,但他大胆武断地说与退行患者的身体接触可以是“绝对性欲的”(Balint,1979,p.145)。

因此在此我们又回到了弗洛伊德的问题:退行至多早以前?巴林特有一个精彩的答案,这引出了巴林特天才的下一阶段:他将退行分为两类。

巴林特看到有些患者退行至几乎想复仇的、易怒的和残酷的(像一个婴儿)要求,要求得到婴儿般需求的满足,比如安娜·欧,正如布鲁尔

后来在一封信件中证实她吞噬了他的所有情绪，没把他当人看，没给予他一丝一毫的体贴，差点把他给毁了。我们的日常生活中也有这样的人。但是有些人，比如先前提到的那位翻不成跟斗的姑娘，即使情感上处于婴儿时期的水平，但他们仍保有文明体贴的行为，而且经由治疗师再认环境在无形中给他们带来的基本缺陷、痛苦和损失之后，他们感到满足，有所改变且得到释放。因此巴林特将第一类病人的退行称为恶性退行(*malignant regression*)，其退行目的在于满足；第二类为良性退行(*benign regression*)，其目的在于再认。作为一名治疗师，他的成就巅峰就是找出将恶性退行转变成良性退行的方法。转变方法有一部分取决于采取和弗洛伊德体会优越感相反的技术：

> 一方面，精神分析师的技术和行为表现越暗示无所不知和无所不能，那么恶性退行的危险性就越高。另一方面，分析师让自己和患者之间越平等，在患者眼里显得越谦虚和平凡，那么良性退行的可能性就越大。(Balint，1979，p.173)

(顺道一提，你可以说是一直比患者更平凡让治疗师得以影响正常和健康状态中的患者。)

巴林特举了这样一个例子，某周五在疗程结束之际，有位患者感到特别不舒服，他要求在那周末多加一个疗程。巴林特曾提供给该患者数次这样的周末疗程，这些疗程让患者感觉好多了，但并没加速治愈。巴林特是不是要拒绝并看起来残酷点，还是要向患者妥协并助长他的依赖性？

巴林特接受了患者的请求，但他解释道这是因为自己希望这样的依赖不会让患者更脆弱。巴林特说这位患者后来的确给他打了电话，不过他只是把自己的感受告诉巴林特，不是要再次请求额外的疗程。

这段插曲表明了分析师对患者的反应将一个本来“渴望”满足的进程(即可能的恶性退行)变成良性退行，即目的在于再认的退行。巴林特的处理方式是避开给患者留下全能的印象，同时表现出自己接受治疗师角色的意愿，治疗师的主要任务是再认退行并且和患者待在一起。

那么，治疗师是否应该如弗洛伊德建议的那样当一个情感冷漠的人呢？克莱因坚持治疗师不应对儿童的敌意表露普通人的反应。但巴林特另辟蹊径：他有选择性地挑选自己的情绪反应，表露那些他认为有益于患者的情绪，隐藏那些会损害患者的情绪。该方法的实践原则（我觉得巴林特从未试图清楚阐明该原则）是：一方面表达自己的这些情绪反应并付诸行动，这些情绪指的是可以鼓励患者对生活、对自我、对他人充满予以信任的情绪，即健康有益的进取心、冒险精神、自由和诚挚的情感纽带；另一方面，仅把其他反应用于了解患者和个人，不必将其付诸行动。

这就是我治疗工作收费的内容。患者可以把治疗师看做是一个为领导和治疗自己收费的财政机构。我们这些从事心理治疗行业的人所做的事情其实就是贩卖自己的情绪，实际上指的就是贩卖自己的身体。

巴林特提出我们需要一个双元（two-body）心理学来了解心理治疗中发生的事情。他认为治疗师反应中的肢体交流，包括微妙的性暗示都可能是有好处的、有益的。在任何病例当中，即使患者和我从没碰过彼此的一根手指头，如果我对患者作出情绪回应，那么我的情绪就是我身体的反应。我的肌肉、心脏、唾液、肾上腺、垂体、甲状腺、性腺、泪管、交感神经系统和副交感神经系统，以及它们所控制的一切，比如肾上腺素、血清素和我血液与脑脊液中流淌的引发情绪的其他化学物质等等都向我的患者开放，供他们折腾。患者唤醒在我俩互动中我体内的真实反应，这些反应可能来自我的内心或任何可能的地方，从我的脑干和旧皮质传到大脑皮层，然后我听见了。

如果我感觉脖子后的汗毛都立起来了，那我便知道假定婴儿角色时患者对我的不诚实让我的怒气越来越大，不管后果是什么。对患者来说，他感受到的痛苦和麻烦都是我的错，因为从今往后我对他的好心情要负全责，这就是患者所依赖的治疗：恶性移情。或者，有时患者的焦虑多少会让我产生不舒服的刺痛感，当她坐在椅子上的僵硬身体对我发出信号，如果我碰她或忽略她她就会攻击我，而我坐在自己的椅子上接受她的精神紧张。但我不会回以紧张的反应，我只会静候，让颤动的情感逐渐平息，就好像它从患者的身体被吸到我较为冷静的“减颤器”身体中。然后，我觉得自己像《圣经》里的以利沙（Elisha），以利沙躺在寡妇死去的儿子身上，与他眼对眼，嘴对嘴，手拉着手，温暖他让他起死回生。

当然，也有人会理解错误。伦敦某著名精神分析学家在第一次心脏病发作时碰巧和一位患者在一起，他斥责她："看看你对我做了什么!"也许她是曾对他做了什么。虽然她不太可能引起他的冠状血管腔阻塞，但是患者们确实有本事能让治疗师身体不适。

我记得自己年轻时和一位与荣格关系密切的助手乔兰德·雅各比(Jolande Jacobi)一起参加了一次会议。正当我在告诉她我的一些性冒险时，我看到她裙子下的身子在颤抖，我知道这意味着她与我有同感。我们的身体即情绪。古代基督教婚礼仪式上新郎说"吾以吾身崇拜汝"；妓女说"我用我的身体抚慰你"；心理治疗师说"我用我的身体治愈你"。因此，我正在做的事就是提供身体给患者折腾并对此收费。这么做会让我成为一个妓女吗？是的，会。我打从心里认可这个答案。我曾看过艾伦·威克(Alan Whicker)对澳大利亚一温柔的妓女就其为客人提供的服务进行采访，她说："我让嫖客成为一个更好的人。"对此，我感同身受。

但我坚持说自己算是个奉献给上帝的妓女。就像印度古老文化传统中神圣的庙妓，我嫁给了神(仔细一想，修女也是这样)。因此，神的需要放在第一位：可以说我不会假装高潮(比如，为了确保绝对的积极关注或非占有的移情温暖)或假装我没有的感觉。我不会为了满足私欲去使患者兴奋，我只会回应他的需求。根据巴林特的实践原则，我自发性的反应要么会被付诸行动要么只能用于收集信息，随后会消失。我不玩性虐恋，不采取那些只会避开情绪矛盾的肢体行为，也不会在实践中将医患间的肌肤接触降至近零(少于巴林特同患者的接触——我是苏格兰人，不是匈牙利人)，但在情绪互动之舞中仍有两个及两个以上的人类动物身体，其中有一具身体在钱的驱动下使自己的情感需求暂时服从于他人的情感需求，约50分钟。以这样的方式出卖自己的身体，出租了父母和祖先世世代代形成的所有健康生命力，还出租了我从自己人生中的愚蠢和从怯懦错误中汲取的教训。就像任何一个训练有素的高级妓女，我所受的训练教会我如何出卖自己的身体。

弗洛伊德就自己对患者的脑力反应收取了费用，但我和其他精神分析师，比如巴林特，我们就情绪反应收取费用，即我们的身体反应，同时我们也对脑力训练收费。每个项目的收费因患者和疗程差异有所不同，但一个病例中的详细费用大致如下：

良性冷漠……24 分钟　　费用 50 便士/分钟

喜爱或同情……6 分钟　　费用 2 英镑/分钟

自发性钦佩……4 分钟，免手续费

移情悲伤……7 分钟　　费用 2 英镑/分钟

存在感焦虑……4 分钟　　费用 5 英镑/分钟（特殊技能）

愤怒……3 分钟　　费用 4 英镑/分钟

爱或恨……2 分钟　　费用 10 英镑/分钟

恐惧……不收费，仅属于工作满足感带来的激励

总计：90 英镑/50 分钟。（不收取泪水和汗水弄脏衣服的洗衣费，但可能要求为此支付所得税。）

在威廉·布莱克的原则中"对立才是真正的朋友"，我对爱与恨的收费会高于其他情绪，因为其耗费更多精力。萝拉·鲍尔森（Lola Paulsen）是一位荣格心理分析师，她曾告诉我们她如何止步于前门，发自内心对在门外等候的患者默默说一声："我恨你。"收拾好自己的情绪之后，她打开门让患者进来并对其进行圆满的分析。

和巴林特完全处于同一时代的心理分析学家唐纳德·温尼科特说治疗师可能需要等很长一段时间才能够告知患者自己恨他，以及为什么恨他的。作为一个非常温和可亲的人，正如我们将在下一章所见，温尼科特对恨也有一些惊人的观察。他将婴儿的理解领进只能用绝妙一词来形容的境界，在人类情感和文化根基中探索。

第十七章　唐纳德·温尼科特：慈悲的思想家

无论是现在的我，还是往后的我，都应当归功于我天使般的母亲。

(Abraham Lincoln)

唐纳德·温尼科特来到盖氏医院同我们交流，他告诉我们一个小男孩的故事。那个孩子生下来的时候脚趾皮肤粘在一起，他母亲给他做了矫正手术。温尼科特和那孩子玩了他著名的发明：涂鸦游戏(Squiggle Game)，这是一种儿童与治疗师共同参与的游戏。两个人轮流在纸上涂鸦，然后换另一方在此基础上涂鸦把它变成其他反射自己内心世界的东西。那个孩子把温尼科特的涂鸦变成了一只长蹼的鸭子。

"当我看到他的涂鸦，我哭了，"温尼科特告诉我们。他的话引起在场观众的高度注意力。他说的是"哭了"吗？但可以肯定的是，弗洛伊德说过精神分析学家的态度必须像外科医生处理脓的态度一样：冷漠。

是的，弗洛伊德的确这么说过。但性情温良的温尼科特本能地对那孩子产生同情。他觉得小男孩一定很希望自己的母亲可以爱他本来的样子，而不是觉得有必要动手术改变他，让他成为令人满意的"正常人"。因此温尼科特深表同情，他哭了。

显然，温尼科特喜欢以一种有点炫耀的方式和我们对话，娱乐了我们也让我们有所收获。当他问我们他把自己的眼镜放哪里了，我们告诉他眼镜就架在他头上，他说："好吧，如果我快70岁了，那么我最好有70岁的表现！"

温尼科特缺乏侵略性自有其迷人之处，费尔贝恩如此大胆地反驳弗洛伊德让他有点震惊。温尼科特广大的谦卑性让他得以对母亲与婴儿和儿童之间的关系有大量的观察和理解。然而正如你将在本章所看到的那样，他的一些观察比表面上看起来更具精神分析颠覆性。温尼科特起初是个儿科医生，后来他不仅是小儿科医师还是精神分析师。据说在他的小儿科兼精神分析师生涯中，他照顾了六万名婴儿和儿童。梅拉妮·克莱因既赏识他又看轻他，温尼科特希望她可以分析他，但她拒绝了；她反而要温尼科特分析她的儿子，前提是她要督导整个分析过程，温尼科特拒绝了她的提议。

1952 年，继克莱因和温尼科特在精神分析研究所(the Institute of Psychoanalysis)数次激烈冲突后，他给她写了长长的一封信，信中说，他知道自己令人讨厌，但是他的同行会容忍他，因为他至少还有些想法，他问她难道她一定坚持要在所有的新发现中都用她的术语吗？同时他还写道，他打从心底认为她是在精神分析运动里最优秀的精神分析师。不过他提及自己无法顺应她的要求为她的书撰写一个章节，因为她不同意他的许多理论，而且他担心自己的理论会被当做精神疾病被草草处理，这是他无法用自己的方法处理的事情。(也许克莱因曾采用彼时常用的精神分析学家辩论风格，在这样的辩论中她的对手被告知需要进行更多的分析。)换做费尔贝恩或巴林特，他们绝不会给克莱因写这样一封谦逊悦人又带责备色彩的信。

温尼科特成长的家庭环境鲜有大男人气魄的人。他出生于 1896 年，有两个姐姐，分别大他 5 岁和 6 岁。温尼科特后来说道“在一定程度上……我是一个有多个母亲的独生子，在我小时候我的父亲整日忙于管理镇民和经商”(Philips, 1989, p.23)。

温尼科特的父亲，弗雷德里克爵士(Sir Frederick)是朴次茅斯的市长，同时也是一位经营妇女紧身胸衣的商人。当父亲出现在那里，他对温尼科特的影响听起来并不是鼓舞人心的男性侵略，或者更确切地说是一点都不鼓舞人心。根据温尼科特的说法，父亲会捉弄他会否决他的意见。13 岁那年，当父亲听到他讲了一个女性用语“见鬼”(drat)，他被送到了寄宿学校。但温尼科特在学校茁壮成长，过得很开心，而且怀着对达尔文的满腔青少年热情,达尔文的理论释放了他的情绪。而他所得到的母爱也是不足的。我记得大约四五十年前,我听了温尼科特在接受 BBC 电台直播节目女人时光(*Woman's Hour*)的专访,那时记者问及他的母亲,他说:"嗯……我有过一个妈妈……"他顿了下,要么接着说,要么意有所指,"这就是关于我母亲我想说的一切。"他母亲患有抑郁症,在 67 岁时温尼科特写了一首关于他母亲的诗,叫做《树》(The Tree),他在诗中写道"……让她开心是我的生活所在"(Philips, 1989, p.29)。因此,通过坚持活下去,他让母亲雀跃了一点点。在他逝世后,当我读到这句话时,我想起了他的精力充沛,想起他使盖氏医院的所有同仁心情愉快。当我想到他是因为承担了让母亲开心的"不自然""难以忍受"的重责才形成了这样讨喜的性格后,我几乎为他哭泣,就像他为那位天生有蹼足的小男孩哭泣那样。

温尼科特和艾丽丝结合的第一次婚姻失败了,但是他陪了她 27 年才离婚。两年后,他娶了社会工作者克莱尔(Clare)。两段婚姻都没有让温尼科特拥有自己的孩子,但他和艾丽丝曾两次带心理不正常的小孩回家同住,其中有一个是难以管教的 9 岁男孩,听起来艾丽丝很令人钦佩。至今,在本书提及的所有伟大的精神分析师中,除了安娜·弗洛伊德,温尼科特是唯一一个没有生育孩子的人,但他却比他们都了解婴儿和儿童。据报道,有一次,当有人载他从精神分析会议上回家时,他对那人说道:"他们都做不到我这样。"他说的没错。

温尼科特最好的作品是写给当母亲的人看的,讲的是婴儿和小孩。几乎令人难以置信的是,他看似可以对婴儿的情绪感同身受。在他的书《孩子、家庭与外面的世界》(*The Child, the Family and the Outside World*, 1964)中有个有趣的章节,该章节讲的是让宝宝哭泣的不同情绪:对肺部活动的不满意,或饥饿和恐惧的痛苦,或愤怒,或随音符而来的悲伤哭泣,或"无望和绝望的啼哭,如果宝宝脑海里没有任何希望,那么其他种类的啼哭就会变成这两种啼哭"(Winnicott, 1964, p.67)。(比起在家里,人们在治疗机构里更常听到绝望的哭啼。)

然而温尼科特说他从成人退行中了解到婴儿的头脑如何运转比从婴儿身上了解到的还要多。他必须要说的东西对心理学思想启蒙具有特殊的意义:他的发现来自最偏远的原始部落文化之外更远的地方,他的发现来自于一个完全没有语言的地方:婴儿的内心世界。我们的文化是文字为中心的文化:犹太人、穆斯林和基督徒都是"圣书的子民"(People of the Book),有个词被赋予了至高无上的意义:那就是神,"太初有道,道与神同在,道就是神"。因为温尼科特接触的是尚未获得语言能力的儿童,所以他经常用晦涩的语言来写作,不过试图弄清楚他想表达的意思却很值得。在所有伟大的精神治疗师中,他是最有独到见解的婴儿和儿童观察者,但这无助于我们理解他,也无助于我们理解他从淘气的引人深思中获得快乐的方式。我可以告诉你,试图让普通读者读透他令人困惑的语言是一项非常艰巨的任务但是就展示成人世界的语前根源来说,这是一项很值得做的任务。

当温尼科特还是个小伙子的时候,他开始了解婴儿,彼时从学步期(即恋母情结时期)寻找所有问题的根源仍是精神分析中的传统做法。因此,他非常担心表现出对这一对象的看法,也就是自己与大师弗洛伊德抵触的理论。对温尼科特来说,情绪问题的根源要比学步期早很久。

当梅拉妮·克莱因成了他的督导,她鼓励他相信自己的观察:在母婴 24 小时的密集互动中究竟发生了什么。温尼科特有句名言"没有婴儿这回事"(Winnicott, 1964, p.88)。他的意思是婴儿只有和母亲在一起的时候才能被理解,两者作为母婴的"联合体"(nursing couple, Philips, 1989, p.5)。对巴林特原始爱和谐混合天堂中的婴儿画面来说,温尼科特补充了一个精彩的画面,即普通的母亲创造这一天堂时所耗费的巨大精力和潜意识智慧。温尼科特用"原初母爱贯注"(primary maternal preoccupation)来表示那种能让爱着新生儿的母亲全神贯注地为婴儿提供所需环境的心理状态特性。这种特征产生于分娩前并持续数周,而"一旦母亲从中恢复她们将不容易想起当时的感觉"(Winnicott,1975,p.302)。

温尼科特观察母亲如何一直顺应婴儿的积极行动。这类似于克莱因观察儿童玩耍时看到儿童随着每一本能冲动将幻想付诸行动的发现;因此当母亲回应婴儿需要时,她其实是在给予孩子脑海中已存在的有意识或潜意识幻象,甚至是幻想。比如温尼科特意识到当宝宝饿了,他脑海中会出现自己想要的东西,即乳房的幻想,在他用嘴含住真正的乳头之前,就好像他在幻想有奶的乳房。

温尼科特认为母亲在仍爱着婴儿的起初数周或数月里做的就是鼓励婴儿跟着感觉创造世界,鼓励孩子他是无所不能的:他只需要饿了,想象乳房,然后看!乳房就会出现,他就有得吃了。他只需要想着被抱,温暖的怀抱就在那里。总之婴儿只需想象就可以创造现实。在克莱因的模型中已有了"婴儿全能"(infantile omnipotence)的概念。(我认识一个克莱因学派分析师,他的妻子将这一概念用于助长婚姻理解时会吼他:"别这么该死的全能!")

温尼科特认为婴儿创造了乳房创造了自己的母亲,或者至少婴儿本身是这么觉得的,因为母亲乳房出现的时机刚好,满足了婴儿的想象。此处要强调的是,这触发了婴儿使用幻觉(illusion)的能力,如果没有幻觉,那么心理和环境之间是不可能有接触的。

温尼科特还举了一个女婴的例子,这个女婴的哥哥用烧得发红的火棍插进她的脖子,但是女婴几乎不哭啼,也没有表现出受伤的情绪,因为"碰巧女婴脑海中尚无可回应脖子上发红火棍的想法"(Winnicott, 1975, p.9)。温尼科特想说的是,在某事可以影响我们的情绪之前,我们的脑海中必须事先存在对某事的想法。

这需要思考一番。当我们奉行对乳房的幻想,吮吸乳房的时候,乳房会给予我们母乳,我们的行动魔术般地得到母乳作为奖励。温尼科特认为婴儿要花数月数年的时间才能完全明白乳房是真实的,母亲也是真实的,实际上存在一个与自己息息相关的真实世界。婴儿也需要用相当长的时间来意识到这是一个复杂的过程,至少涉及三种紧密结合的成就:一是婴儿对自己的神奇力量越来越失望;二是婴儿发现自己不想伤害自己的母亲;三是婴儿学会去恨人。

起初婴儿非常热心地想象并创造了自己的世界和真实世界,大部分是一闪而过。他并不需要知道幻想在何处终止现实在何处开始。在幻觉基础上和母亲的互动过渡应逐渐发生。潜意识里明智的母亲最初能使婴儿感受到全能自信,这是人生好的开始,也是婴儿幻想逐渐破灭的开始,母亲通过让自己不那么完美,以此让婴儿和现实世界交战,这样一来婴儿会逐渐抛开自己凌驾于所有人之上的神奇万能力量,更适应现实世界,并学会同一个真实的母亲相处,这个母亲偶尔会让他失望偶尔会使他受挫。这堪称是一个曲折的过程,无论我们多大,还是有很多人尚未完全走完这一过程。其中涉及了狂暴的情绪。

有人说,没有什么人际关系比处于哺乳兴奋期中婴儿和母亲(或乳房)之间的纽带更加强大。温尼科特的婴儿的角度将这种原始爱的冲动看作是一种幻想,比如这是对母亲(或)乳房的无情攻击。但不知何故,婴儿最终停止了对母亲的无情,并开始关心母亲的感觉,不想伤害母亲,好似已经能与母亲产生共鸣。

我认识一位母亲,起初数个月她的孩子都很温和地吃奶,但后来他突然狠狠地咬了她的乳头,使她痛得又叫又跳。在那之后,他再也不去吮吸母亲的乳房,母子俩都接受了自然的信息:现在他准备好去吃活性较低的食物。

克莱因逝世后两年,温尼科特在旧金山演讲时就克莱因的术语"抑郁状态"说道:"我认为这是个糟糕的术语。"(Winnicott,1975,p.9)随后他补充道:"偏执-分裂样状态当然也是糟糕的术语……"(Winnicott, 1990, p.176)。和巴林特一样,温尼科特认为婴儿并非像克莱因描述的那么可怕,他认为拥有正常的"够好的母爱"(good-enough mothering)的婴儿不会遭受克莱因所谓的偏执-分裂样状态(Klein,2003, p.187)。温尼科特认为一般的婴儿并没有发疯。然而,他确实同意精神分析中迟迟体会到这一心理状态的退行成人很可能会感受到随之而来的责任感带来的沮丧。

温尼科特认为我们具有两种攻击性:一种是原初的攻击性,正如合宜的和嘴馋的母乳喂养;另一种是对挫折的反应性攻击性。我们对这两种攻击性束手无策。但这给我们设了个问题:健康的自发攻击性是好的,但婴儿并不想伤害母亲。

当我们看着婴儿发育成个体,我们可以看到母亲如何逐渐被多次当做个体来观察,母亲正如她所显露的那样具有吸引力和受敬重。多可怕呀!婴儿随后会饿,会无情地攻击同一个母亲。难怪婴儿往往会失去食欲(Winnicott, 1964, p.81)。

这其中蕴含的最终健康的依据和其他许多方面是由正常的好母亲抚养的完整过程，一位正常的好母亲不怕自己孩子的想法，当婴儿不顾一切地伤害她她仍爱着他。随后母亲和婴儿一起踏上相互爱与恨的冒险旅程。有时她也会容许自己当个坏妈妈而不是一直当个理想的母亲，渐渐地婴儿会把她当做她本来的真实个体看待：既非完美的母亲，也非邪恶的女巫。（克莱因的儿童患者尔娜在分析中才迟迟明白这一点。）

母亲从婴儿的攻击中挺了过来，并逐渐使婴儿攻击性本能的极端以及婴儿害怕遭报复的恐惧变得有人性。随着婴儿学会给予本能的满足并让母亲从中获得快乐，进食、排便和排尿的自然功能也被社会化了。吸收营养，尤其是适应母亲是真实个体和正常的母乳喂养是一场伴随着暴力幻想的"狂欢"。

温尼科特认为这是道德的起源。母亲的任务是允许并鼓励（不是灌输）"对道德的先天倾向"（Winnicott, 1964, p.81）。

温尼科特将这种愧疚感描述为孩子责任感感知能力的基础。自婴儿约 6 个月大至 2 岁期间母亲（或者承担母亲任务的父亲）需要一直陪在孩子身边，从而使孩子可以将破坏与爱同一个客体（母亲）做成一个健康的联合体。孩子会逐渐将这两方面合并在一起，进而能够忍受破坏性本能带来的内疚感，因为他知道修复的可能性。正如温尼科特可能会说的那样：文明重始于新人类的内心……

因此，这就是文明的起源，即文明自发地始于婴儿出生后最初的数月内！温尼科特认为文明是一种道德境界，其中"同情"（ruth）是婴儿逐渐学会对母亲，然后是对其他人的责任感和同情。修复和弥补伤害的本能，让他人快乐的冲动都属于这个学习过程，而且这是从婴儿内心自发地发生。这与弗洛伊德的观点截然相反，弗洛伊德认为良心的起源是害怕俄狄浦斯欲望招致的阉割惩罚。但在温尼科特看来，良心既不是外部的灌输，也不是严惩的结果，甚至不是鼓励的结果；利诱是不必要的，良心是婴儿与生俱来的，它只需要被鼓励。

温尼科特列出了儿童可以控制自己侵略性的行为模式：

1. 大胆的儿童不加掩饰地表露出侵略性并发现它具有局

限性和消耗性——这种行为是好的。

2. 胆小的儿童将侵略性投射到环境中并害怕被自己所投射的一切——该行为不是那么好。

3. 儿童会将侵略性藏在心里且变得紧张兮兮、过度受制和令人担心,也许容易偶发脾气。

4. 儿童可以在梦中表露侵略性:

在梦中,破坏和杀戮均以幻想的形式表露出来,而这个梦与身体任何程度的兴奋有关,这*是一次真正的体验*,而不仅仅是一种大脑活动。可以控制梦的儿童正在为各种游戏做好准备……

5. 在游戏中,象征表露了侵略性:儿童可以通过扔掉玩具表达自己希望母亲新生的婴儿应该被丢弃。

6. *建造游*戏可以表露侵略性。

当建造游戏出现且持续,这是儿童健康的一个最重要的标志。*这一点是无法被灌输的*……(Winnicott,1984, p.95,斜体字为作者标记)

温尼科特认为,你可以通过防止孩子(或有同一问题的成人)做出一些自发的贡献展现破坏性和建设性之间的联系。比如,有个孩子想通过做一些有益的事情取悦母亲,即使这件事超出了他的能力。如果这个孩子因为笨拙地使用吸尘器清扫地毯被嘲笑,或者因为类似的事情被嘲笑,那么可以预计这个孩子随后将表露出明显的攻击性和破坏性。温尼科特认为这是因为没人明白孩子更需要的是给予而不是接受。

正如婴儿奇迹般地创造了母亲,所以想象中愤怒的婴儿奇迹般地毁灭了世界,这可能会给婴儿留下很糟糕的感觉,一个人孤零零地在化为泡影的世界里。最好真的打一下自己的亲妈,发现母亲压根不在化为泡影的世界里。

如果有足够的时间允许成熟的过程,那么婴儿会变得具有破坏能力,还能够踢打和尖叫,而不是奇迹般地毁灭世界。这样一来,真正的侵略性就会被看做是一种成就。和奇迹般的破坏相比,具有侵略性的想法和行为更具有积极的价值,"恨成了文明的标志"(Winnicott,1984,p.97)。

温尼科特认为"足够好的母亲"(good-enough mother,Winnicott,1987,p.38)使孩子能够去恨人。温尼科特认为"足够好"就是母亲不必一直保持完美的形象,而是要一直有能力满足孩子的需求,这种能力包括接受孩子发现的憎恨,并允许孩子发泄出来。然而,温尼科特也认为母亲起初会恨婴儿,为此他列出了母亲恨婴儿的"一些原因"(共18条理由)。这里我只摘录了其中几条:

- 在怀孕和分娩时,婴儿对她的身体是个危险。
- 婴儿对她的私生活是个干扰,是一个要倾注全部精力的挑战。
- 婴儿无情,待她如废物、免费仆人、奴隶。
- 婴儿总是设法伤害她,时不时咬她,还全是以爱之名。
- 婴儿一开始必须是母亲的生活中心,他必须受保护免于意外,生活必须以婴儿的步调进行,这一切都需要母亲认真细致不断地学习。比如,在抱着他的时候她绝不可以焦虑等等。
- 如果她在一开始辜负了他,那么她知道他会永远报复她。

上述六条理由摘自温尼科特的论文"反移情中的恨"(Hate in the counter-transference,Winnicott,1947)。两种类型的患者特别会招来精神分析师的恨:精神病性患者和反社会型人格障碍患者。他举了一个自己而非患者如何恨他人的例子,他恨的是他和艾丽丝收留的9岁男童,他是个反社会的罪犯。远近各警局都知道这个孩子。温尼科特发现这个孩子既可爱但又令人恼火。

当这个孩子表现得仿佛找到了亲生母亲,可以无情地对待并从中索爱时,温尼科特在别处谈到少年犯罪时都带着深切的理解和同情,他将犯罪行为、偷窃或诸如此类的行为描述为"希望时刻"(moment of hope,Winnicott,1975,p.309)。温尼科特认为孩子身上的反社会态度是因为婴儿时期被剥夺了母爱,而他的犯罪行为只是为了寻找失踪的母亲所做的努力。

你将会记起阿德勒怎么说儿童的游戏应被给予尊重,记起荣格如何通过和自己的孩子玩耍,以及随后如何通过自我振作(以及这如何释放他体内原型戏剧的纯粹创造力、从集体无意识来拜访他的人和生物)从失去弗洛伊德的友谊中恢复过来。克莱因也重视游戏并充分利用游戏,而巴林特把游戏描述为“创造区域”(Balint, 1992, p.24)。温尼科特把游戏看做是生活的中心——或高于生命之泉,从人的心源大量涌出,该心源本身一直处于他人无法碰触的安全之境,一直不得与外界接触。

我在本章开头提到了温尼科特的涂鸦游戏。在骨科门诊,他在婴儿够得到的桌子上放了一个明亮发光的金属压舌板,这样一来他便可以看到婴儿如何与压舌板玩耍。和克莱因一样,他看到了儿童的游戏如何表露自己的内心世界:他认为婴儿的生命始于一个充满幻觉的想象世界,母亲通过提供婴儿想象的东西支撑他的想象世界,然后逐渐让婴儿适应现实。

温尼科特深深着迷于幻觉和现实交融的中间阶段。对此他举了一个例子,讲的是儿童特别喜爱某一玩具或一条毛毯的现象,儿童认为该物品仿佛可以像乳房或母亲那样让自己感到舒适安慰。温尼科特认为婴儿在将毛毯或此类物品当做是过渡性客体(*transitional object*):介于幻想与现实之间,介于早期和世界联系的方式与后期和世界联系的方式之间,介于母亲与余下世界之间的过渡——该过渡性状态没就幻觉和现实给出明确定义。

想象和现实交融的区域就是游戏发生的地方,这也适用于艺术和宗教:比如,在弥撒圣餐变体论中,面包既是真正的面包也是耶稣的身体。尽管“过渡性客体”一词一度成为医护工作人员口中最常用的口头禅,但这个想法没有得到精神分析师的进一步接受让温尼科特感到很失望。他画了一些令人困惑的示意图来表达自己的意思,他画的是介于现实和想象之间的东西,梦位于最具主观性的一端,科学位于最具客观性的一端,两端之间从左到右分别是共有现实中的幻想、游戏、艺术和作品。因此,毛毯中所交融的幻觉和现实是每个婴儿文明起始的另一个方面。

温尼科特认为治疗的本质是治疗师和患者一起玩游戏,如果患者不知道怎么玩,那么治疗师就教患者学会玩耍。我们将在下一章看到和温尼科特一起玩耍可以像变魔术一样。

我提过因为温尼科特试图描述的是尚未获得语言能力时的精神状态,所以他的语言通常是晦涩难懂的。他就像诗人一样,以一种惊人的、启发人的方式使用那些本该是科学精确的词:比如“像‘自我’这样的词自然比我们懂得多,它利用我们而且可以命令我们”(Winnicott, 1990, p.158)。但他轻松玩闹的风格有时会使认真的读者受挫,他那较不协调的理论结构也是如此。尽管“客体关系”的思维方向在温尼科特那里发展至顶峰且确实与弗洛伊德的理论相悖,但温尼科特的很多理论都是令人困惑的,因为他从未像费尔贝恩那样具有足够强大的攻击性可以站起来直截了当地反驳弗洛伊德。例如:

> 1. 弗洛伊德认为神经官能症发生于学步期,原因是恋母情结引发的失败导致神经官能症患者出现一个害怕本能的自我;而温尼科特认为是婴儿情感问题的根源在出生第一年内被环境辜负了。
>
> 2. 弗洛伊德认为良心源于儿童害怕自己因俄狄浦斯意愿被父亲阉割;而温尼科特认为良心自发始于婴儿出生的数月。
>
> 3. 弗洛伊德认为其患者鼠人潜意识里的亚人格是幼稚的欲望和仇恨也是邪恶,而且这一亚人格与文明敌对;但温尼科特认为婴儿主动的攻击性和仇恨是好的,而且是文明的一项成就。

温尼科特对孩子内心世界的描述听起来就像荣格对原型的描述,但温尼科特认为直到婴儿有一个有组织的自我,原型才会被激活。

试图解释温尼科特说的话的作家们不禁会带有一点个人的倾向性,这也是我即将要做的事,因此这句话是给读者的预警!带着我个人的倾向性,我认为攻击性和仇恨的功能是为了维护真正的自我在面对相反意见时的独创能力。或者再延伸一点,仇恨的功能是为了捍卫并维护个体面对他人威胁时的创造性想象。关键性的问题在于个人是公平地还是卑劣地,是破坏性地还是建设性地进行反抗。如果是建设性地进行反抗,那么双方的观点可以紧密结合并互相增强,这样一来敌意可以通向并创造善良。简单说来,就是在文化上具有重大意义。那如何建设性地去恨呢?过后我们将探索这一问题。

在温尼科特看来,婴儿不会犯错,婴儿患者不会犯错。他的态度是无限善良的宽容、耐心和容忍,他的第二任妻子克莱尔说他患有"善行幻想"(Jacobs, 1995, p.5)!通过他在1967年对少年犯感化院(Borstal)里的人说的"反社会倾向"我们可以知道该幻想如何影响他的治疗方法,他说"反社会倾向"是对剥夺的反应。

温尼科特认为在修复的希望时刻(温尼科特的著名话语)里一个人会偷窃自己曾从母亲那里停止获得的东西,而且当希望促使他唤醒周围的环境给予自己家里所缺乏的遏制结构时,这个人会具有攻击性。

因此根据温尼科特的说法,牢房里的少年犯和精神病院上锁病房里的患者一样可以找到自己在寻找的遏制——但这是一样的感觉吗?我过去常常在想当一个病发的暴力精神患者被关进我工作的这家医院里上锁的病房,他们看似都得到了安慰。有时,当医院综合科的某位患者(让我们称他为詹姆斯)对上锁病房的患者进行友好社交访问时,工作人员会说,"詹姆斯今天来预定了他的病床",因为不管詹姆斯是否有意识到,他的确是处于精神病发作的边缘。通过参观病房,他仿佛是想得到保证,确保他过去认识的工作人员仍会在那里照顾他。

温尼科特指出,社会就盗窃和侵略性很可能会给予"道德的"(Winnicott, 1986, p.95)回应,这种回应带着处罚和更多的冷酷。但如果孩子接受心理治疗,那么他可能会恢复被剥夺前的时刻,处于和治疗师共同构建的创造性关系,会重温往昔并恢复丢失的安全感。

那么,惩罚从何而来呢?在20世纪末,英国保守党首相(约翰·梅杰)反对了对待犯罪的心软态度,他说:"我们应该谴责更多些,理解更少些。"(Barry, 2005, p.12)

你可能会认为了解狼的牧羊人丢失的羊羔会比较少,但和温尼科特一样的心理治疗师赋予了心理学思想启蒙柔软的公众形象，从而使“理解”的意思变成“懦弱”。

温尼科特对比了两种抚养孩子的方式：一是让孩子寻找本身自发性的善良，二是强制为孩子灌输道德准则。在谈到具体的儿童时，他极力赞成第一种方式；但是在谈到更抽象的社会问题时，他也会考虑第二种方式，他能理解导致人们强制孩子当好孩子的焦虑，他还说对某些有糟糕开始的孩子来说，这是最好的办法。

温尼科特的著作是本世纪最宝贵的作品之一，而我的引言只能向各位展示其冰山一角的智慧。在此我强烈建议各位去阅读《孩子、家庭与外面的世界》一书。毫无疑问，心理学思想启蒙的伟大创始人都是天才。但是在他们的自传和日记出版后，流言便传开了，然后我们会发现自己对这些天才的了解比他们的朋友还要多，而且他们可能看起来会有一点点古怪。对一个男人来说，温尼科特照顾自己患者的能力是怪异的，甚至是荒谬的；但作为一个普通的男人，我被他做的两件事吓到了，这是两件我不会去做的事。

第一，如果病人开始破坏病房，我不会退出房间。我会调动所有感官神经在原地待着，欣赏这一幕，丝毫不错过患者或我自己的反应，如果患者做得太过火，那么我随时准备好阻止他。而且在换花瓶的时候我会希望得到赔偿。我记得在治疗社区里有个女患者巧妙地冲着我打开消防水带。我给她钱让她清洗我的西装，她没有赔我，我也没想要让她赔，一定程度上是因为我站在她的立场考虑，我太同情她，但我觉得她应该知道我认为她对我有所亏欠。

第二，我不会不带怒意地告诉一个9岁的男孩我恨他（正如温尼科特对他和艾丽丝收留的那位男孩做的那样）。相反地，我会表露愤怒的情绪，不告诉他我恨他，而且我不会将他撵出去（即使他有门铃可按以请求被再次收留）。

关于温尼科特另一个小小的流言是他有时会把兴奋写成一件本身不愉快的事情，如果可以的话，婴儿和人们会避免兴奋。（他说，当婴儿兴奋的时候，那种感觉就像是身处群狮的兽穴中。）巴林特在《颤栗和退行》一书的开篇和结尾都坚持一个人的破坏性侵略行为如何在露天集市得到乐趣和奖赏。我想知道如果温尼科特患抑郁症的母亲是否无法像巴林特的母亲那样享受儿子的破坏性，而是让温尼科特成为一个永远过度敏感的人。温尼科特的母亲可能也不会体会莎士比亚《科利奥兰纳斯》(Coriolanus)中那位年迈保姆的情感，也无法体会保姆欣喜地表扬婴儿将军把蝴蝶撕得粉碎："主啊！他把蝴蝶撕碎了！"(Shakespeare, 1623b)

还有一件小事：我无法苟同他告诉新手母亲时那种串通似的亲密关系，他说"尽情享受各种女性情感吧！你甚至无法向男人启齿解释它们"(Badinter, 1981, p.276)。温尼科特的世界太舒适太单纯了。他认为分析师表达对病人的恨意的办法就是结束疗程。那叫做恨吗？

相比于其他导致酷刑和杀害婴儿的原因，温尼科特提出母亲恨婴儿的18个理由算是温和的了。20世纪末，英国的其他儿科医生和社会工作者转而反对他的观点。尽管温尼科特对自己在帕丁顿葛林(Paddington Green)儿科门诊应该主要照顾母亲感到非常满意，但其他人认为母亲是故意要伤害婴儿使婴儿生病，目的是为了让自己引起注意，这就是代理型孟乔森综合征(Munchausen Syndrome by Proxy, Myers, 1998, p.244)，而且母亲过于频繁地对儿童进行性诊断并虐待儿童。因此在21世纪前几年，医生们的不同意见导致了政治迫害，他们试图纠正专家可能误诊的未知病例数目，在这场政治迫害中，心碎和丧子的母亲不但没得到安慰还被关进监狱，她们的家庭支离破碎等等。首先，我会认为这些事件的发生只是为了满足被压抑的性欲和攻击性，是由未分析的专家的潜意识投射到无辜的顾客身上。我希望温尼科特已经用更男人的方式更认真地对待邪恶，并赋予它他所具备而其他人不具备的天资，那么也许我们的同行误诊的病例会少一点。

关于温尼科特的流言意味着他本身的不平衡，也就是他具备当母亲的天资，却缺少当父亲的天资。他好像欢欣鼓舞地在弥补自己所获得的贫瘠的母爱，方法是在自己身上寻找"足够好的母亲"活生生的原型，这个原型比其他母亲更好，但他甚至没有尝试去寻找自己体内的父亲原型。

亚当·菲利普斯(Adam Phillips)在他为温尼科特写的传记中怀疑

他不认为自己的父亲是善良的人,他只认为自己和父亲之间的敌意是传统的恋母情结。在父子敌意区域里,温尼科特实际上是个矛盾逃避者,(从心理角度说)他没能彻底杀死自己的父亲,也没如他应有的那样接手并支配父亲的领域。

在他书中为数不多提到为人父的地方,他说的都是正确的。但通常在他的著作中,权威本身是以软弱和胆怯的形式出现,是为了用暴力和恐惧强制实行并强加顺从——和弗洛伊德威胁性的自我权威形象差不多。只有当母亲失败了他才会接手,而且只是与母亲的爱发生矛盾而不是与之相辅相成。正如我上面所说的,在他的脑海中下面两个原则是分开的:他新生自我的深刻理解的慈祥的(和憎恨的)母爱和监狱官员般的父亲是分开的,父亲听到温尼科特说“见鬼”就把他送到寄宿学校。

温尼科特慈母般的柔软基本上是一个伟大的事实,需要父亲强大的善良的权威保护它并证实它,而不是软弱的父亲来破坏它,但父亲较强壮的形象不得不等到本世纪后期才得以发展。

在结束精神分析主义人性化这个阶段之前,我应该告诉读者一位精神分析师,他发现了另一个相信爱的奇妙理由,尽管这是温尼科特根本无法理解或相信的事情,但许多人发现它非常重要。这位精神分析师就是约翰·鲍尔比(John Bowlby),他小温尼科特 11 岁,小克莱因 25 岁,他讨厌被送到寄宿学校,因为那里真的很折磨人,但是在那种情况下他被要求表现出英国人的样子并保持冷静。他于 1933 年完成其医生资格培训,不久后便成为精神分析专家。可能是因为他曾作为一名精神科医生服役于二战的经历,包括安排将孩子们从伦敦撤离,用儿童运输工具(kindertransport)营救犹太儿童,所以他被失去爱人对一个人造成的可怕影响所触动。20 世纪 50 年代在伦敦儿童指导诊所(London Child Guidance Clinic)工作的十年间,鲍尔比注意到在机构成长会给孩子造成非常严重的影响,由此缺少和亲生母亲密切的感情关系。

通过动物行为学之父康拉德·洛伦茨及其在亲鸟和幼鸟之间、动物母亲和幼崽之间发现的强大本能依恋,动物行为学给鲍尔比带来了炫目的思想启蒙光芒。洛伦茨发现刚孵出的雏鸭如何依恋环境中最早移动的客体，不管这个客体是母鸭还是康拉德·洛伦茨，雏鸭随即表现出跟随依附的行为，而且和客体分开时会表现出极大焦虑。洛伦茨将这称为“印记”（imprinting，Helms & Turner，1986，p.52）。这为鲍尔比的理论提供了支撑，他认为有一种本能需要情感依恋，需要母爱和母亲的在场，这和人类需要食物生存一样重要，他指出对灵长类动物所作的研究表明了幼猴如何需要母猴。比如，美国心理学家哈利·哈洛（Harry S. Harlow）做了一个著名且相当可怕的实验，实验中哈利用两个假猴子替代真母猴，一个是会机械提供食物的“铁丝母猴”，另一个是不提供任何食物、较为柔软的“绒布母猴”。幼猴更多的时候都是与柔软温柔的“绒布母猴”呆在一起，从而表明对幼猴而言母猴的温柔比食物更重要，但那些由“绒布母猴”抚养大的猴子不能和其他猴子一起玩耍。

鲍尔比指出，被剥夺母爱的孩子本身不容易成为好的父母。现在看来奇怪的是，他必须通过学术研究和调查来让人接受一种想法，即本能需要

> 对心理健康来说是必不可少的……婴幼儿应该与母亲（或母亲的替代品）建立温暖的持续性的亲密关系，双方都可以从这样的关系中获得满足和欢乐……（Bowlby，1951，p.11）

鲍尔比使儿童医院的儿童管理发生了根本变化：历经几年努力，母亲终于获准留在医院里陪伴自己生病的孩子，而孩子们再也不用和自己的玩具熊分离。

依恋与失落是鲍尔比思想的主旋律。有了安全型依恋，儿童会表现出自信的探索行为，顺利成长；只有非安全依恋的话，儿童会表现出焦虑、依赖、回避型非安全依恋或抵抗型非安全依恋。关于这些状态的一项研究证明为理解神经质行为提供了一个好方法。

关于精神分析柔软的母爱一面就此结束。在下一章中，我们将离开英国奔向美国，去接触一位严父般的伟大女性治疗师。

第十八章　卡伦·霍妮：温柔的叛逆者

为何我们不能在持有不同想法的同时继续当朋友？

(Karen Horney)

20 世纪上半叶出现了一位反对弗洛伊德的著名叛逆者。这位叛逆者名叫卡伦·霍妮，她厌倦了弗洛伊德及其同事对妇女的态度。事实上，正如霍妮的传记作者苏珊·奎因(Susan Quinn)在传记书名(1988)中强调的那样，霍妮自小就是一个有自己想法的女孩。

卡伦 1885 年出生于德国汉堡。父亲是远洋轮船长，他是一个严苛的人，和家里所有人都发生了严重的冲突。卡伦非常讨厌父亲并且恨他“说教”(Quinn, 1988, p.404)的方式和独裁。

卡伦打小就敬爱母亲，但后来她却反感母亲侵入式的依恋。幼时卡伦对哥哥产生了好感，但随着年龄渐长，哥哥拒绝和她玩耍导致她抑郁症发作，抑郁症对她的余生都产生了影响。

卡伦爱男人，男人也爱她。她总是和某个男人沐浴在爱河里，她在青春期写的日记生动地记载了她和闺蜜的谈话，谈到她第一次和男人接触，第一次和男人发生关系。她对男人有着强烈又狂热的渴望。

18 岁那年，当那个男人提出分手后，两日的浓情蜜语相亲相爱紧跟着的是心碎的寒冬。她的骄傲让她情绪激昂地战胜失落的情绪，恢复状态，她用自己的非凡才智总结道“同情伤害并羞辱了我”(Quinn, 1988, p.73)。

卡伦不顾父母的反对进入弗莱堡大学(University of Freiburg)学习医学，弗莱堡大学是德国首批允许妇女接受高等教育的大学之一。

大学期间，卡伦转了几次学，1913年她从柏林大学(University of Berlin)获得医学博士学位。毕业后，卡伦决定从事精神病学这一创新学科的研究。

和同时接受精神分析训练的所有人一样，卡伦和一个弗洛伊德最喜欢的学生卡尔·亚伯拉罕(Karl Abraham)都接受了精神分析。然而，充满激情的霍妮很快就发现弗洛伊德的正统学说不适合自己。不幸的童年，父母的不和，自己与父亲疏远的关系让霍妮不相信遵循传统是爱的基础。相反，她认为爱和情欲相关。

尽管卡伦对传统的爱怀着叛逆的情感，但她嫁给了奥斯卡·霍妮(Oskar Horney)，一位有着大好前途的成功律师。婚后两人生有三个女儿，奥斯卡和卡伦的父亲一样，非常严厉地对待三个女儿。虽然卡伦不久后就对奥斯卡不忠，但这段婚姻仍维持了十年，就在奥斯卡即将破产之际，两人离婚了。离婚后，卡伦带三个女儿去了美国，在美国她加入了弗洛伊德精神分析研究所(Freudian Institute for Psychoanalysis)。她没有再婚，但是她的余生有很多情人。

卡伦有点依恋瘾，她真的很需要性爱。尽管她年轻的时候没有克莱因漂亮，但她明显比克莱因更擅长获得男人的喜爱。她有自知之明：她知道自己对男人的需求太迫切，以至于她没有时间总能挑到合适的人。(最不适合他的那个男人可能是她最后的男人，也就是随她在纽约精神分析研究所接受精神分析训练的那位年轻男子。)但她确实很了解自己，她知道自己不是那种依赖他人的人。她的精神分析的天赋让她有了自信和力量，让她对他人产生了影响。

卡伦·霍妮是本世纪最讨喜精神病学家的优秀候选者。她对享受生活有着强烈的欲望。苏珊·奎因撰写的精彩传记中包括涉及卡伦自身生活怪癖的故事、冒失的故事以及偶尔无视自己惊人大智慧的故事。我最喜欢卡伦的一个故事是她总是在自己成立的组织所举办的年度晚宴上为“奢侈纵欲”干杯(Quinn, 1988, p.376)。

作为一名身处美国的精神分析师，卡伦敢于批评弗洛伊德，这导致纽约精神分析研究所剥夺了她的讲师资格。针对这种情况，卡伦成立了自己的精神分析研究所和训练学校，她称之为美国精神分析促进协会(The Association for the Advancement of Psychoanalysis)。

卡伦是第一个反对弗洛伊德的阴茎羡妒(penis envy)理论和女性在男性面前感到自卑的理论的人。卡伦的理论来源于她的个人经历：当母亲以及怀孕期间每个阶段感受到的莫大喜悦和满足感。相反，她认为男人会因为女人的生育能力羡妒女人。

卡伦在1932年某次演讲中声称男人实际上是害怕女人的，尤其害怕遭到女人的蔑视，这就是为什么男人要提出这样的理论拉下妇女的地位，保持自己的优越性。

卡伦注意到性欲望中的"攻"(domination)与"受"(submission)，而且她同意阿德勒关于优越和自卑的理论。与她同时代的人不一样，卡伦对神经官能症理论有不同的看法，尤其是幼儿的神经官能症理论。她认为神经官能症是人一生一直在经历的事情，而不仅只是被消极的、外部的、孤立的事件激发的一种疾病。

根据卡伦的说法，我们身上出问题的是始于幼儿时期的基本焦虑(*basic anxiety*)，父母"没有给予孩子深切的温暖和喜爱就是基本罪恶"(basic evil, Horney, 1999, p.80)。这种行为导致孩子没有产生归属感，反而产生了非常严重的不安全感。进而她认为怀有敌意的孩子会更焦虑。

一个神经官能症患者很少能意识到自己基本焦虑潜在的感受。基本不信任感可能被"人们通常是相当可爱的肤浅信念"或"现有的对所有人的深深鄙视可能用时刻准备好的称赞伪装"的信念掩饰着(Horney, 1999, p.93)。

霍妮特别擅长看透在日常生活中当和他人交流时我们的潜意识会非常惊人地切实地主宰我们的真正动机和感受。

霍妮列出我们与人交往的四种方式：亲密、疏离、支配和顺从。她还指出在健康的人际关系中，我们如何在这四种方式中自由顺畅地转换，这样一来它们就可以互补。对于极度焦虑的孩子来说，这种适应能力就是妥协，可能会既死板又极端。例如喜爱变依赖，顺从变姑息。

霍妮在早期的一本书中阐明了可能能够对抗基本焦虑的四种方式，这里总结如下：

1. 如果你爱我,你就不会伤害我。

2. 如果我放弃我自己,我就不会受到伤害。

3. 如果我拥有权力,那么任何人都伤不了我。

4. 如果我向后退缩,那么任何事情都伤不了我。

温柔友善的霍妮并没有将这四种避免伤到自己的方式同样用于伤害他人,没有通过入侵之类的行为、背叛、暴虐和放弃伤害他人。事实上,上述四种方式都是用于避免冲突的手段。霍妮给心理学思想启蒙带来的一个真正有用的发现是暴虐是避免冲突的一种形式。暴虐看起来可能像是赤裸裸的侵略行为,但它的确可以避免冲突。你消灭了他人的看法——冲突结束。

一个伟大的英国喜剧演员,我忘了是谁,他说每一个喜剧演员体内都有一个具有喜剧特点的性格,如果没有幽默感,那么这种性格就是演员本来会成为的样子。同样,每一个伟大的精神治疗师都描述了自己的神经官能症,但都持有一种将自己从中解救出来的洞察,这种洞察提供了一条通道,让他们可以进一步对人性有整体了解。霍妮认为自己是个有依恋瘾的人。其他精神分析师从那场和霍妮意见不合、大喊大叫的会议中会得出什么结论呢?

霍妮特别感兴趣这四种防御方式如何适用于儿童。对一个孩子来说,某一防御方式可能是最主要的,比如顺从变成过度顺从,这样孩子会完全顺从她周边所有的要求,不理会结果或自身的意愿。其他人可能会把四种防御方式当做应付策略,这样一来受惊的孩子就不得不采取所有四种方式,这会导致引起矛盾的行为。

霍妮的理论和同时代的弗洛伊德学派精神分析学家非常不一样,他们认为孩子内心的风暴是文明和本能之间的巨大文化冲突。

如果一个人把自己缩进其中一个防御的程度比其他人更深,那么他要怎么处理自己的其他冲动?这些冲动可能会继续分裂,几乎就像多重人格障碍,而且这些冲突防御会导致一个年轻人可能通过发展“迫切的需要让自己凌驾于他人之上”来弥补自己的不安全感,并建立“他个人理想化的形象”(Horney,1999, p.22)。

一个人不可能永远保持这样的姿态。追求完美是巨大的任务,生活自会处理羞辱个人的敌对行为。霍妮认为内在的敌人、破坏者或恶魔是自我憎恨(*self-hatred*)和自我忽视(self-neglect),带着这种态度,个人会因为自己没达成光荣的优越性目标而自我惩罚。

比如我记得有个雄心勃勃的10岁小女孩告诉我,她宁愿变成瞎子也不要没考到班级第一。

你可能会认为荣誉的驱动力和占支配地位的需要是一回事,但是你不必用全力去超越别人;通过变得比所有人更令人无法抗拒的讨喜,或更有启发作用的谦虚,或超群的冷静,你就可以发现荣誉。

芝加哥、纽约或其他地方的弗洛伊德学派原教旨主义者都没注意到霍妮的洞察与弗洛伊德和阿德勒的洞察的完美结合。我不确定她自己是否有注意到。霍妮用光芒照耀了人类灵魂,但她的同代人几乎都没意识到这点。霍妮入微深刻地展示了如何抵御自身的意愿和如何防御他人的意愿并不是两回事,而是同一精神活动。同时,不适应他人即失去自我:如果有人因为适应凌驾于他人的支配防御而变成一个暴君,那么他似乎得到了自己一直以来正好想要的东西,但在实现中,他只有一个需要得到了满足,即放弃休息。他只是疏离了真实的自我和逆来顺受的内心类型。

整合温尼科特对婴儿时期的解释和霍妮对儿童和青少年时期的解释可以得到一个逐渐疏离自我的完美连续性解释。

在1945年出版的《我们内心的冲突》(*Our Inner Conflicts*)一书中,霍妮描述了精神分析师应该如何治疗神经官能症患者。她的治疗理念很严苛。她认为患者所遭受的潜意识矛盾无法仅凭理性的决定或意志力就可以解决,唯一的方法是改变最初使患者发病的人格内的这些状态,比如基本恐惧(basic fear)、孤立和无助。

因此,精神治疗师治疗患者时一定要考虑周到、圆通和专心,并且对患者任何阶段可承受的事情要敏感。这特别适用于分析师拆解患者理想化的自我形象。例如,如果治疗师揭露患者残暴的意愿,那么这可能会大大威胁到患者对自己的看法,因此会导致"患者内心充满恐惧和厌恶"(Horney, 1963, p.224)。同样,一个已将自身侵略性理想化的患者在意识到自己真的非常需要人类之间的亲密关系时可能会感到绝望,分析师必须谨慎处理这种亲密关系。

奇怪的是,霍妮没有说要如何根治患者的基本焦虑。她只说要尽可能地让患者对此有足够的意识,以削弱自我的疏离。她也没说信任分析师为何也能消除患者的焦虑。

事实上她远没想到医生的爱可以治愈患者,而且她甚至没有提及移情和反移情这两个词。霍妮的脑海里没有和真实情感相互影响相关的想法。尽管霍妮清醒的脑海里装满了对患者情绪的认真和细致管理,但她特殊的"医患对战"是一场智斗,就像在玩棋类游戏。这就解释了为什么霍妮能写出一本在没有治疗师的情况下如何进行分析自我[《自我分析》(*Self-Analysis*,1994)]的书,也解释了为什么她能在训练完一位年轻男同事后就和他发生性关系。

像费尔贝恩这样的精神分析师可能会按程序和一位受训者开一场正式的会议,其中包括一个小时的分析,然后再开始一场非正式的交谈和闲聊,可能还会喝杯茶,两者之间除了训练再无掺杂其他。我可以想象卡伦和年轻男受训者滚沙发之前可能也会有这样一场理智上严密且正式的会议。

医生的爱有助于治愈患者吗?和卡伦发生性关系对患者的性格有同样的转化效果吗?或者和卡伦发生性关系与患者的精神分析是两件完全独立的事?没有治疗师可以帮助,但可以热情回应并鼓励患者分析师为他而活的任何迹象。在卡伦的案例中,这是"精神层次的极致感官享受"(Horney, 1980, p.63),虽然她从来没在自己的书中提及,但我想要知道卡伦在实际工作中是否和患者发生过性关系?

卡伦的天资有一部分在于她了解良心如何被恐惧扭曲,良心不是错误选择的短暂后果,而是一种毕生的渐紧的绳结,就像是山楂树的缠在一起的树干围在海滩上。病态的良心问题自一开始就是心理学思想启蒙的关键。弗洛伊德对此的回答是为了让患者体会到他优越的开明见解的好处。自古以来,圣贤的谆谆教诲,道德哲学家曲解的宗卷都因为给了我们如何判断正确的规则而恶化了人类的道德问题。奥古斯丁(Augustine)的"在爱上帝的前提下,尽管做你爱做的事"(Ahmed & Donnan,1994,p.20)说的仍是你必须爱上帝;康德说,你希望什么样的准则能成为普遍法则，你就按照什么样的准则去行动；萨特说，做人要诚实——如果你不想握某人的手那就别握。

霍妮在其逝世前不久出版的《神经官能症与人的成长》(*Neurosis and Human Growth*)一书中用几段话解决了心理学思想启蒙的道德问题。她列出三种可供选择的典型意见，其中正确的选择吹响了自由的号角。换个词：规则？忘了它们吧。因此，霍妮在 20 世纪西方文化的普遍趋势中发挥了自己的作用，以逃离“让你怎么做就怎么做”的指定性道德。

这是 20 世纪中叶的美国，霍妮在讨论世界出现的问题，本质上她是在重新定义道德。在她眼里，心理学思想启蒙揭示的不只是人们的邪恶及选择去“犯罪”，还揭示了人们用恐惧传染彼此，将恐惧世代相传；害怕对方，这阻止了爱的自然成长。

带着霍妮与客体关系理论家告诉我们的一切，也许神经官能症的定义是时候该从 19 世纪弗洛伊德学派的起源继续前行了。我给出的定义如下：

> 神经官能症：是一种社会传播疾病，包括下意识地恐惧对方，导致正常生长和发育的部分中止、症状繁多、家庭破碎、身体疾病、犯罪和战争。(基本病因和治疗方法：请参见本书末章)

卡伦·霍妮是一位远远超越了自己时代的女性。虽然她逝于 1952 年，彼时女权运动尚未真正站稳脚跟，但她对心理学的贡献无疑帮助提高了妇女的社会地位。同时她还是引进第一本自助书籍的女性第一人，她认为每个人都可以成为自己的心理医生。她的巨大贡献引导了精神分析世界的发展方向，她的疗法至今仍适用。

第十九章　约翰·莱亚德：分裂的男人

没有内心世界的人是其环境的奴隶。

(Amiel,1874)

19 世纪末 20 世纪初，诸如弗朗兹·博厄斯(Franz Boas)和玛格丽特·米德(Margaret Mead)这样的人类学家的作品引起了几个精神治疗师的注意。实际上甚至有几位人类学家成了精神治疗师，而且他们在人类行为研究的基础上提出了新的心理学理论。

人类学家有几本书对心理学思想启蒙产生了重大影响，其中一本书是米德的《萨摩亚人的成年》(*Coming of Age in Samoa*,1928)，这本书在当时引起了轰动。米德在寻找文明人可以学习的最佳文化例子，因此她强调了萨摩亚女孩在最终结婚安定下来之前为何喜欢过随便的性生活。她认为萨摩亚女孩的青春期生活远比西方国家的女孩更健康，青少年一般是在无知中成长而且最终结果是遭受压抑。《萨摩亚人的成年》引起了西方人的大争议，他们被这种乱性行为震惊了。

在这本书出版将近 50 年后，米德评论道美国社会发生的变化太小了，所以别人经常告诉她她 1923 年的苛评仍然适用。20 世纪 80 年代对米德新颖发现的批评并没有太大地削弱这些发现对人们的影响。

在成为杰出的心理治疗师之前，W.H.R.里弗斯(W.H.R. Rivers)是一位人类学家，不过让我印象最深刻的是他的学生约翰·莱亚德，因为约翰和我是朋友。

我想写莱亚德的原因有三个。第一，他和我一样是荣格心理分析师；第二，因为从别处听说他的人并不多(虽然他的研究结果具有启发性，但尚未被普遍吸收)；第三，因为他的研究大大背离了米德阳光明媚的波利尼西亚(Polynesia)，转而深入研究更隐秘更古老的世界以及人类心灵的更深处。

1914年，23岁的莱亚德陪同他的导师里弗斯参与了前往新赫布里底群岛(今瓦努阿图)的人类学探索之旅。他在马勒库拉(Malekula)的一个小岛上呆了一年，研究当地居民以及他们的文化和生活方式。回到英国后，他的精神严重崩溃，治疗他的是霍默·莱恩(Homer Lane)，一位主张用非正统方法治疗患者的精神分析学家。

莱亚德历经数年才从精神崩溃中恢复过来，但他的不幸并没有就此停止。1929年，他开枪自杀，但死神放过了他。我不知道的是，他的大半生是否奇迹般地超越了脑损伤的影响，因为子弹穿透左右两侧大脑半球时肯定撕裂了他的胼胝体。

莱亚德的《兔子女士》(*The Lady of the Hare*，1988)和《乱伦禁忌和处女原型》(*The Incest Taboo and the Virgin Archetype*，1945)两本书比荣格学派的任何文献更让年轻时代的我着迷，前者写的是一位被梦治愈的女人，后者写的是乱伦禁忌。

从莱亚德的作品中，我无法理解他如何知晓自己所写的内容，因此1959年(作为一名研究生)我去康沃尔郡(Cornwall)拜访了他。他是一个引人注目的高个子，有个大鹰钩鼻，还有一张饱经风霜的贵族脸，这让我想起了古代的海上冒险家。他就像希腊神话中追求金羊毛(Golden Fleece)的伊阿宋(Jason)，是一个为个人追求而消耗生命的天才。后来我才知道他其实是个非常刚愎自用的家伙。他没有幽默感，而且当他一贯强烈的感情要求没有得到满足他会采取报复行为。

和他见面时，我已从他的书中得知他认为生命是关于想要被转化为精神的本能。比如如果一个人有精神上的愿望，那么这个人必须用自己所能得到的最大本能体验(性)开始追求。

莱亚德告诉我："你必须发生不负责任的性行为！看看圣奥古斯丁！看看圣雄甘地！当青年甘地正在参观英国的一座房子，倘若屋里有个未婚的女孩，那么甘地一定会占有她！"

莱亚德传达的信息很明确：如果你想成为一个圣人，你就必须从尽可能多地体验放纵的性关系开始。当他清楚地意识到自己给了我这样一年轻小伙那样的建议时，他闪过片刻的内疚，他说："你将能够分辨哪些女孩是不能伤害的……"

就性行为来说，他指的是每一种性行为。他从来没有直接鼓励我发生同性性行为，但他的确提过他认识的一位中年男子，那个人正在追赶自己年轻时错过的同性恋经历。有一次，莱亚德告诉我他做的一个梦，梦中他拒绝了一个男人向他表示的同性勾引。那里有个他非常渴望的女人，但是梦里那女人告诉他："不，我想要的不只是半个男人。"莱亚德将这番话解释为在她接受他之前，她希望他首先和那个男人发生性关系。

为期一周的精神分析结束了，在分离之际我想要进一步和他合作，但是我们找不到出路，因为康沃尔郡没有我能做的工作。

"好了，走吧，干你所能干的一切，然后……"他顿了下。

"……然后把剩下的交给上帝，"我替他补充完。

我离开康沃尔郡去做自己的事情，但不久后我们再次见面了。原来在康沃尔郡某个雾天里，莱亚德微型车车头撞上了一辆油罐车，他不得不前往伦敦接受治疗。因此，我决定搬离家乡苏格兰，前往伦敦继续和莱亚德进行我的精神分析。当我告诉父亲我将搬到伦敦去当莱亚德的弟子时，父亲怀疑地问我："他是个友好的人吗？"当我回答说"是"的时候我试图告诉自己我挺诚实的，但我知道自己言过其实了。

在接受了他的分析之后，我成了他的秘书，帮他写书帮他修改书。20 世纪 60 年代，莱亚德和我、我的演员朋友和作家朋友们曾在诺丁山门短暂同住过。他不是个受欢迎的室友，他从不费心和他人打交道。我那时的同居女友说他只是一个自私的老头，而屋里的另一个女孩则对他是我"主子老爷"表示愤恨，"主子老爷"就是她说的。另一个刚从布里斯托尔来伦敦寻求财富的小伙子，汤姆·斯托帕德（Tom Stoppard），他无法等到莱亚德搬走的那天就先搬出去了。

莱亚德是这样一类人：非常热衷于自己的性生活和他人的性生活。我记得他曾向我抱怨当我女朋友衣衫不整地坐在我腿上吃早餐时，他没能分一杯羹。彼时他年近 70。

任何事情都能引起莱亚德的共鸣,性欲的或暴力的,犯罪的或恶意的。有一次,他参加完同性恋社交活动,回到家中他几近仰慕地向我描述一个男人如何向众人展示如何把整个安全套戴在阴茎上。

莱亚德肯定了爱原罪的价值,他认为每个人都不得不做一些邪恶的事情以此作为个人精神发展的一部分。他会问我的朋友:"德里会做什么坏事呢?"我想我已经做了很多坏事。

他常说:"智慧源于性爱。"有一次,在马里波恩巷街(Marylebone Lane)一家小希腊餐馆里,我对书为何会是它们现在的形状的缓慢领会激怒了他。他拿出自己的日记,在我面前反复打开合上再打开再合上……

"你看!你看!这是什么?"他一直叫嚷。

附近的食客兴趣渐浓。我仍是一头雾水。

"这是阴道!阴—道!"

顿时,餐馆里一片寂静。没错!男人的智慧源于女人的阴道!

对莱亚德来说,性生活本身具有治愈能力,他声称自己已经开始治疗一位精神分裂的小伙子,治疗方法是替他手淫。他常说:"如果你无法通过性生活增强一个人的精神力量,那么你就通过让他们大小便来增强。"早年他曾告诉我他很疯狂,但我从来都不是个真正的听众。对他的背景我几乎一无所知,我也不知道他从马勒库拉岛回来之后精神是怎么崩溃的。我不知道他是否是因为离开了自己的人民,深深沉浸在陌生文化中而崩溃的。

莱亚德出生于英国一户有声望的人家。他的叔爷爷是考古学家奥斯丁·莱亚德爵士(Sir Austen Layard),他以发掘尼尼微(Nineveh)而闻名于世。约翰·莱亚德在和母亲的冲突中成长,他和父亲不亲近,他的一个哥哥和一个妹妹死于战争,他就读于英国比得莱斯学校(Bedales)。

他对英国文化的一个大抱怨是在我们尚未成为孩子之前它就让我们成了大人,因此我猜测这可能就是他的问题所在。他成长得太快,错过了童年的安全感。所以在这方面他更像是个依恋瘾,极度缺爱,非常需要爱。这样的行为的确会搅扰人心。

他只对我袒露过一次心声。这有点像多话的患者偶尔对医生做出的难以理解的指责，但是医生无法理清患者的具体要求，或者无法知道应该在哪个方面辜负患者。

他也是一个善于操纵他人的人。我记得有一次我俩共同的一位朋友来厨房责备我，因为莱亚德曾告诉这位朋友，我一直忽略他！我非常生气，我告诉这位朋友，我是为莱亚德工作的奴隶，也是为他烧菜的奴隶，甚至是为他洗衣服的奴隶！这是最不公平的指责。

但是比起他因我给予的所有帮助表达的镂骨铭肌之情，他忽好忽坏的脾气根本算不了什么。

他的一生听起来就是一个遭人抛弃的故事。每当他向人们袒露自己过度饥渴的爱，大家就会躲他。当他们一起到马勒库拉岛开始实地考察项目一周后，里弗斯没有留下任何解释，搭上一辆路过的汽车出发去了坦戈亚岛(Tangoa)。视里弗斯为典范的莱亚德彻底绝望了。

可是莱亚德的一些事迹仍打扰了一些人。比如荣格突然停止对他的分析，就此莱亚德某日向我解释道："荣格意识到我发疯了，他不喜欢疯子，所以他迅速甩开我。"作为替代，荣格将他托付给托尼·沃尔夫(荣格的情人)。当莱亚德试图让她透露更多她和荣格的性生活，托尼变得非常一板一眼。再比如牛津大学人类学教授向法院申请了禁制令，禁止他踏入该院系。我记得有个同性恋小伙子，大概是个特别会利用年长男性的人，当他意识到利用莱亚德的后果，他可怜巴巴地给自己的门上了锁，试图不让莱亚德进门。

不过，1914 年莱亚德很幸运地到了一个他喜欢和钦佩的部落。莱亚德的美拉尼西亚人可能一直在杀害同性恋食人族，但对他来说，美拉尼西亚人是地球上仅存的真正绅士。他们只是仍处于早期阶段，仅此而已。他对美拉尼西亚人生活和文化的情感和精神财富的解释真是令人深表同情，令人动容！

里弗斯和莱亚德出发前往马勒库拉岛时故意不携带任何肉类，因为他们已经知道小岛上有很多猪。他们不知道的是，美拉尼西亚人把猪视为极其宝贵的宗教祭品，他们永远不会为了食物就宰杀猪。

15—30 年为一周期的仪式带来的精神成长和社会进步是以公猪献

祭和公猪肉宗教餐礼为基础。没有公猪，美拉尼西亚人就无法和社会发生联系，或精神无法成长。没有了公猪，美拉尼西亚人将什么也不是。他们敲掉公猪的牙齿，这样一来它们的獠牙就能按圆圈长在正确的位置，就像皎洁的月牙，有时甚至会长出两圈或三圈獠牙，来此参观的游客都会花钱瞧一眼公猪獠牙。人们会永久保存公猪漂亮的、绝妙的、反自然的獠牙。

在某些仪式里，牺牲并在宗教餐礼上食用专门(不知情)养来祭祀的男人或私生子，或牺牲用买公猪的好价钱从其他部落买来的男人会更好，但野猪是最普遍的祭品。这些专门用于祭祀的公猪被抚养的方式就像女人养自己的孩子一样，它们在浓厚的关怀中成长，吃得比主人好。接着祭祀的日子到了，正如我们将看到的，人们对待公猪的态度变了。

一般说来，失去宠物就像是真正的丧亲之痛，有时会痛不欲生。我记得一个小男孩不小心踩死了自己的宠物仓鼠，这对他来说不是件简单的伤心事，而是惨绝人寰的悲剧！

遑论是故意杀害宠物！然而这就是宗教仪式动物献祭的意义所在。在马勒库拉岛，大人们会在公共仪式中教年仅6岁的男童如何献祭公猪。在这之前，大人会鼓励男孩子折磨并杀死海滩上的软体虫，把这当做是一种游戏。首先父亲会给男孩一头公猪，然后帮孩子绑好它，残忍地用棍子把猪打死，并鼓励孩子嘲笑公猪的痛苦、嚎叫和挣扎。之后，男人们会聚在篝火周围，食用死公猪肉。

莱亚德想知道为什么篝火仪式的公猪肉盛宴只欢迎男人。有个信息提供者向莱亚德解释了一番，刹那间整件事明朗了，莱亚德和我分享了那一刻。那个人告诉莱亚德："当我们杀了野猪，我们必须做一些有男子气概的事情。而我们所做的有男子气概的事就是不和女人一起吃肉。"

这件事对莱亚德来说是个具有启发意义的洞察。他将男孩第一次的献祭解释为切断和母亲之间的婴儿期动物纽带。男童在生活中对母亲盲目的依赖已经成为他个人发展的威胁，是时候该灭了这样的依赖。

这与阿德勒关于"社会感"的理论是相似的(Adler，2005，p.205)。

献祭结束后,男孩和男人一起住一起吃肉。杀死宝贝的动物宠物释放的残酷足以抹灭亲密的家庭依恋,抹灭幼稚的爱,这样一来孩子内心就给更成熟更多的爱腾出了空间。因此令人感到惊异的是,乱伦禁忌最初是禁忌男人和女人在一起吃公猪肉而不是禁忌家庭成员乱伦。新的爱是更难为情的苛求,而且涉及到了更多的人,即涉及整个大家庭,根据原始血缘关系的规则,整个大家庭意味着整个部落。

精神分析学家伊恩·萨蒂(Ian Suttie)以阅读偏远部落(Trobrianders)就乱伦制定的政策获得极大乐趣。虽然该政策对于亲戚间发生被禁止的乱伦关系可能有回旋的余地,但是如果一对夫妇被抓获在一起用餐,那么他们将为此付出极其惨痛的代价。一般说来乱伦禁忌不仅只是一种规则,用于反对某些不利于优生学的放纵越矩行为;乱伦禁忌还是一种情感约束的合理恐惧,这种约束会阻止个人成长,阻止个人走向外面的大世界。

在第一次献祭中,男童对待宠物公猪时那种欢欣鼓舞的、放肆的、施虐狂的恶意同时也指向了乱伦的亲爱母爱,这样的母爱现在开始使他厌倦并阻止他的成长。因此第一次献祭是对母亲的一种摈弃。

或许通过嘲笑公猪的痛苦,男孩也正在形成自己的幽默感,毕竟成长和感情上继续前进的痛苦也可以是趣事,不是悲剧。男孩会变得不那么以自我为中心,更懂得和他人分享(以和他人分享公猪肉作为开始)。男孩变得不再依赖女人,和男人加强联结。公猪的獠牙是不能与沙特尔大教堂(Chartres Cathedral)一概而论的宗教艺术品,但却融合了水月般圆润的超自然美,它是个具体的例子,体现了文化如何将自然和本能转化为精神,如何将动物依恋转化为人类的爱。

随着献祭的终身循环会继续下去,反复恶意残忍地杀戮公猪可以将男人从对母亲、姐姐或妻子的过度依赖中释放出来。当公猪死了,他把手高举指向鹰,此举被视为精神象征。接着男人的精神得到了释放,他可以为整个部落承担起更多的责任,给予更多的关心,创造并发明舞蹈、歌曲、音乐和艺术品(顺便说一句,出售这些东西可以增加他的财富)。

仪式结束后,男人就开始了新行为方式无限的、不可预测的可能性。例如,当后石器时代(the post Stone-Age)的希伯来人亚伯拉罕奉行上帝的旨意,同意杀死自己唯一的儿子,此举被视为一种文化进步。因此亚伯拉罕的所有后裔都无端地在情感上构成了接受上帝(或是人们用于把这一概念转化成自己语言的任何词:“内心的事物”、本我、自我、集体无意识、生命力等等)可能要求的最残忍的罪行,比如杀婴,上帝还要求顺从。

马勒库拉岛人仍处于刚进入20世纪的早期部落阶段,他们从未有过杀婴行为。如果他们要提供人祭,他们会选择一个敌人或私生子,家住得远的人。在吃掉人类祭品之前,他们会先把祭品圣化,让祭品变圣洁。当天主教传教士告诉马勒库拉岛人弥撒的意义,他们准确地把握了它的意义。基督徒吃耶稣肉的仪式和马勒库拉岛吃肉的仪式是一样的。

莱亚德很有兴趣去查明女人如何妥善处理这些仪式。毕竟她们必须养公猪,并将公猪视如己出。有些部落从野外捕捉动物幼崽,并将其交给一位女人养。更糟糕的是,女人在抚养将作为人祭的私生子时是什么感受呢?实际上,对于旨在切断母子情感的不断上演的残酷杀戮仪式,她们作何反应呢?她们又是如何面对失去幼子一事,让他们和父亲一起生活?

关于仪式影响男人与女人的方式,莱亚德有了一些惊人的发现。男人被期望和自己的女性亲人切断乱伦纽带,相反,女人必须保留母子之间的乱伦纽带神话。通过这个发现,莱亚德指的是在一些非常原始的部落里发现的骇人的母亲(Terrible Mother)神话也是非常反对部落潜意识里的精神特质,这些原始部落里的母亲希望儿子和丈夫处于敌对状态。

当然当地人没有意识到公猪祭祀是对男童侵略行为的释放,男童的侵略行为反对对母亲或姐姐的幼稚依赖或乱伦欲望。在他们清醒的头脑里,公猪祭祀是为了抵御他们最致命的敌人:勒赫赫(Le-Hev-Hev,字面意思是“把我们拉到它身旁,这样一来它便可以吞噬我们”)。勒赫赫是典型的噬灵母亲,会把人拉回共生知足的分娩阵痛中。在绝望的时候,我们有时会发现一个渴望被安慰的内心,渴望回到母亲的子宫,回到极乐的灭绝。尽管马勒库拉岛人的确存在一位叫做泰伽(Thaghar)的善良宽厚的神,但无视他的人比崇敬他的人还多。但是当地人害怕的、祭祀的、抚慰的、对抗的以及呼求的是勒赫赫。勒赫赫是个可怕的生物:是长着许多大爪子螃蟹般怪物,是一头巨大的母猪,众所周知她会吞噬乳猪。她潜伏在自己的山洞里,无度地索求祭品。当地人认为自己死后必须和她战斗,战胜了她才得以达到火山(即马勒库拉岛的天堂)。勒赫赫将在他们通往天堂的途中设置许多陷阱。传说中她用沙画了一个迷宫,而且她会擦掉迷宫的一半。如果她的祭品无法完成剩下的迷宫,就会被她吃掉。一个人只有通过了所有试炼,才可以达到最终的目的地:火山。由此,莱亚德推断火山代表的是勒赫赫本人。

仪式开始之前要有充分的准备,要举行斋戒与禁欲,其中祭品成了被祖先亡魂附身的人。同时,他们也表演了"足以表达所有情感的最复杂的"歌舞(Layard, 1942, p.13)。

莱亚德明白这些祭祀是为了重生,为了重新开始。公猪代表每个参与者的另一个自我,因此,男人真的是在牺牲自己。

创造了这些仪式的文化英雄被称为托维维(To-we-we)。他和自己的妹妹成婚,和自己的母亲发生性行为,最后和自己的公猪掉进树洞里牺牲了自己。莱亚德把托维维和托马斯·曼(Thomas Mann)笔下神圣的罪人(*Holy Sinner*)作了一番比较,神圣的罪人也因为和妹妹乱伦得罪了社会,最后他通过自我牺牲弥补自己的罪过。

现在我们终于知道乱伦的问题出在哪里了。乱伦无关乎优生学,也无关乎导致父子阋墙(如弗洛伊德所想)。乱伦的问题在于它形成一种阻碍了爱自然成长的纽带。在石器时代的马勒库拉岛,父亲和儿子是儿子走向成年的一个结合体,儿子和母亲或姐妹之间任何剪不断的纽带都是这一发展的阻碍。

因此马勒库拉岛岛民大战勒赫赫的原因有很多。因为她不只是噬灵的母亲,还是给男人一生设置了诸多挑战的启动母亲(Initiating Mother)。因此她会给男性性格带来持久的女性影响。世界神话中充满了摧毁其软弱男性追随者的女神故事,这些男性追随者包括奥西里斯(Osiris)、阿提斯(Attis)、阿多尼斯(Adonis)、塔穆兹(Tammuz)和奥丁(Odin),甚至包括我自己最早的祖先迪尔米德(Diarmid)。

[我的祖先迪尔米德太英俊了,这对他来说不是件好事。他无法抵抗格兰尼(Grainne)的执意诱惑,格兰尼是天空之王芬恩·麦克库尔(High King Finn McCoul)的妻子。最后,可怜的迪尔米德被巫女灰眉毛(Grey Eyebrows)的公猪杀死了。]

但是马勒库拉岛男人知道最好不要让任何女人完全控制自己。通过献祭仪式,他们得以控制母亲体内女神的侵略性和聪明,甚至接手了她的母性。虽然妇女不得参与集会讨论部落事务,莱亚德注意到部落首领表现得就像是其他人的男性母亲。

男性团队中的男性母亲影响(慈母)是一个不常被提及但经常被注意到的现实,比如传统英国武装部队(British Armed Forces)中的优秀分队。在服兵役(National Service)期间,我发现年长的士官(non-commissioned officers, NCOs)提到关照招募的新兵时会用"保姆"(nannying)一词,但他们从不会称之为"育儿"(mothering),我认为"育儿"一词可能会更合适。我记得我们当中几个人挨了一顿臭骂(这是我们的叫法),因为我们让一位年轻军官喝得酩酊大醉,我们本来应该一直照顾他的。挨骂之后,我们将士官的教诲铭记于心,这位士官变得更加像是一位男性母亲——当然,我们从未真的把这个词说出口。

在马勒库拉岛,虽然人类不如动物那么频繁地被当做祭品,但人类祭品的确有自己的优势:公猪祭品需耗时多年才能达到人类祭品对人类精神的推进程度。烧煮人类祭品的方式和烧煮公猪是一样的,那里有彻夜的庆典和舞会,所有的男人都在吃同一具尸体。带骨的大块肉被送到其他村庄。就连莱亚德也参加了这样的盛宴,他小心翼翼地咀嚼一小块胳膊肉,觉得很可口。吃人肉被认为是一件勇敢的令人敬畏的事,一个吃人肉的人什么都不怕,甚至连噬灵鬼(Devouring Ghost)都不怕。

莱亚德曾和我分享他与另一群不同的部落男子在一起的奇异经验。他加入了那个部落一次漫长的旅程,其间他不得不背着大包行李步履艰难地走过沙漠,该部落进行此次远征是为了把强制性的仪式礼物带给他们的姐/妹夫们历经一整天的长途跋涉,姐/妹夫们终于映入了眼帘。莱亚德松了口气,等着她们上前来,希望得到一些问候,聊聊天,分享一下新鲜事,也许还有小茶点。但,什么都没有!和他一道的部落男子一言不发地把礼物往地上一扔,转身沿着来时的路回家了。起初莱亚德对这种奇怪的行为感到很困惑,但加上自己后来所知道的一切,他便明白了这是怎么一回事。

在马勒库拉岛,他们认为性生活始于自己的姐妹(指儿童间的性游戏),但当兄弟姐妹到了适婚时期,他们必须避开对方;如果他们在路上偶遇了,那么女子必须转过脸,而且男子不得在她面前讨论和性相关的问题。当她年龄渐长,她就被送给另一个男人,即自己的堂兄/弟。在这些部落里,婚姻就是交换姐妹。因此,那些在成长阶段和姐妹关系亲密的男子一般都会憎恨她们被从自己的身边带走,而且会对自己的姐/妹夫们有侵略性的行为,正如莱亚德亲身经历的那样。

然而马勒库拉岛文化令人如此惊叹的是它成功地把这些死敌变成最好的朋友,不仅是宗教仪式伙伴和贸易伙伴,还有其他关系。这是同性之爱的成就。

当一个已订婚的女孩太年轻还无法发生性行为时,她的兄弟会在家中为她留有一席之地。因此很多男孩一般都和自己姐妹的小未婚夫们在被动的同性关系中长大,然后与自己尚未适婚的新娘的兄弟们在主动的同性关系中玩耍,随后发生异性性行为且为人父。在某些情况下,年轻的男孩会被"卖"给年长的男人,让男人在入会仪式过程中教导并指导男孩。完成入会仪式后,他们会回到自己姐妹的未婚夫身边继续发展同性友谊,直到她本身准备好终止这一切。

然而尽管有这些同性情谊,但乱伦禁忌仍存在。男孩的导师从来不是自己的父亲,而且该部落完全从未有过和父亲、兄弟、儿子等男性发生乱伦的现象。事实上在美拉尼西亚的入会仪式中,导师被称为父亲,而小男孩被称为妻子。

1959 年,莱亚德向荣格分析学会(Society of Analytical Psychology)提交了一篇题为《原始社会同性性欲的自我功能》(Homoeroticism in primitive society as a function of the self)的论文,该论文

结合了他在马勒库拉岛的研究，指出如何用它们解释现代人的心理结构。不过，他并没有表明对自己具有同性恋倾向的想法。他从自己的梦得出了一个结论：由于他拒绝了自己的同性恋倾向，所以它已成为他的人格“阴影”(荣格提出的术语)。因此，他觉得他的同性恋倾向必须结合他的自我意识，这样他才能成为一个完整的男人，才能和女人正常相处。

莱亚德在马勒库拉岛看到，尽管这里到处有同性性欲退化形式，但是同性之爱优雅复杂的对称模式将所有部落团结在一起，团结的力量在这种模式里通过成功地平衡紧张状态，从而制衡了分裂的力量。

该论文令人惊讶的研究目标是：同性之爱构建了社会，不论它是否通过肢体或意识表达出来。

人类学家不会轻易使用“爱”这个字眼，但毫无疑问，始于原始社会的爱并非发生在异性男女之间，而是发生在同性的男人之间，在该论文的案例中，同性之爱发生于男人-爱人(man-lover)和男孩-爱人(boy-lover)之间，男孩-爱人既是自己的姐妹替代者，也是男人-爱人的妻子替代者。在很久以后的文化史里，这样的爱(即反对纯粹的性关系)让女人变回了妻子。

正如前文所见，马勒库拉人纵欲种类繁多，他们以此建立了各种关系：童年的乱伦、被动的同性之爱、主动的同性之爱、异性之爱以及其他关系。莱亚德认为马勒库拉的男性导师不同于西方的文明男性爱人，这些导师培养其男孩-爱人新手的异性恋特质，为男孩以后的妻子作好准备，鼓励并增强男孩的性欲。

一旦男孩完成入会仪式，部落会在一系列的祭祀和仪式中欢迎他们的归来，此时他们可以以平辈的身份和自己的导师交流。与西方世界相比，这一切似乎是一个制度化的同性恋少年和同性恋指导系统。

1938年，莱亚德和荣格起了冲突，和许多患者一样，他对荣格产生了强烈的移情，莱亚德做过两个和同性恋有关的梦。在其中一个梦里，帷幕拉开之前，他和荣格躺在一起，两人的衣服散落在空荡荡的剧院里。莱亚德向荣格描述了这个梦，他知道自己是在要求荣格多放点心思在他身上，但是荣格只是回道：“我们不能讨论那个问题。”

当莱亚德告诉荣格自己曾想在苏塞克斯(Sussex)的一所教堂里和妻子多丽丝(Doris)发生性行为,但再一次,他一无所获。荣格告诉他:“你不能这么做。你这是在亵渎教堂!”(Hayman,2002,p.354)

荣格在性话题讨论中的沉默让莱亚德甚为受挫,因此两人之间的分析关系开始恶化。分析结束之后几年,莱亚德试图与荣格一起工作,但荣格老了,累了,比以前更难接近了,尤其是谈到性的时候。事实上几年前在写给弗洛伊德的一封信中,荣格曾提到自己被某个人“背叛”了,这意味着他和某个人有过一段同性恋情谊。这件事使他受了创伤,因此,他发现自己很难和有同性恋倾向的患者相处。

尽管莱亚德吸收了荣格的发现和想法,而他自己也成了一名荣格心理分析师,但他也通过荣格对本能、性欲和人性的极力回避强调了这位伟人的缺点。

不仅在心理学思想启蒙中,而且在整个文化历史中,莱亚德的发现至今仍是最重要最鼓舞人心的发现之一。他发现了某小岛石器时代众多部落中人类之爱最古老的进化起源,这个小岛距新赫布里底群岛只有 60 英里远。

莱亚德首次向我们展示的这些石器时代的男人和女人,表明他们比我们所能想象的更加奇怪更加不同。我们需要花大量心思才能了解他们。不过有了莱亚德的帮助,我们开始意识到这些人的精神仍活在我们的体内,也意识到无尽的探求,探求迫使原始激情可怕又纠结的根源产生越来越多的爱。我并不了解莱亚德的所有思想,但因为我了解他是什么类型的人,所以我认为他提出的具有新颖性和独创性的想法讲的是如何理解我们最深层的本性,他的贡献值得被周知。我意识到自己可能会误解他,若真如此,如有来生,我可能就完蛋了。

第二十章　萨尔瓦多·米纽庆：家庭纽带

家庭生活的标准仍是传说中的“所以他们结婚从此幸福地在一起生活”。怪不得很多家庭无法达到这个标准。

(Minuchin，1974)

对于性格外向的治疗师来说，家庭治疗是动力性心理治疗的典范，正如释梦治疗(dream therapy)之于性格内向的治疗师。我一位外向的心理医生同事说，从个别心理治疗(individual therapy)走到家庭治疗感觉就像从黑色走到白色。其实所有的治疗本质都是家庭治疗，即使接受治疗的患者只有一个。的确，在个别心理治疗过程中听到患者亲属情况有所改善是件令人很开心的事情。

在家庭治疗中，医生是在和一大家子的人打交道，这家人就当着医生的面让彼此难受；当医生弄清他们这家人的手段，就可以加入并阻止。我将在本章告诉读者 20 世纪下半叶一位家庭治疗师，即来自美国的萨尔瓦多·米纽庆，他展示了侵犯行为的治愈能力。但在这之前，我想先描述一下他所处的新工作环境，因为这对我们的心理学思想启蒙来说至关重要。

大约在 20 世纪中叶，家庭治疗师和导弹的部队开发者对系统论(控制论)都很感兴趣。之前我们已经看到系统论在婴儿方面取得的成就，让婴儿知道自己终于何处，世界始于何处。英国人类学家格雷戈里·贝特森(Gregory Bateson，他曾迎娶了玛格丽特·米德)对“我”感官起作用的系统产生了兴趣：“我”能延伸多远？“我”如何被“你”影响？在实践中，贝特森看到“我”准确无误地越过我们延伸到环境中。(我们不把听到战斗机飞行员说“他们击中机翼了”当一回事。)贝特森的形象是一个在砍倒树的人:每一刀都取决于前一刀砍下去后整棵树的状态;同样的,在家庭中我们采取的是复杂的反馈回路,每个人都是这个回路的一部分,每个人都受其他家庭成员激活和制约,与此同时,激活和制约其他家庭成员,这就像智能炸弹击中目标时其内部复杂零件之间的反馈系统。

贝特森和他的朋友们的天赋在于他们看见了一些家庭下意识地存在对家庭成员变化和发展的焦虑回避,就好像家庭成员害怕孩子会长大,他们称之为“自我平衡”(Bateson,2000,p.355)系统,这种系统就像屋里的恒温加热系统,旨在避免改变。你可以看到纠结、过度保护、严厉和冲突避免都可能阻碍孩子发展独立性。这种“系统模式”(system model)是心理学思想启蒙系统的指明灯之一。

萨尔瓦多·米纽庆是家庭治疗的先驱,通过将家庭看做一个系统,他利用了这些洞察。在这一系统中,每个家庭成员的行为都对其他家庭成员的行为产生影响。米纽庆1921年出生在一个俄罗斯-犹太移民家庭,他在一个拥有4万人口的阿根廷小镇长大。因为这是个紧密结合的小镇,所以在解决家庭矛盾时无法选择逃避,因此米纽庆在工作中将家庭矛盾的挑衅和解决转变成一种令人赞叹的强大治疗手段,但这一手段也存在危险。作为一名治疗师,米纽庆24小时为患者待命,他不是在午夜迅速行动去阻挠弱势家庭中试图谋杀的人,即他负责治疗的黑人(Nergo)或矮个子(Chiquito)家庭;就是呆在儿童病房里的午夜急诊,治疗糖尿病病发或出现哮喘危象的儿童。这样的儿童患者需要心理治疗,因为常规的治疗方法(胰岛素等)对问题家庭里的孩子的疗效不如其对情感正常家庭里的孩子的疗效。他对这些儿童病例特别感兴趣,尤其是患有严重神经性厌食症的儿童病患。

1978年,米纽庆和他的同事罗斯曼(Rosman)与贝克(Baker)出版了一本名为《身心症家庭:探索神经性厌食症的家庭脉络》(*Psychosomatic Families: Anorexia Nervosa in Context*)的书,此书是他们发现与实践诀窍的总结。家庭治疗的新发现彻底改变了心理动力学,最初主要改变是在儿童治疗、家庭治疗和婚姻治疗三方面。

米纽庆描述了一个糖尿病儿童病例：小女孩已经接受了一位精神病医生的治疗，那位精神病医生试图保护孩子免受家庭压力，认为是家庭压力导致稳定糖尿病的药物莫名失效。但米纽庆不同意那位精神病医生的观点，并采取了与之相反的做法。他屡次会见小女孩一家人，并在治疗期间诱导他们把家庭危机化为行动，以此来帮助这家人解决这些危机。在治疗过程的某些疗程，米纽庆还鼓励小女孩以独立个体的角色和家人相处。经过几个月的家庭治疗，小女孩的父母终于能够处理两人之间的矛盾，不像以前那样总是把女儿也拉下水。这种治疗的结果是要终止小女孩的长期住院，治疗结束后，治疗效果维持了九年之久。

米纽庆和自己的团队研究了他所谓的"身心症家庭"，即家庭里的儿童患有以下几种疾病：难以控制的哮喘或糖尿病，或神经性厌食症等。

在一些家庭中，家庭成员以一种不健康的方式摆脱对彼此的约束，比如一些罪犯家庭，再比如从动物身上获得情感支持的英国上流家庭（直到我遇见了这样的病例我才不再认为这只是笑话），但米纽庆的"身心症家庭"恰恰相反：其家庭成员间的情感联系过度，即"纠缠"（enmeshed，Minuchin，1974，p.55），同时存在过度保护、严厉以及冲突避免现象。

米纽庆的研究团队还观察到厌食症研究（以前对厌食症的研究力度很大）从未注意到的新事物，但以前治疗师只能在报告中指出病患家庭发生的事情，而不是直接观察病患家庭动态。

其中有些观察相当惊人。比如有个女孩一直表现出无助无望，受母亲控制和攻击的样子，现在这可以被看做是暴君似的控制她恶狠狠的双亲。同样，有位父亲最大的愿望就是吃掉自己的孩子，然后再让孩子再次健康成长，这可以看做是破坏妻子在教育孩子这方面的努力。

还记得卡伦·霍妮说过四种本质上是要避免冲突不让自己受伤的方法带来的麻烦吗？也就是当你被困在其中一种和他人相处的方法之中，而且无法灵活地移动到不同阶段时遇到的麻烦。同样，米纽庆认为正常的家庭使用了霍妮描述的相处方法，但他们也用了其他方法，因此最终他们找到了解决矛盾的实际方法。但是,有厌食症儿童的家庭一直被困在一些避免斗争的技巧中。这才是麻烦的根源,是疾病,即互动的惯用模式。因此人们倾向于认为厌食症是家庭互动引起的疾病,但米纽庆进一步探索病因,他放弃了了解疾病的传统线性因果关系模式,并且将厌食症症状看做仅是整个病态家庭系统中的一个方面。尽管他们可能会大力反对这个理论,但是整个家庭需要孩子不吃东西。这是潜意识愿望的新认识:愿望下意识地支持家庭互动系统。

阅读米纽庆治疗厌食症病例的记录,你会发现米纽庆令人望尘莫及的原因在于他大量的研究和理论都源于他的实际经验,也就是他融入接受治疗的家庭,然后把这当做是自己的家,并用同样暴力的本能情绪作出回应。易激动的意大利家庭门诺提斯(Menottis)一家正陷入苦恼之中,因为这家的父亲威胁道如果女儿和某个男孩出门,他就要打断她一条腿,当米纽庆在治疗这家人时,有个观察者问他怎么知道这个看似在吵架的家庭实际上是在避免冲突。米纽庆回答说他之所以知道是因为他们并没有惹火他,是的,他感到沮丧和无助,但是这家人明显的攻击从未真正挑起是非,他们总是不知不觉地陷入怜悯或内疚或一些绕过真正冲突的情绪。我记得 20 世纪 70 年代米纽庆来到伦敦,他深受伤害,因为治疗厌食症的伦敦老前辈们并没有完全接受他的研究。我想他的确是受伤了,但我很难想象那时教育英国精神病学家的众多公立学校有能力做到米纽庆所做的一切。

当患者的绝食将她的生命置于危险之中,米纽庆的厌食症治疗方案就开始了。随后患者会被送往一家医院调整她的生活规则以增重。然后,通常情况下,第一次大型治疗事件就是和米纽庆医生一起参加自己的家庭午餐。米纽庆清楚地知道他的目标是什么:家庭闹剧。

"闹剧"这词用得很精准。米纽庆迅速地融入这家人的情感,和每个人建立友好关系,支持这个家庭的长处和价值观,敏锐地欣赏每个家庭成员的个性,几乎就像他对他们的喜欢胜过他们彼此间的喜欢(这是不可能的)。米纽庆认为治疗师带着亲近感融入一个家庭,而且治疗师必须体会到作为该家庭一员的感受,并感受到对产生影响的家庭系统力量。但当他融入这家人的时候,他还承担了领导者的角色,他首先会抓住任何机会挑起家庭成员间的纠缠、过度保护、严厉和冲突避免等等，通常米纽庆会采用温柔、幽默、友好的方式。米纽庆说，这项工作要求由一位有亲和力、可信赖的治疗师来执行，但随后这位治疗师要挑起并逼迫家庭系统所能承受的范围。他曾说过，受治疗师挑战的父亲应该感觉自己像是被最好的朋友刺中腹部。如果治疗师想让这个积极的自我校正系统失衡，那么他甚至可能必须撒谎。

在午餐聚会上，大伙儿点好了菜，当大家正在用餐，通常米纽庆会挑起内战(他并不总是这么做，他的技巧灵活，有时他会忽略厌食者是否有吃东西，会关注其他冲突)。在一个致力于避免冲突的家庭中挑起真正的内战并不容易，但米纽庆是这方面的专家。

在我看来，米纽庆的工作比他自己所想的还要出色。有时，一个人并没有意识到自己的天赋，而我们这些呆头呆脑的旁观者却意识到了，因为我们感受到了他的耀眼光芒。米纽庆将自己所做的事情描述为“拯救小星球的心理治疗”(psychotherapy for a small planet)，是一种识别“社会系统巨大力量”的“脉络方法”(Minuchin, Rosman & Baker, 1978, p.323)，这是一个实在的描述，但米纽庆还做了更多的事。他欢迎仇恨，并将仇恨转变成爱。

他所看到的家庭都太焦虑，没办法公开去恨，正常去恨，但米纽庆可以推他们一把，让他们过了这个坎。套用埃里克松(Erikson)的精辟妙语，他们的“共享恐慌和独立焦虑”(Erikson, 1959, p.28)抑制了他们的成长。他们的文化也救不了他们。多亏了心理学思想启蒙，我们知道仇恨是为了保证上帝恩赐的独一无二的爱，这意味着它不会推翻其他类型的爱，而是会结合这些爱一起创造社会感。(我记得有位以色列政客就中东问题说了一句话：“生活是一场有正当理由的战斗。”)

既然我们对潜意识已有更好的了解，那么我们可以更好地理解一个家庭中从未说出口的话可以轻易地变成该家庭成员从未想过的事情，即使这些话仍潜伏在人格阴影里。就此精神科医生克里斯托弗·波拉斯(Christopher Bollas)有一个很好的表示方法：他称之为“没有想到的已知”(the unthought known, Bollas, 1989)。这可能需要一位勇敢自信的治疗师引导这些人去想那些他们不想去想的事情。

在本书中我仅向各位介绍了一位从事家庭医疗的治疗师，但还有其他的家庭治疗师，从所有参与者的角度来看，这些治疗师出色的工作为改变家庭生活和婚姻生活作出了贡献。美国的弗吉尼娅·萨提亚(Virginia Satir)引领了家庭治疗，因此有段时间美国的家庭治疗处于世界领先地位。后来罗宾·斯金纳(Robin Skynner)开始在英国伦敦的莫兹利医院(Maudsley Hospital)训练几代心理健康工作者，长达十多年。现在家庭和婚姻治疗被认为是一种主流技术，而且正确的治疗可以让我们重新发现自己和他人相处的能力，爱人的能力和被爱的能力。

我在英国国家医疗服务体系撰写本书时(2005)，英国患者可能会接受彼时医生恰好相信的治疗方法：个别心理治疗、家庭治疗、团体心理治疗或认知行为治疗(CBT)。在团体心理治疗中，一场首次聚会或两次谨慎礼貌的帮助会让步给混乱和复杂情感，包括敌意，随着治疗工作的推进，接着会发生真正的共鸣。每位患者发生的变化和其他治疗方式是一样的：起初每个人会尝试和其他团体成员相处，就像是在和原生家庭的成员相处，并以自己本来的面目结束互动，结束后可能会对社会本质有新的认识。美国精神病学家亚隆(Yalom)认为一位团体心理治疗师绝不允许从等待名单上挑患者，因为医生往往会下意识地重现他自己的原生家庭。

从家庭病理延伸而出的情感纠缠会蔓延至国家及其文化病理之中，这是心理学思想启蒙最有趣且最具潜在功用的研究之一，过后我们将回过头来谈这一话题。

第二十一章　一个人的众多部分

我体内有另一个男人，他生我的气，责备我，骂我，让我成了懦夫。

(Browne，1909)

早期潜意识领域的伟大探险家，虽然有部分相同之处，但探索的是不同的范畴，每个人都是自己范畴内的国王，每个人都明白自己说的是什么。弗洛伊德如征服者般开始自己的职业生涯，他在我们潜意识里发现了我们无法承受去记起的伤害（“创伤”），随后发现了我们无法承受去知道的我们所拥有的欲望，比如性欲以及杀害家庭成员的欲望。他看到了意识产生的阻止我们去想这些事的技巧（即让它们保持无意识的“防御”）为何无法解决我们体内的冲突，反而让我们感到挫败、不开心，甚至导致我们生病。后来他发现了激发我们欲望的是潜意识更深处的本能，并指出这些本能在一个人从儿童发展为成人的过程中如何进化和改变，指出防御如何破坏人类的正常成长。

于是弗洛伊德的王国包括了两个方面：第一，一个人内心的内部冲突和内部结构；第二，发展和成长。如果弗洛伊德接受友邦阿德勒和荣格的贡品，那么他本可以成为一代帝王。阿德勒是我们与他人交往的潜意识领域之王：大脑为我们“安排”的回避交往的勇敢有用的潜意识，以及我们如何下意识地选择具有侵略性的优越感和权力，而不选择公正。（“安排”是阿德勒讨论“防御”的方式。）毕竟这只是另一种懦弱的回避方式。

荣格又将弗洛伊德和阿德勒往更深的内心推进，直接进入内心世界，越进一个内在的非我(inner not-me)，即集体无意识(只是旅行者的故事吗？自己去一探究竟吧!)。此外，荣格的后半生也在研究自然发展，他称之为个体化(individuation)。

因此，自本世纪初就存在三种潜意识范畴要将心理学洞察殖民化：

1. 内心(*inside us*)——内部结构和内部冲突。
2. 外界(*outside us*)——和他人间不自觉的交往。
3. 发展和成长的潜意识过程。

这三种潜意识范畴其实是从三种不同的角度来看同一件事，即我们自己(us)，但是独立的精神治疗师倾向于牺牲其他研究只追求其中一种。在这一章，我将从这三种潜意识范畴的第一种说起，也就是内部冲突和内部结构，并阐述它在19世纪中后期的发展。

从先前的章节我们已经看到了弗洛伊德、荣格和费尔贝恩对一个人的众多部分的不同描述。19世纪90年代，弗洛伊德认为歇斯底里症和多重人格有相同的精神病理学，他带着这一想法开始了自己的研究。他的著名病例安娜·欧，在两个自我之间备受折磨，一个忧心忡忡的女人和一个顽皮的孩子，当顽皮的孩子自我占支配地位时，她会出现记忆隙。随后在20世纪早期，弗洛伊德看到了患者鼠人如何分裂成三个自我：其一是个正常的小伙子，其二是个虔诚的禁欲者，最后是个充满激情的邪恶小男孩。但鼠人并不是一个多重人格障碍患者，因为他的三个自我并没有为此发展出足够强劲的界面(或我-你边界)。多重人格就像是把手指放在一团水银上面：因为表面张力非常强，所以水银分裂成很多独立的水银滴，每一滴都有各自的自我边界。

当弗洛伊德还是个年轻医生，那时多重人格的病例很罕见，而且需要反复琢磨才能确诊，但是到了20世纪70年，多重人格病例开始看起来像是美国的一种流行病(估计病例数目为1988年的2万例至1990年的30万例)，20世纪80年代出现了大量关于多重人格的文献，其中包括教科书、期刊和特殊医学会公布的文件。受欢迎的是电影和书籍，比如电影《三面夏娃 》(*The Three Faces of Eve*，1957)、书籍《女巫》(*Sybil*，1974)和《当兔子在嚎叫》(*When Rabbit Howls*，1988)。其中患者大多是女性，而且她们年幼时往往惨遭性虐待。

1975年之后，我们在盖氏医院见过的十几个病例几乎有一半的患者是男性，而且只有三例性侵犯报告。我认为性虐待只是问题家庭（患者往往出生于问题家庭）引起的严重伤害，并非是引起多重人格障碍的具体原因。

直到最近，真有精神科医生无法相信这种说法，他说"多重人格病例所需要的只是一个聪明的歇斯底里症患者和一个易受骗的精神科医生"。至少肯定有一位罪犯假装自己有多重人格试图免于受罚。1987年，有位心理学家同事举了个例子，犯人就是能被一眼识破，因为评估该犯人的心理学家精晓改变的精神状态。

在真正的多重人格病例中，看到患者的整体姿态和外形变成另一个人一开始都会让人不知如何是好。一个不同的人支配着这个身体，有着完全不同的态度，不同的面部表情，不同的说话方式，不同的肢体语言。之前安静顺从的女孩突然变成一个骂街的泼妇，怒气冲冲地跺脚，满怀怨恨地盯着你，那可真够吓人的。进一步交谈，我们会发现亚人格(second personality)知道主体人格(first personality)不知道的事情，而且根本不记得其他非常重要的事情，亚人格肯定想要非常不同的生活。另外，每种人格都可能有不同的精神疾病（有份病例报告中亚人格甚至患有精神分裂症）。主体人格和亚人格的性别、听力、视力可能都不一样，更甚者，对同一种药物竟有不同的反应。

在美国的多重人格案例中，主体人格(front personality)一般不知道其他人格的存在，而且会向医生主诉其他症状，比如出现记忆隙。在盖氏医院，我们只有两起这样的病例。事实上这两起病例中有一位患者根本没主诉任何症状。该患者是一位年轻女子，她的全科医生以担心她的行为为由将她送来盖氏。这是一位非常有礼貌、很单纯的姑娘，但人们曾看过她在街上卖弄风骚，而且实际上她曾勾引自己的全科医生，这似乎完全不符合她的性格。当医生问她话的时候，她说她没有注意到自己生活有什么异常，除了……嗯，是的，除了一件有趣的事：她在自己的衣橱里发现了自己绝对不会穿的性感衣物，而且衣服绝对不是她母亲放进去的。

在催眠下的一系列访谈中，主体人格能够窃听到医生和亚人格的谈话，尽管起初她有点被亚人格震惊了，但是它们渐渐了解对方，而且变得能和彼此分享意见，最后两种人格融合在一起。早前主体人格的判断力被分离了，并且被留在家里，所以她一直穿着透视罩衫和裙裤上街，并以不道德的方式勾引不合适的人，这只会导致她做出比自己所需的还多的轻薄行为。该患者结束治疗后，我希望她能大胆去探索家庭以外的生活，但是带着更好的目标出发。

在盖氏医院的其他多重人格病例中，患者表现出来的人格都意识到自己在和一个或更多人格分享生活，并且知道它们。在一个病例中，艾丽丝，她的人格障碍是由家人喜欢女儿做什么以及不想要女儿做什么的无意识分裂引起的。比如当一个家庭害怕孩子会长大，他们可能也会做出和艾丽丝家人一样的举动。艾丽丝告诉我，当她在我办公室外的等候室里等我，她母亲曾告诉她不要说脏话。对此艾丽丝什么都没说，但是她已经习惯了这种事，她知道说脏话的是妮古拉(Nicola)。妮古拉是和艾丽丝共用一个身体共享生活的贱人(妮古拉的话)，她会时不时地出现，在这种情况下，她已经厌倦了等待就医。艾丽丝给亚人格取名为“妮古拉”，她认为如果她要在那里呆着，那么她最好有一个好听的名字。

艾丽丝真是一个很好的姑娘，她笑容甜美，表情有趣又友善，真诚地关心并牵挂自己生活中的人。在我们的第一次谈话中，明显可以看出来妮古拉是艾丽丝对自己不是很可爱的离异双亲的愤怒反应。妮古拉已经被分离了，因为艾丽丝担心自己的愤怒会失控。但是，当然，将妮古拉分离只是一种控制愤怒的方法：不管是否被分离，只要妮古拉愿意她就能畅所欲言。有一次，艾丽丝的妹妹在街上遭一些女孩欺凌，妮古拉出现了，只说了几句话就把那群女孩吓跑了。当妮古拉想出现并对家庭不和发表自己的见解，她很气父母不听她说话或者甚至不在场。艾丽丝从未向父母表达自己的愤怒，而且她也没有过成功表达愤怒的经验，因为她会害怕。只有她知道妮古拉的存在，这就导致艾丽丝和其他人的关系进一步恶化。比如她无法向男朋友解释为什么她在性行为中的多变：艾丽丝喜欢不发生性行为的拥抱，而妮古拉喜欢性行为，因此和男朋友在一起时，她对性的态度取决于当下在场的人格。

好女孩和顽皮女孩(通常是一个成熟懂事的好女孩和一个稚气的顽皮女孩)是多重人格中的常见组合。

好女孩-坏女孩的一个病例是《三面夏娃》中的白色夏娃(Eve White)和黑色夏娃(Eve Black)。白色夏娃是一个虔诚的浸礼会教友，在交谈中她主诉头痛、暂时性失去知觉和冷漠，仿佛受教礼和抑制症束缚。她的丈夫讲述了黑色夏娃现身时的一些怪事。

黑色夏娃不负责任，享受活着的每一刻，她“装扮时髦，混合了不矫揉造作的孩子气和浑然天成的轻佻放荡”(Thigpen&Cleckley, 1957, p.27)。她鄙视自己之前作为白色夏娃时结婚生子的行为，但也是她才能够解释为什么白色夏娃的丈夫会收到一张购买昂贵性感衣物的账单。说到白色夏娃时，黑色夏娃说：“我喜欢享受生活，而她不喜欢。”(Thigpen&Cleckley, 1957, p.28)

我怀疑上述病例的家人在她们进入青春期时，可能改变了对她们的态度。青春期少女的敏感会比以前加倍令人为难。(我一朋友曾对她女儿说：“别靠近我，你太性感了。”)这样的家庭可能会害怕自己女儿生气勃勃的、性感的、享乐的新自我，并且由此产生的失望或愤怒可能会导致愤世嫉俗和疏远成为亚人格的一部分。通常情况下亚人格想要的东西包括了那些和内心不一致的愿望，或者和如何看待自己不一致的想法，因此这些东西都被拒绝了，即弗洛伊德所谓的“压抑的东西”(the repressed)和荣格所说的人格“阴影”。

在费尔贝恩的人格心理分析研究中，被拒绝的东西分为敌视彼此的两个部分：“力比多自我”(libidinal ego)和“内在破坏者”。但在黑色夏娃身上，这两个部分就是既渴求爱又怀恨的一个人。然而虽然弗洛伊德的受邪恶恋母情结压抑的自我和荣格的人格阴影都从意识中分离出来，但它们并没发展出全面的我-你边界(就像水银滴)，也没有在不同的时间段共享一个身体，但妮古拉和黑色夏娃就是这样做的。

我在多重人格中看到的一个人格或“另一人格”(alter personality)是个“小女孩”(Baby Girl)。她向我描述有一次几杯红酒下肚后，她的主体人格如何在一场完全正常的成人对话中听到自己问：“你喜欢袜子吗?”她知道开口说话的是自己的第二人格。“小女孩”热爱生活,而且出门时她坚持要裸身,要求恢复在拘谨父亲的苛刻下失去的自由。我担心她带着英国中世纪女巫的“另一人格”赤裸着身子半夜参观当地的墓地。当我问她的时候,她非常肯定自己可以应付警察或任何人,事实上,许多多重人格的故事都表明了他们有着惊人的能力可以应付险情。

对于我们大多数人来说,被我们否认的人格通常不像“小女孩”或黑色夏娃那样做一个来去自如的人明目张胆地有所作为,但偶尔它们痛快地差点做了,表明它们可以和多重人格中的“另一人格”一样强大且果断,虽然我们没意识到。酗酒、吸毒、经前紧张、一个的确极度紧张的环境,当然还有催眠术都可以让受压抑的自我不顾我们的感想,从而更容易采取行动。

我记得自己曾在报纸上看到一张图片,镜头捕捉到一位著名的资本家在街上摔了一跤断了一条腿,这位资本家刚离开罢免自己职位的董事会会议——内在破坏者作祟。发怒的人通常说自己像是被控制了,而且被自己发怒时干的事吓坏了。在一出苏格兰戏剧中,有个胆小的家伙喝醉了,他向一个男人下了战书:“没错,就你,你给我出来!”随后你会听到他害怕地想着“谁说的?我说的吗?”情感破碎的人虽然不是多重人格,但是他们经常用“我听见自己说”:“他走进来说道:‘你曾几次试图自杀?’我想‘我不相信我有过这种想法’,然后我听见自己说‘四五次吧’。”(Morton, 1997, p.97)[这是戴安娜王妃对心理医生说的话。注意她用了“然后”这个词:她平常的公众自我可能会忘记(分裂)她自杀的愿望,但真正的问题传递给这些愿望时,她听到它们自己承认了]。

上述几个病例表明了我们想怎么去爱他人以及他人想我们怎么去爱他们之间的冲突。也许这些冲突真的是始于婴儿期,不是青春期。温尼科特描述了婴儿时期的冲突,冲突在于婴儿想用海鸥爱鱼的方式去爱母亲,且随后享用另一种方式去爱母亲,这是自发的,但碰巧也是母亲想要被爱的方式,即人爱人的方式。如果母亲不仅欣慰地回应第二种爱,还过分地主动地要求它,而且只因为接受了部分这样的爱可能就把它扭曲了,那么我们内心有一部分就会抵抗这种压力并躲藏起来,等待可以不顾母亲感受而生活的更好机会[即温尼科特称为“真我”(true self)的部分]。

不如母亲想要的那么好的亚人格在家庭外面的世界有时可以更好地生存,因为它更顽强更自信。这个更好的幸存者可能会较晚现身。我的一位患者曾告诉我:“问题在于我是两个人,但没人明白这一点。”当我在等候室见到她时,现身的是身姿笔挺、强势、骄傲的亚人格塔马(Tamar),但很快她变成了安(Ann),一个温柔顺从爱哭的女人。安在孤儿院长大,在发现丈夫有外遇之前,她一直是恶棍丈夫百分百的奴隶,丈夫外遇伤透了她的心。于是在45岁时,她意外地发现自己和塔马共享生活和身体,塔马是一个有能力的女强人,她压根不会心碎只会愤怒。塔马告诉我:“有太多人让安做这做那,所以我出现了,接手安的任务。”塔马已经弄到一份满意的离婚协议,她很气安心软把房子给了前夫。“如果是我,他死也拿不走房子。绝不。”我能够和其中一个人格谈话,另一个人格在一旁听着。塔马告诉我,她受够了安的唯唯诺诺。安告诉我,她很害怕塔马。当我提出和塔马谈话的时候,我发现塔马发怒了,安怎敢把自己从未告诉塔马的事情告知我这个完全陌生的人。我又要求和安谈话,安说:“好吧,是因为你不会把一切告诉其他人。”事实上安一直很怕她的丈夫,所以她从来没告诉他塔马的存在。我让安向塔马道歉了,这软化了塔马对安的态度,安说她会试着再次信任塔马,塔马说她会再给安一次机会。这就像在做家庭治疗。但在疗程结束之际,她俩再次起了冲突,这是我最后一次见到她们。我觉得塔马认为我太同情安了,所以她不愿意让安再接近我。这个病例让我很不安,塔马会出现是因为安需要她,但如果从未因为需要一个潜在的自我出现从而变成完整的自我,那么一个人可以活出全部的生活吗?又,塔马先前真的不曾出现吗?或者她在安5个月大的时候就出现了,只是那时受到了母亲的压抑?又或者,在安的案例中,塔马是安早逝的母亲?

多重人格中的冲突是可辨认的,所以我们可以对每个参战者表示同情。事实上他们可以和常人非常相似,所以我们可以从中学到所有人都适用的六个经验。

经验一

所有的内部冲突都发生于亚人格之间，亚人格有不同的良心、矛盾的善良观点以及不兼容的价值体系。

正如荣格和费尔贝恩已指出的那样，我们的内心冲突发生于我们体内的人（或亚人格）之间，这意味着一个人的众多部分不是风习（*institutions*），而是他们自己，是人（正如他们在梦中出现的那样）。弗洛伊德的超我、自我和本我模式一直都有真正的用处，而且将会继续发挥这样的作用，但正如埃德尔斯坦（Edelstein ）在谈笑中说的那样："对弗洛伊德来说，并没有令人信服的理由非要把这些部分称为本我、自我和超我。他本来也可以把这三者称为威利、格拉迪丝和弗雷德"（Edelstein，1981，p.97）。

1954年，心理学家奥斯古德（Osgood）和卢里亚（Luria）在对夏娃的各人格进行"语意差别测试"（semantic differential test）时进一步强调了埃德尔斯坦的言论。测试结果表明黑色夏娃具有价值体系和战时民族良心，其中仇恨和欺诈行为（对敌人）是所有人都被告诫要有的美德，这就像一个疏远社会的人，就像在伦敦住宅区用石头砸救护车和消防车的少年。黑色夏娃类似于旧时的歇斯底里症患者，她是个勾引男人的高手，但她很冷淡，因为她只是把性和爱当做获得权力的工具。这就是弗洛伊德模式误导人的地方。他在著作中把超我、自我和本我写得好像是一个人的众多部分，但实际上它们只是组合成一个人的各部分的功能。在黑色夏娃病例中，每个亚人格都独立于其他人格，评价她的行为（超我）、邂逅你（自我）、用她自己的方式（本我）渴望你。

治疗普通人的问题时，明白这一点至关重要。一个被妻子和情妇弄得十分苦恼的中年男子可能已经将自己的混乱状态解释为良心和欲望之间、美德与诱惑之间、超我和本我之间的内部冲突。大错特错！尽管两位女人可能想要他这么看待这件事（当然这就和布什总统和本·拉登一样，各自以对立的态度解释好与坏），但这并不是好与坏之间的冲突。这是两个亚人格之间的道德冲突，两个亚人格都强烈要求他有善行：一个告诉他他爱妻子，甩掉情妇可以讨妻子欢心；另一个告诉他情妇也爱着他，而且情妇让他感受到了生命。因此，这个男人的灵魂里有一明确的命令在告诉他，在开始生活之前他绝不能死。

整个心理学思想启蒙全是关于思考方向的彻底改变。作为20世纪早期的科学家，弗洛伊德仍在寻找基本简单性以构造一个全人类通用的模型。他所采取的是和在他之前的科学家寻找基本构建模块、不可分割的粒子和原子一样的方法。因此弗洛伊德把必不可少的生命力概括为两类本能：生的本能(life instinct)和死的本能(death instinct)。当客体关系理论家把注意力从本能转移到爱，他们便加入了一个朝着反方向发展的潮流。

在医学院教室里听见自己说出"爱"的那一刻，我很尴尬，我很高兴教室墙壁上没挂着鄙视我的旧画像。年少时，只是为了暗示未来目标作为任何生物体结构的解释，我就引发了可怕的咒骂"目的论思想!"(＝异端!)。但爱充满了未来。为了这么想，我们不得不承认在理性的眼里我们都让自己随波逐流。通过校正所有人的罗盘，我们怎能找到指向这一不可知事物的可靠共识？但无论选择与否，如果我们发现这是所有心理动力学罗盘都指着的方向，那么我们不妨放松心情并接受这个事实。爱就是心理学思想启蒙的全部意义。

刚才我在此提及爱是出于实用目的，最好用不同的方式习惯将一个人的众多部分看做每个需要给予和收获爱的个体。通过思考客观的心灵风习，弗洛伊德介绍了"我"是何物以及"我"做的事之间的混淆。

"我"是何物是说不清的，本质上这就像巧克力的味道是无法言喻的，只能作为"我"为人知，这是通过邂逅"你"来完成的。人们从来无法向非整体的存在解释"我"。这是所有其他知识遵循的最高原则，直到20世纪科学和哲学一直回避这个认识论的事实。(如果你不同意"所有其他知识"一说，那你至少必须同意"所有情感知识"一说。)笛卡儿是一个精神分裂的疯子狂人，"我思故我在"是非常折磨人的论据典型，因此可以从长期精神科病房里的患者口中听到，在这些病房里"我在故我爱"(I am and I love)是不可想象的，而且这就像大蒜对吸血鬼始祖德古拉(Dracula)而言一样恐怖。

"我"做的事把物质(我们吃的食物)转换成爱。它通过克氏循环(Krebs Cycle)来转换,从摄入的分子释放能量,随后能量被支持中枢神经系统的所有身体系统消耗掉。这个"我"同时也是欲望,它通过咬伤、亲吻、击打、爱抚以及寻找其起源处的其他"我"最后变成爱。"我"做的事是转换本能(本我),方法是把文化(与他人有意识或无意识的关联=超我)转化成爱(自我)。以下是"我"做的三件事——渴望、反思和行动。本我、超我和自我实际上指的是每个自我做的事。

经验二

不同的人的内部冲突存在差异。

尽管存在一些经常发现的完形(configurations),但对于我们预期找到的分支我们应该抱以非常开放的态度。因此,我们应该戒掉这样的想法,即我们可以把人当做植物,将其分解成根、茎、叶和花。我们只能接受我们发现的部分:亚人格。

就此我介绍了催眠术的概念和用途,因为有很多关于多重人格的发现都是通过使用催眠术完成的。1924 年,莫顿 · 普林斯(Morton Prince)报告了一个正常男人的案例,那个男人被催眠时会自发分成四个"不同的阶段或情绪,每一个都可以被很好地描述为自我"(Prince, 1975, p.298)。第一个类似于他温和有礼虔诚的自我;第二个是"滑稽且荒谬的……恶作剧……虽然不是恶性的但与道德无关";第三个是带着"使人遭受疼痛的强烈愿望……经常请求许可去刺伤实验者"的自我(Prince, 1975, p.197),为了看到血流;第四个自我和第二个相反:忧郁且分分秒秒会掉泪。这是一个不寻常的病例,但它表明了当平时有意识的自我缺席时,一切就好像管弦乐队的指挥睡着了,不同席位的演奏者可以轮流自由演奏自己喜爱的曲子,这种事在梦中也会发生。

20 世纪 70 年代和 80 年代期间,人们对受米尔顿 · 艾瑞克森(Milton Erickson, 1903—1980)影响的催眠术有了一些显著发现,艾瑞克森可以说是有史以来最伟大的催眠大师。艾瑞克森年轻时不幸患上脊髓灰质炎,这导致他严重瘫痪,所以他的时间是在观察他人的肢体语言和语调等等当中度过的。为了能恢复自己的活动能力,他还努力模仿婴儿的动作。这方面的经验为一种对人类的超凡理解作出了贡献。关于自己的实践,艾瑞克森写道:"我知道自己在做什么,但解释怎么做对我来说太难了。"(Grinder,DeLozier & Bandler,1977,p.viii)

艾瑞克森比较喜欢直接处理潜意识,并能够使与潜意识的自我达成协议让它不告诉有意识的自我他们已解决的事情。他让人们做那些让他们心烦的事情:比如他告诉一对夫妇(他俩抱怨孩子会尿床)故意在他们的床上小便;同样,他指导一位害怕生活的姑娘在镜子面前欣赏自己的裸体,并让她匀出一笔钱给化妆品、服饰和娱乐。艾瑞克森近乎倔犟地拒绝和有意识的自我谈到他如何与他人互动,而且他对正常的家庭发展有深刻的见解。杰伊·黑利(Jay Haley)在《不寻常的治疗》(*Uncommon Therapy*, 1973)一书中指出艾瑞克森的所有追随者倾向于采取其研究的不同方面,因此你几乎会认为他们用的是完全不同的方法。但他们都向潜意识以及他们在其中发现的一切表示崇高的敬意和评价,所发现的一切通常高于有意识头脑里的一切。

1979年,艾瑞克森的两名追随者,催眠师约翰·沃特金斯(John Watkins)和海伦·沃特金斯(Helen Watkins)在心智正常的学生志愿者身上用催眠术展现皮囊之下的多重人格。两人发现正常人的亚人格在催眠状态下会被唤起,而且会要求为自己命名:"耳朵"、"路西法"、"内在自我"等等,并且会自我叙述:"我告诉他该怎么做"、"我让他表面上看起来很平静,这样别人就看不出他在生气"、"我是在他5岁那年出生的"(Grayson,1979, p.190)。随后对患者进行催眠,催眠师可以同导致珍妮特(Janet)头痛、或让埃斯特(Esther)情绪低落、或让休(Hugh)暴怒的部分对话并让他们停止这些行为。也就是说,一个半独立的亚人格或"心理状态"如何能在创伤期间出现。

经验三

不论是采用催眠术或者只是谈话,侧重内部结构和内部冲突的所有治疗的目的都是为了让不同的部分去倾听彼此并给予足够的同情去爱彼此，或者至少接受彼此并成为一个有领导者的和谐团队，不管最初它们可能多么敌视彼此。

在"自我状态疗法"(ego state therapy)中，约翰、海伦、埃德尔斯坦和其他心理学家对普通患者(比如没有多重人格的患者)进行催眠以接触更少意识到的部分，这些部分正在引发症状。他们发现这些部分差别很大，就像在多重人格患者中发现的那样。

只和有意识的自我谈话感觉有点像试图让约翰尼(Johnny)去改变一些只有正在楼上睡觉的查利(Charlie)知道的事情，所以你唤醒查利并和他谈话。我曾以其纯粹的形式使用催眠术，它没起作用，但这是用于患者因好转会失去太多的病例中。然而普通的动力性心理治疗可以让所有差异去意识到主体人格背后可能出现的其他人格，或者至少对情感的观点敞开心扉，这些情感可能和正在与你谈话的人格存在相当大的矛盾。这样的亚人格可能有很大的权力可以控制他的命运以及那些他爱的人的命运，而且当主体人格听到亚人格在说话，他(和治疗师)可能会大吃一惊。因此重要的是要尽一切努力听到这些隐藏的部分吐露出的丝丝自我表现意味，并鼓励他们出来到公众眼前，不一定要以亚人格的名义，也可以作为平常隐藏的情绪表达。

乍看之下，自我状态疗法可能会令人担忧，因为看起来就好像它让不是多重人格的人变成了多重人格症患者。但如果不管怎么说我们在一定程度上都是皮囊之下的多重人格症患者，而且因为多重人格症的疗法具有普遍性规则，所以我们就有了经验三。这和弗洛伊德让自我不那么害怕本我、让超我对自我不那么残忍是一样的做法，但弗洛伊德从来没想过像自我状态疗法治疗师那样从亚人格中获得帮助。

经验四

不管表面上看起来多邪恶，寻找自我持不同意见的部分的优点并努力揭露其健康之源，这样它就可以为爱作贡献。

经验四意味着一种信仰，认为人性本善，或者至少说人类的活力可能是好的。和梅拉妮·克莱因一样，艾瑞克森和他的追随者也坚守这一信仰，而且这一信仰已成为本世纪数不尽的治疗师的研究基础。我认为这个信仰对心理学思想启蒙来说也是必不可少的。20世纪60年代加州运动乐观主义的盛行，以及自助书籍(一本经典书籍是哈里斯(Harris)的《我们都很好》(*I'm OK You're OK*)的流行让这个信仰为公众所知。事实上，在心理学思想启蒙中兴起的一些美国自助书籍真的都很棒。乐观主义的巨浪也有多愁善感的一面，这无疑是种嘲讽。杰特(Jets)在《西区故事》(*West Side Story*)唱道"其实我们内心倒是很善良的"以及"其实我们内心没那么善良"。但乐观信仰真正的根源是来自那些在充满困难的地方的工作者，比如在监狱和医院工作的人，这些工作地点有时会藏着人类最邪恶的一面。

经验五

时刻留心自我仇恨的偶发淘气情绪、或单纯的仇恨与绝望，这些情绪建立在过时原因的疯狂基础上，完全是在不知不觉中产生的。

一旦我们变得更习惯看到每个人的多样性，那么我们可能甚至会看到最聪明的、最老练的、最圆滑的和最卓越的人的行为经常如何被非常愚蠢的、破坏性的和极无逻辑的潜意识思维在亚人格之间左右。我曾见过一位聪明成功的伦敦律师，她直接告诉我她知道体内一个非常愚蠢的、宠坏的小女孩在左右她的行为。我们体内淘气的部分会通过可预防的意外事故(包括具体事故和情感问题)对我们自己和他人造成严重伤害，没人知道由这引起的身体疾病会有多严重。我们知道抑郁症会导致免疫系统抗击疾病的能力下降，悲痛会导致心脏病，我们怀疑类似的病例还有很多。癌症呢？突然滋生自杀念头的多重人格症患者数量是惊人的。有多少我们完全没察觉到的潜伏着的自杀冲动以我们完全不知道的方式在影响我们？

多重人格的两个特点更常见于感到恐慌且依赖他人的人，而不是感到恐慌和沉默寡言的人。这两个特点一个是拥有比平常更多的心理碎片，另一个是每个碎片周围都有一层完整的我-你边界。1974年，心理学家艾琳·法斯特(Irene Fast)写了一本书，这本书讲的是她非常惊讶地发现在她认识的正常人中有很多人认为自己有多重人格,这些人觉得自己有很少的或根本没有中心自我(central self)。他们几乎都过得不错,事实上他们当中有些人似乎都过得非常愉快,因为自一开始他们就知道自己可以随心所欲地过日子。有个男人曾是"赛船高手,是致力于发现生命起源新视角发现的化学家,是精神分析学家,是音乐家,还是数学奇才"(Fast, 1974, p.294)。另一个人写了获奖的剧本,并作为最高纪录的高分者之一进入某医学院,但他"对自己在医学领域的认同感只维持了数月,然后就退学了"(Fast, 1974, p.296),难就难在这里,不管他在某一方面的优秀表现能持续多久,这样的人成为编剧的可能性比写剧本还要大。一个过度外向的人往往不易成为一颗多面钻石,但一直有个小核心的众多闪烁部分会扎根并生长。

法斯特发现边缘型人格障碍(*borderline personality*)患者(近乎疯狂,但没发疯,这是另一种很没有意义的精神病标签)也以同样的方式处于心理碎片中。有时他们也会在自己不同的身份中感受到一种"紧张和令人振奋的自我感"(Fast, 1974, p.296),他们还是炫耀狂人,通常需要观众以体会自己的存在感。如果没有人在看他们,或者如果他们展现出来的身份被拒绝(比如当一个骗子或冒名顶替者被揭穿了),他们会感到空虚而且没有自我。有个男人曾告诉我,篝火中迸出的火花明显消失之际就是他孤独时刻的感受。被别人关注刺激并激活了患者,有时他们会给人非常积极的印象。法斯特观察到这类患者能通过把不好的经验变成一件可炫耀的事使之具有建设性。

但她补充道,把不愉快的情绪变成某种具有历史意义的行为的技巧会导致该情绪从真实人格中分离出去,因此真实人格会否认并分离该情绪(而不是通过适当的行为,比如报复或宽恕或性冒险等等来处理),因此该情绪成了新的独立亚人格。

等到边缘型人格障碍患者去看精神科医生时,他们通常都不是很开心。这类患者的病症是:人际关系不稳定、害怕被抛弃、感到空虚、难以控制冲动、情绪波动(包括狂怒)、有自杀和自残行为。为了感受到自己的存在,他们不顾一切想要被爱并让人印象深刻,因为他们太焦虑太忙碌,所以他们无法建立始终如一的核心自我感,他们会因为不同的人和不同的戏剧性事件分裂成不同的角色。

在诊疗室以外的普通生活中，你通常会先看到边缘型人格障碍患者可爱的一面：招人喜爱的无助和脆弱、天真的信任、谦虚或迷人的自嘲、你的理想化、亲切关怀与照顾、爱的诺言，因此你会为之沉沦，接着……砰！卡特在1850年以及本书开头（第二章）所描述的渴求同情的所有症状都出现了，这是患者童年时期缺乏爱的结果：（带着威胁）渴求爱、不友善的依赖性、各类瘾、自残、捉摸不定的情绪、愤怒、带有超能力的尖酸鄙视直刺你内心易受伤的阴暗面、沉默的绝望、焦虑状态、凌晨四点神经崩溃、离奇和戏剧性的场景。这些结果和其他结果都是为了满足家庭！边缘型人格障碍患者太绝望，因此没办法分清讨人喜欢的和令人反感的索爱方式。

多重人格障碍比边缘型人格障碍跨出了更令人吃惊的一步，在独立的情绪束周围形成了我-你边界。对内向的心理治疗师来说（对我们大多数人来说也是如此）这很难理解，但这并非真的那么奇怪。每一个愿望，每一种情绪都形成了一个我-你边界，即“我需要你”。多重性格症患者在行动中通常表现出很强烈的我-你界限，非常服从和合作，或者非常依赖和苛求：他们爱说话，很容易被催眠（有些患者说他们已经在解离中自我催眠了），总而言之他们的行为和外向型/歇斯底里/依恋瘾一类有关。他们往往会惹恼其他人，实际上，极端且退行的外向者就像有着严格分界线的欧洲国家。

相比之下，沉默寡言的人（退行的内向者、分裂性人格者、精神分裂症患者）更像是那些国界线只是某人拿着尺子在地图上画出的一条线的国家，在这里不需要知道自己在哪个国家就可以穿越再穿越，而且你不确定生气的人是你还是我[一种有时被称为“共生性精神病”（symbiotic psychosis）的精神状态]。他们的情绪不若水银滴那样有着高张力的我-你表面，更像是洒落的乙醚，挥发到空气和环境中，你可能甚至不知道它们就在那里：你可以闻到气味，但你无法触摸到。一个外向型依恋瘾心理碎片会利索地将本书的每一章和其他章分开；像精神分裂症一样的内向型回避瘾心理碎片会把情绪和事实分开，把自我和其他事物分开，并将这本书扔到河中。但如果我们精于长出我们和他人之间的我-你边界：自我表现、面具、“盾牌”、人格面貌、角色扮演、操纵游戏，那么我们体内的所有部分都能做到，而且能对彼此这么做。因此，内部对话成了独立自我之间的冲突，而且更受父母喜爱的自我可以否认甚至分离另一自我，并暂时真正忘记对方的存在。

经验六

经验六更像是一个暗示。多重人格显示了我们的所有情绪如何通过亚人格转换的分离与融合可以分离或融合。先前我们谈过混合情感，现在我们可以注意到混合情感是处于矛盾状态还是和谐状态，或者处于和彼此区分和分裂的过程中，或处于融合状态。这就像是炼金术士做的事：分离或组合化学品和颜色。我们都致力于区别一种情绪和众多情绪：“我想揍他”是个简单的反应，但如果我再把这句话看一遍，我会看到这句话含有我的三种情绪：沮丧、失望以及些许钦佩。而且我们融合情绪——这是令人愉快的事情：看到爱与恨在较温柔的责备话语中融合在一起，看到一位少女如何用完美融合愤怒和喜爱的悦耳怜惜音调同自己的妹妹说话。

你是否同意当呼噜声、笑声和呻吟声首次成为言辞，区分、分离、结合或融合情绪在一开始就是一种文化工作？我们在自己体内融合分裂再融合，而且我们在自己与他人的情绪之外做了相同的事情。后者的操作与两个特别相反的充满激情的愿望有关，这两个愿望会把彼此吓得魂不附体：一是想真正接近并与彼此融合的愿望，二是想完全独立、自由和自主的愿望。

布朗爵士写道“我体内有另一个男人，他生我的气”(1909, p.76)。我们需要有另一个男人或女人待在我们体内，这个人可能来自虚无，会在我们失望或受挫时鼓舞并鼓励我们，给予我们自己可能想不到的想法和体会。

你不得不承认，这一切都是关于人性的丰富要素，而且它仍在不断地丰富。下一章我们将讨论有趣的萨希德·萨希德(Sahid Sahid)病例，这取自我个人的行医经验。

第二十二章　萨希德·萨希德

我认为诚实在上帝之上。

(Sahid Sahid)

在没向读者讲述占去我最多时间的病例之前,我不能离开多重人格这一主题。1991 年,他出现了。他是一位 56 岁的亚裔科学家,名叫萨希德·萨希德(尽管他告诉我他想要世人知道他的想法,但我决定保护他的身份),他的才智在我之上。20 岁那年,他离开他出生的桑给巴尔(Zanzibar)穆斯林社区到英国继续求学,踏上大英土地之际,他感觉自己又是个孩子了,尽情吸收启人理智的英格兰完全陌生的文化思想。他钦佩伯特兰·罗素(Bertrand Russell,“像我的父亲”他如是说道),而且他成了英国式的世俗自由的人文主义者,这类人几乎不关心家庭和感情纽带。和其他学生一样,他享受没有感情纽带的性关系,“我有着和英国人一样多的情感,”他说(这意味着他根本就没有多少情感)。很快他就与桑给巴尔的家人失联了,他说:“在英国,你不需要家人。”

在他的职业生涯中,他在不同国家为很多国际性机构组织科学教学。有一所美国的大学资助他去研究科学和文化之间的关系,让他游历于亚洲、非洲和拉丁美洲。他发现科学不是万能的,这令他“难以置信”,他写信告诉我:“……进行科学分析时,它的参数似乎只与西北欧文化的窄频带一致……”

他的精神宇宙被这一发现粉碎了,38 岁那年,他的精神崩溃了。他被诊断患有精神分裂症。多重人格的特征是,当他屈服于罗素和西方科学的外部权威时,他的外向型人格已主宰内向型人格。他的内向型人格一直好好地待着,但是他内心的直觉已经被抹杀了,这导致了他的崩溃。但正如我将要展示的那样,将他毁灭的这一洞察不会放过他,因为这是一种比他强大的直觉事实。

萨希德在英国接受了两年的心理治疗,那位治疗他的医生说她无法和萨希德内心的孩子沟通(我不知道她是否知道他内心的孩子只会讲斯瓦西里语)。萨希德曾有一次试图重返工作岗位,但他失败了;后来,他在利兹(Leeds)接受了四年的艺术疗法、音乐疗法、心理剧疗法和团体心理治疗,这"真是令人大开眼界!"不同的治疗方法向他揭露他被严重分裂成两个人:一个东南人(South Eastern Person,SEP),在我们的疗程中,萨希德称之为"穆罕默德";另一个是西北人(North Western Person, NWP),也就是萨希德本人。原来,萨希德20岁时为了变成英国人看似已经放弃的那位说阿拉伯语的穆斯林自我仍然存在,或者说他回来了。

弹钢琴的时候,穆罕默德会用右手即兴演奏东部音阶[马夸阿姆(Maquaams)、拉格(Ragas)等等],而萨希德会尽力用左手和谐地演奏西方和弦。穆罕默德会以更深刻的"生物情感"(bio-affective)方式控制身体:姿势、感觉和新陈代谢。但穆罕默德与萨希德之间争议最大的问题在于两人对萨希德所谓的上帝情结(God complex)持有相反的意见。上帝情结起初是个和狄俄尼索斯(Dionysus)一样的地球神祇,但这显然是在萨希德(不是穆罕默德)成为基督徒之后出现的,至少晚了一段时间。但与此同时,上帝情结是萨希德和穆罕默德之间的唯一联系,这是他们唯一共有的事物。还有一个孩子,所以他们共有四个人。

作为一名精神分裂症患者,萨希德比我见过的任何人有更多的洞察,我想知道这是否是因为他有多重人格,这是一个更基本的病理。不过,我认为穆罕默德不是精神分裂症。萨希德写道:

> 1984—1985年期间有一段时间笔者发现自己写的内容涵括了从哈罗盖特(Harrogate)至世界上大多数国家的基督教领袖;笔者宣称自己是"耶稣基督,是第二次降临"!一位有同情心的女基督徒试图成为一个有益的人……她对他说,"耶稣也拜访了我",笔者答道,"当我说我是耶稣你不要害怕:因为

当耶稣拜访你(一个有统一身份的非精神分裂症患者),你仍是你,耶稣仍是耶稣。但是当耶稣找上'我'(一个崩溃的无自我的精神分裂症患者),我不得不变成他!"当然,至少可以说所有这一切都是非常奇怪的,如果仅仅是因为:首先,笔者一生不曾是个基督徒,也没有任何基督教背景;其次,当他作此声明的时候他清醒地意识到自己是个精神分裂症患者——然而,却丝毫不觉得这会使他的主张失效!

但上帝情结发展成了彻底惊人的事情:上帝给了萨希德上帝存在的科学论证,运用了萨希德独一无二的丰富科学知识和哲学科学知识,包括相对论[萨希德完全明白的理论,你能想象吗?即使只是了解部分洛伦兹变换(Lorentz transformation)矩阵也足以让我成为手下败将了]。但在他的游历中,萨希德已经发现相对论的教学是一种没让人真正明白的机械模仿式教学。上帝示以萨希德的证据占了他紧密排列、单倍行距37页纸的打字,并附有一些图表。

但当上帝现身[与内心的孩子配成对,孩子是内在成人(infra-adult),上帝是外在成人(ultra-adult)],穆罕默德的反应是成为霍梅尼一样的原教旨主义穆斯林。它们处于分离的空间,古兰经(阿拉伯语)在穆罕默德这边,萨希德对上帝的证明在另一边。两者之间互不容忍,就像玻璃上的刀痕。萨希德说:"他自由即我亡。"萨希德两次试图自杀,但被上帝情结阻止了。

作为一个受过教育的西方人,萨希德无法接受上帝给予的上帝存在的证明。他意识到自己也是个原教旨主义者(以他的方式,是个世俗的原教旨主义者)。不过,他看到了那儿可能有出路。如果世界一流的科学家和思想家接受了上帝存在的证明,那么他也可以接受,那么他和穆罕默德就会和解。然后他会去找穆罕默德的人民,为教授无神科学向他们道歉。如果他们不接受上帝存在的证明,那就证明了上帝情结只是一个精神分裂症症状,这意味着他们会杀了自己。他们一致认为一切都是萨希德做的,所以穆罕默德是无罪的,但萨希德不肯告诉我他打算如何自杀。他知道作为一个精神分裂症患者,他的命运可能是被"社区关怀"照顾,并长期活在恐惧里,他没有填写自己的住址,也无法做家务,他不得人心,而且他看起来好像要上街。上帝情结已经同意如果萨希德在街上死去,那么它会自杀。

因此萨希德将37页证明上帝存在的文稿寄给世界各地100多位伟大的思想家。他们一个个恭恭敬敬但无能为力地回了信。诺姆·乔姆斯基(Noam Chomsky)回道,他只是没能力对此发表评论,他说自己缺少这方面的背景知识。尽管其他人也回以同样的长篇大论,但没有人能热情地致力于支持上帝的说法。

虽然萨希德和穆罕默德针锋相对剑拔弩张,但是上帝情结作为一种支配一切的宽恕(表现得好似它爱这两者)迫使他俩保护对方,并自动改变立场支持处于弱势的一方,也就是在桑给巴尔支持萨希德,在伦敦支持穆罕默德。同样萨希德拒绝接受精神科医生为他开的药,因为他害怕这些药物会伤害穆罕默德。有一次,萨希德的姐妹们带穆罕默德回坦桑尼亚(Tanzania),当地负责家庭治疗的治疗师看都不看他就当场诊断:“他被英国人的灵魂附身了。”然而,那位治疗师试图为他除掉附身的灵魂而不是使之与萨希德合为一体,这似乎是许多治疗灵魂附身的原始医疗手段的一个缺点。但这一次是穆罕默德拒绝接受他们的治疗,以防伤害萨希德(他对毛拉的机敏印象深刻),然后回了伦敦。

异乎寻常地(对精神分裂症患者而言),萨希德健全的心智能够很好地控制并理解自己的疯狂,以至于我一直忘记它的存在。在一次谈话中,我对他和他亲密女友的情感距离感到有点震惊,他说:“女人,我与你何干?”我就看着他。我在想,天哪,他无法相信上帝但他却认为自己是耶稣。他准确地读出了我的想法,大笑道:“我告诉过你,我疯了!”

我对穆罕默德和萨希德都深表同情。我曾见过开放大学(Open University)的项目,该项目与北非某丘陵地区的一个伊斯兰村有关,这个村子与我成长的苏格兰高地村庄一模一样:虔诚的牧师(我的父亲)、宗教建筑、圣书、定期到教堂祈祷和拜神。村里的老者[我们村里的老者也负责共济会(Masonic Lodge)和村政务委员会(Village Council)]都是善良值得敬重的男人,他们有责任感有爱心,但他们对我不知不觉奔向的未来的理解可能比非洲老者对罗素和自由的科学人文精神的理解还少。但萨希德永远不愿让我和穆罕默德谈话,甚至不愿让我提及他。

后来,我找到了原因。

我为萨希德的案例准备了一场讨论会,为此他写信向我致谢:

1992年1月31日

亲爱的麦克迪尔米德医生,

首先,"上帝情结"希望"我"向"您"传达"他的"("它的""她的")真挚谢意,感谢您以最敏感、最有同情心和最"真实"的方式介绍"我"的困境和"他的"病例("它的""她的")(在时间允许的受限范围内,在观众的普遍理解能力内等等。)

"他"("它""她")也希望"我"来纠正您对纳粹主义和"上帝情结"(后者多么危险啊! 比如"上帝情结"可能是……)的评论(否则"我"也不敢像您对待荣格那般纠正一位您这样的荣格心理学分析专家!!)——除非"我"已严重误解了它们-因为您似乎暗示希特勒被"上帝情结"附身;然而,据我记忆所及,荣格从没这么说过。事实上荣格预言了德国民族主义的崛起:他的原话是(仅凭"我"模糊的记忆)"金发野兽开始再次苏醒"(或类似的意思)暗示着德国集体无意识的崛起,而不是通用潜意识,比如"G"在我的档案里提到的"上帝情结"等等。

上述这一点在当前全球环境下至关重要,因为各种"受伤的""民族的"集体无意识如雨后春笋遍布世界各地,它们通过民族或宗教原教旨主义表达了自己的思想。由于没意识到通用潜意识[乌托邦(UTP)、文化相对论之类的](引用他的"证明"),所以这些集体无意识会胡作非为,击败西方统治(Western Ascendancy)。

[此时值9·11事件事发之前十年]

(正如2000年前在我受难之后,罗马帝国的确衰弱了……)因此绝对有必要审视……该"证明""我"相信您会尽己所能。

他还要求我支持他的治疗师,

因为在负责治疗"我"之际……他也就负责治疗全球的问

题(因为“我”的问题本质上是全球人类的问题)。这就是为什么大多数的心理医生坚决不接手跨文化病例……

在讨论会上,为了让与会者获知萨希德疯狂背后想传达的信息,我提出了英国伟大神经学家休林斯·杰克逊(Hughlings Jackson)的观点:是大脑的正常运转导致精神疾病起初明显的“疯狂”想法;而精神疾病只是不自然地揭露或扭曲了这些想法,但永远不可能产生想法。想法不是疾病产生的,这不同于伤口导致流血,渗血并让人看到血。

对萨希德进行常规检查的年资较浅的精神科医生写信告诉我,在讨论会结束后萨希德感到非常高兴。

他还告诉我在讨论会期间他听到有个桑给巴尔人在说话,他现在将其指为穆罕默德在说话,他说:“(萨希德)用阿拉伯语问候您,因为他对这场会议也印象深刻。他说他当时没告诉您这件事是因为他被吓坏了,他担心你会与他最大的敌人桑给巴尔人建立联系,从而消灭他。”

所以这就是为什么我永远无法见到这个有亲切感的桑给巴尔人的原因,现在永远也见不着了,因为医院记录显示萨希德将被列入死亡名单。

他一直在很多战线上作战。年复一年,他无可救药地踩着精神分裂症典型孤僻者的路径,慢慢向下穿过社会阶级的甬道陷入贫困;他写信向世界一流的智者求助并得到了他们满怀敬意的回信,但这些回信却帮不了他。他把穆罕默德当做自己最大的敌人以及不可或缺的另一个自我,并与之战斗。他和上帝情结战斗,抵抗服从于上帝,抵抗与上帝融合,上帝最终会磨灭他仅有的一点身份,此外,他离上帝很近,这很危险。他能明白上帝的想法:“我是一个现代的孩子……也许这位上帝想要和这位现代的孩子谈谈,这是我必须跟踪的情况。”

因此,萨希德更愿意遵循神旨并为上帝发表他的论证,而这也就是他真正想要我帮他做的事。但为了保有他自己仅存的一点身份,他也必须坚持自己抵抗上帝的看法和原则。他必须诚实地抵抗自己不相信的事情:“我认为诚实在上帝之上。”他还与我战斗,阻止我同穆罕默德联手,试图打动我接受他想要的治疗(让科学界接受上帝存在的上帝证明),这将治愈他,*也将治愈世界*。

在与萨希德和上帝情结之间的频繁交流中，我发现上帝的问题显然不是针对科学理性主义，而是针对原教旨主义的世俗主义。科学理性主义支持的是上帝，他拥有它。

当你阅读那份证明时，你会发现它看起来根本不像是上帝存在的证据，更像是上帝在描述自己的本性。我以前的一位患者说过，所有的精神分裂症患者都有各自的实用宗教。事实上任何关注自己内心世界的人都会意识到潜意识里的独创性之源。这可能几乎是难以察觉的，比如，我对内人美貌的特别欣赏就是源于我的个性，但她的美貌不为他人所知；又或者，这可能是极其明显的，就像马蒂斯(Matisse)丰富的创造力，正如他本人所言，对此他压根不后悔自己不领情；又或者，这只是来源于个体没意识到的投射，比如我可能永远不知道自己在小说中读出了作者自身没有投入的东西。确实，作家有时也很惊讶于读者关于其书所表达的内容的想法；精神治疗师肯定也常常惊讶于听到患者认为自己前一周应该说的话。

有两种向内探寻的方式。一种方式是像回避外界那样回避我们的内心世界，而且同时向内探寻陷在令人困惑的密闭内在游戏或吓人的冰冷无情。另一种方式是睁大眼睛，环顾四周，发现视线所及的所有东西：我们的独创性和创造性、上帝、恶魔、原型、梦等等。如果回避瘾/精神分裂症患者已抽离自己外部的和内部的“你”，而且内在现实(inner reality)强迫它自己进入他的注意力，那么他会受到内在现实的困扰和挑战。不管我们认为潜意识里发出的独创性声音是我们真实内在自我的声音还是比这更深层(集体无意识、本我、上帝等等)的声音，它都很难应付，但如果这感觉更像是“你”而不是“我”发出的声音，那么这个声音对于我们西方人来说会更难应付。

萨希德潜意识里的独创性是很棒的，它存在的形式是萨希德全力对付的上帝情结。于1973年第一次击倒他的一道精神启示(科学不是万能的)现已成为人类对政治、思想、社会、种族、宗教非常宽容的灵感，因此它的确值得被用“神圣的”而不仅是用“人道的”一词来形容。是上帝说了类似“我的存在在于：你永远不得参战，因为你是对的，他是错的。这永远不是去参战或去恨人的原因。我是相对论；而且不管是世俗的还是宗教的,都不允许原教旨主义存在"这样的话。在萨希德看来,如果科学和神学可以融合于普遍的变化原则,即上帝,那么(在此我总结了他的要点):

1. 体现在精神分裂症中的上帝情结,不会被药物扼杀,会被当做具有治疗潜力的疗法而受欢迎。

2. 关于伪装成通用范畴的西方统治下的东方范畴冒充将会停止。(萨希德认为这是主要的全球性苦恼。)

3. 穆斯林教育工作者可以教授伊斯兰科学。

4. 来自宗教和民族原教旨主义的法西斯主义威胁将被解除。

5. 移民群体文化崩溃引起的全球性犯罪和登门推销式犯罪(doorstep crime)将会受到抑制,这些移民群体甚至会侵害到银行商业系统。

6. 因为忽视了最佳的通用调停媒介(乌托邦、上帝),所以种族主义者和恐怖分子在被科学认识时将会耗尽自己的精力。

7. 由全球变暖等造成的地球破坏将会停止。

现在,你明白了吧,明白萨希德为何这么不顾一切发表自己的想法。

萨希德的冲突以及我从他那里了解到的就是,虽然寻找普遍真理是一个合理的目标,但操之过急并决定自己碰巧发现的事实具有普遍性是不合理的做法。不论是世俗的还是宗教的,这都叫做原教旨主义。它过于稚嫩地屈服于本能的真相,即我是一个很重要的人,因为我将为世界作出一个贡献;这就好比精神分裂症患者会说"我知道我是耶稣",但这只在比喻层面上具有真实性,严格说来并不是真的,所以如果我把这句话当真,那么我就错了。

正如学者亨利·埃伦伯格(Henri Ellenberger)的描述,萨希德患有"创造性疾病"(creative illness,Ellenberger, 1970, p.447),勇敢地与懒惰的冲动战斗,结果却只是屈服并让自己被上帝情结控制,但不知何故,事情出了偏差,他有时禁不住就成了耶稣。在基督教教义中,上帝本身就是个多重人格症患者,但他是一个有意识的且友好的患者,通过让儿子屈服于父亲的意愿解决了冲突(尽管儿子偶尔会试图让父亲选择更柔和的行动),但在萨希德变弱的心灵里,上帝的亚人格似乎不被允许进行任何有用的对话。

我知道他本来应该做什么。他本来应该和自己肯定拥有的发展冲动一起成长,成长得强大到不需要借助世界伟大思想家们的权威。他紧紧抓住他本应牺牲的孩子般的好社交依赖。同时他受到内心的孩子过多的影响:当上帝或你的独创性提了一个建议,你应该把这个建议带到你自己的内心诊疗室(精神分裂症患者通常没有任何内心诊疗室,但萨希德有若干个),稍作改动,然后尝试一下看看能否成功,而不是在你行动之前寻找多位父亲来验证该建议。萨希德本应试着相信并执行上帝的主张,上帝主张萨希德和穆罕默德所想的只是相对真理,主张两人对上帝的相反态度都有各自的真理,主张世界上存在一种伊斯兰现实和世俗现实,而且他本应该和穆罕默德面对面交锋并同穆罕默德奋战到底。我认为他不必要完全那么害怕地屈服并道歉。若他能耐心地与穆罕默德一决高下,那么以他绝顶的智慧和世界知识还有什么是他无法为世界做的呢?但没有一个精神分裂症患者能够有效地部署仇恨,直至仇恨最终冲进稚嫩的同代人洪流,然后上帝令他杀死某人,他照做了。我看得出来,对萨希德而言,正视穆罕默德就像是在正视绝对地狱。他说这就像有一条隧道夹在两人中间,隧道的一个出口是他,另一个出口是穆罕默德,他说"我不敢跳,要是隧道中间没窗口呢",我想我知道他的意思是什么。悲剧的是,他不能让上帝调和他与穆罕默德,因为口才好且有说服力的上帝可能只是一个精神分裂症的妄想。

当我从英国国家医疗服务体系退休,萨希德致信我,责备我说退休和在进行中的这一病例不相关,当然现在我认为我总应该和他保持联系,这是我本该做的事。后来我才知道他在 1993 年自杀了。那年 11 月,我收到他写给我的最后一封信,信中他告诉我关于出版前景的一些信息,以便"倘若'我'死亡(死去等等)"我将能够意识到它们。现在回想起来,他在信中很明确地表达了自杀意愿,只是我那时没注意到。

我不知道心理分析师的工作能够治愈世界,从现在开始,在这个新的世纪，这一问题似乎不是世俗原教旨主义以及宗教原教旨主义的问题，而是三种宗教原教旨主义都在把我们推进冲突，它们分别是基督教、犹太教和伊斯兰教原教旨主义。

第四部分

留予二十一世纪的遗产

第二十三章　转到左脚

伤害我们的并非事情本身，而是我们对事情的看法。

（Epictetus，135）

看着八张年轻面孔：克里斯托（Christos）、穆罕默德（Mohammed）、娜奥米（Naomi）、阿耶莎（Aycsha）、伯尔南（Perna）、陆安（Lu An）、尤维塔（Jovita）、乔瓦尼（Giovanni），我又高兴又兴奋。我在每一张脸上都看到了充满活力的必不可少的智慧和求知欲：精英分子（*crème de la crème*）。在伦敦普里奥里医院（Priory Hospital）医生公寓楼里的又小又脏房间里我们把东西塞进彼此上方（昨天的菜、皱巴巴的课本）。他们是新进的 20 多岁的青年精神科医生，而 77 岁的我进入他们的思想已有半年（苏格拉底就是因此被处死的：把思想灌输到雅典年轻人的头脑里）。这些学生用我的研讨会帮他们通过英国皇家精神科医学院会员（MRC Psych）的考试，这样一来他们就可以从心理健康行业的诚实行医中脚踏实地地挣每一分钱。

当我着手伟大的教学游戏，即首先发现他们的脑海已存在的东西，我的心开始充满一种直觉，这个直觉就是我想让这些小伙子和小姑娘知道什么。我开始体会到要做什么。我跟他们说了卡特和他的歇斯底里症女患者，以及他关于控制自己的脾气所写的内容，哪怕面对的是最强烈的挑衅。我问他们，患者中有没有惹恼他们的？有！他们如此答道并开始和我分享一些相关的故事。我们一致认为患者中有诚实和不诚实的人。诚实的患者欲言又止，但会坦率地暴露自己从未得到满足的婴儿时期需求，而不诚实的患者操纵并以欺骗的方式让自己的需求得到满足，因为他们认为医生并非真的想帮助他们，医生只是一个需要被用计击败的坏虽子。我还提到了汤姆·麦恩秘密的暗示，即对精神科医生而言报复是伪装下的治疗。

我深入到心理学基础：即心灵大多是无意识的，而且它被有用的方式分为众多心理碎片，亚人格以合作方式，矛盾以病理性方式。向这些学生展示正常的分离是很容易的，就好像我们在同一飞行路线，直到我让他们去听否则他们不会听到飞机从头顶掠过的声音。我勾勒出前面章节描述的不同思维模式，还提及弗洛伊德及其追随者的想法。我说所有的理论都是关于我们如何通过好例子和坏例子成功或失败地交换爱，或感受希望与无助。

克里斯托告诉我古希腊没有表达爱的词。很久以前在男性同性恋战斗联盟中，他们用厄洛斯(*eros*)表示性爱，用菲里亚(*philia*)表示友爱，只是后来他们引进了一个表示"爱"(love)的词，这个词由阿拉伯单词爱(*agape*)衍生而来。

我讨论了为何仇恨与攻击都是爱的正常基础，并和他们分享我在电视上看过的一部电影：两匹狼在动物园里互相自我介绍。它们绕着对方转圈，气势汹汹地嚎叫，带着一触即发的野蛮血腥谋杀威胁，但两匹狼最终相互依偎，轻拂对方又长又黑又可爱的前腿。相互尊重是感情交换必要的基础，或者套用约翰·拉斯金(John Ruskin)的话"正义为先，爱其次"(Ruskin, 1930, p.37)。坚持自己的权利，为自己留一片空间，确保自己的补给线，然后你就可以去爱了。

我提到了温尼科特深刻的故事：每个小婴儿(也许，那些长大后会成为精神病患者的除外)如何带着无情的有益于健康的贪婪来到世界，发现对母亲的关心，以及如何被卷入为母婴调和最大爱满足感的多种情结之中。换言之，如果我搞砸了，弄糟了咱俩之间的事情，那这也搞乱了我自己的意识和引起病态的内部冲突。总的来说，相较于我们自己，我们的病人会把事情弄得更糟，这就是为什么他们是病人而我们是医生。

我用一个故事向这些学生阐述了无法去恨人导致患者的毁灭。我所认识的一位年轻姑娘被她的母亲系统地调教成在自然自我(natural self)里不是个可爱的人。这位女患者太害怕太听话,所以她从来不会去恨自己的母亲,只会去爱母亲并拼命地讨好她:她在中学选了错的学科,上了错的大学,嫁了错的男人,她所做的这一切都是为了取悦母亲。觉醒时,她给了母亲一条叫托比(Toby)的狗;在梦中,母亲说她已经让托比安乐死了,因为托比有皮肤病。对于母亲因为皮肤病这种微不足道的问题就让托比安乐死一事她很不高兴。这是她的自我试图让她意识到她的母亲应受到一点仇恨和嫌弃。

连续几个礼拜做了大多沮丧又令人泄气的梦之后,她来找我,告诉我一个她觉得很难为情的怪梦——托比曾试图与她发生性关系;它变成了大狗,这导致她很难击退它。我已经开始怀疑正在她非常早的动物心灵时期,早在母亲可能没用足够的温暖和说服力抱着襁褓中的自己时,她就已经认为自己是个不可爱的姑娘。所以我告诉这个女孩,她的自我拼命地想从最基本的动物层面说服她她是可爱的:托比爱你,他无法让自己的爪子不接近你。相信托比,不要相信你的母亲!也许我们可以改写这个梦境,这样她就会接受托比的爱并且很开心地和托比玩耍!

此次教学研讨会到此结束,学生们现在看起来有点呆滞。我教导他们在梦中和动物发生性关系的好处,也许我有点操之过急,也许他们暂时还接受不了。

作为一个教学游戏的老手,我想在下次讨论会上是时候该和他们讲明一个其他人永远不会向他们坦白的真相。仔细地观察他们的表情,我告诉他们心理健康护理有两种实践方式:第一种方式是成为专业人士,通过对治疗师与患者施以最小的压力控制病人的情绪从而完成护理工作,保持有限的脑力、实践和医疗关联;第二种方式是成为像动力精神病学(dynamic psychiatry)或动力性心理治疗中那样易受攻击的治疗师,用全部的自然自我对患者作出反应。

我仔细观察这些学生的表情是因为我不知道他们对这个话题的接受度有多大。我想告诉他们关于澳大利亚妓女琳达(Linda)的故事,不管是多么变态的性行为,她认为自己对客户需求的努力适应会“让嫖客成为一个更好的人”。我清楚地知道琳达在说什么。动力性心理治疗是一种不自然的互动,旨在释放患者进行正常互动的能力。这种治疗的不自然在于治疗师绝对不能从中要求个人利益,除了金钱和工作满意度。但如果治疗师提供自己整个自然自我作为患者的冒险乐园,那么他的这一做法并不是为了让病人满意。我们圣妓嫁给了神,神要求治疗师的最高目标必须是帮助患者恢复其不管出于何因已疏远的爱的能力的正常生长。因此,作为治疗师,我们不能采用和琳达相同的方式满足客户的婴儿需求,而是要以更具挑战性和艰巨性的态度对待患者。

不过,针对这点我仍不确定目前自己是否可以对学生和盘托出。但我的确告诉他们一个必须意识到的技巧:如果有病人唤醒了他们不专业的情绪,也就是敌意或者是那种特殊的怜悯,让经验不足的精神科护士把自家电话号码给了患者,或者是万念俱灰的绝望,让他们把棘手的患者转诊至不会向挑战低头的医生那里去。这样一来这些学生心里肯定会想:这是在向我说明患者的什么问题?

至今我仍未发现,但我希望他们能处于人类之爱最令人兴奋的成长阶段,陷入爱河共筑爱巢组建一个家庭,那么这会成为一种途径,通过这条途径和他们谈心理医生的核心专业知识:对家庭爱与恨的理解。不管他们从事家庭治疗、个别心理治疗还是团体心理治疗,当我告诉他们情绪化地把自己暴露在患者面前就像是在情绪上成为该患者家庭中的一员时,他们会听我说话。作为病患家庭的一员,他们会遭受来自该原生家庭施加的同一压力,也就是弄垮患者的压力,其中包括该家庭潜意识里道德高地(moral high ground)的不可抗拒力量;正如一位同事说过的那样,这些压力擅长让人觉得自己在教堂放了个响屁。

当我开始倾听厌食症患者艾莉森(Alison)的心声时,她将我深深地将我拽进她的世界,导致有那么一段时间我无论如何都不明白她为什么不让自己饿死呢。我就知道这是有道理的。但正如你将在后面看到的,她开始思考和梦见被证明是一种解药的事情。患者和治疗师同心协力可以找到答案,答案也许在于长期被拒的、分离的反应性正常仇恨里,或者在梦中一些不可预知的信息里。

医生成了患者的妹妹或哥哥,或成为将再亲职教育他的父母。专科住院医生饶有兴趣地听我告诉他们,作为再亲职教育的父母,医生有两种截然不同的功能。

功能一是倾听原生父母听不见的事情。这是弗洛伊德自由联想的技巧显示自身特点的时刻。艾莉森的自由联想经历就像是不自在地脱衣服;其他人将自由联想描述为泡了个热水澡,其间烦恼自行消失了。有位患者梦到把船绑在码头的缆绳松了,所以船可以自由航行。通过自由联想,我们可以听见被厌弃的、惭愧的、目中无人的犯罪自我的声音。

和英国维多利亚时代卡特的患者一样,我们可能会害怕去接受他人对我们真实自我的同情,这是我们人生第一次受到别人的同情,而且我们可能会太害怕,不敢从我们一直以来示以他人的假我(false self)背后走出来。催眠(这是每个精神病医生都应该能够执行的一种疗法)他人的能力有助于心理治疗师充分利用自由联想及其表示的同情。我用我的一位学生展示了催眠术:实验对象陆安进入一个相当不错的催眠状态,她的一只手开始在腿上抽搐。但就在她即将完成手漂浮之际,有人的寻呼机和手机同时响了。真不凑巧,希望下回运气好点。

功能二是对患者提出已被其原生父母忽略的要求:诚实正直,有点耐心和毅力,尽可能多地怀有希望,尊敬他人,努力去适应,相信自己的宽宏气度等等。所有这一切都应得到怀着固有的一切温暖的我们的鼓励,但同时也要受到我们的不悦、坦率的指责和愤怒的强制惩罚。

如果我们让自己被患者万念俱灰的绝望传染,也许患者就像一个小希特勒用恶意的和夸大的方式表示绝望,或者用偏执自卫的方式表示绝望,那么我们可以友好地回应患者,或多或少偷偷地享受报复的满足感。

在这里,心理学思想启蒙对两件事进行关键性的区别:在一种只能被尴尬地称为爱的环境下,让自己享受报复与拒绝对方的快乐和满足感,或者公正诚实地批评对方,生对方的气。两者的差别在于与拒绝有联系的惩罚或者愤怒,愤怒是交流爱的不断要求的一部分。有时真的很难区别出现的是惩罚还是愤怒。而且需要花大工夫才能区别。请记住卡特的建议:如果治疗师即将发火,那么就结束医患对话。

有些患者的行为就像地球的败类。我知道有人会付出一切来拯救这些败类。精神科护士有时不得不忍受的巧妙报复性怨恨会令人咋舌。有多少次我就坐在讨论激烈的员工支持小组(Staff Support Groups)里,他们在讨论这病人是疯子,抑或就是个恶人?通常情况下,患者既是疯子也是恶人。我记得自己听过一个关于精神科医生兼社会治疗师马克斯韦尔·琼斯(Maxwell Jones)的故事,20 世纪 70 年代,琼斯在苏格兰边界的丁乐敦(Dingleton)开了一家治疗机构。患者们自己把其中一位患者驱逐出去,命令他到大楼外面,于是在他们让他回来之前,这个不幸的患者在室外过了两夜,把脸给冻伤了。反思之后,我想这和扇顽童一巴掌一样有理。良性惩罚表达了真实自然的愤怒和暂时受控的仇恨,其秘密在于鼓励要远远多于惩罚,这是我们的社会没有的过失行为。在我们所处的社会,顽童只会被扇巴掌,400 下(*quatre cent coups*,意思就是把不听话的孩子打上 400 下,以便他能变成好孩子)。

正如我们前面看到的,卡特把他的歇斯底里症患者带到家里,整个治疗方案就是要有个家庭,卡特是这家的父亲,因此他自然会说必须"温柔地、友好地、严谨地"治疗患者(Carter, 1853, p.120)。但倘若把这些指示传递给精神病学界,那这到底是一位医生说的话还是传教士说的话?

我的学生可能会觉得精神病学是神的感召,又或者他们可能不这么觉得。但我必须告诉他们的是不管患者多么可怕,精神科医生都应温柔、友好且严谨,并做患者的"父/母亲",这是对的行为。但我应该寻找迂回的方式向他们解释,因为我不能失去和他们分享这些经验的机会,我认为这些经验教会我如何让患者病情得到好转,如何让患者更快乐。

我们已经探索了动力心理学(psychodynamic psychology)的起源,以及它从人类学和哲学中汲取的知识;而且我们已经了解了弗洛伊德、荣格、阿德勒及其之后所有心理学家作出的卓越贡献,包括婴儿观察、家庭治疗和团体心理治疗。在下一章我们将会看到婴儿如何拥有让我们爱他们的力量。然后,我们将探讨仇恨的宝贵价值并叙述罗伯特·林德纳(Robert Lindner)的无畏精神,这是一位在监狱中工作的心理分析学家,他向我们展示了心理学思想启蒙如何自然地成功迈出诊疗室并走向世界。

最后我们应涉足潜意识无限的不可预知性以及其在梦中、在我们的人格之外的未知程度,去看看那片变动的领域是否仍可以承载我们的生命之重。

若我们刻意选择,那么我们可以把生活建立在情感、愿望、幻想和纯粹想象的动荡水域上,换言之,筑生活于梦。所以,现在我们就可以开始把重心转移到左脚,也可以落在右脚。也许这就像我们左脚踩进独木舟而右脚尚未进来之际的摇晃时刻,而(尤指苏格兰的)河口湾(Firth)波光粼粼的水域可以代表我们的冒险活动地点。

第二十四章　人类发展

一切，我所了解的一切，也只是因为我去爱了。

（Tolstoy，1869）

一个用母乳喂养的婴儿吃奶时会紧紧盯着母亲的脸。这就是人类从出生至死的常态，难道不是？我们看着对方的眼睛进食、做爱、打架、谈话等等。人类生命的整个过程就是学会去爱。客体关系理论家和其他理论家根据婴儿的动作意图进行推论，这推动了对真正的婴儿和幼童的观察研究。精神治疗师雷诺·史必兹(Rene Spitz)在《生命的第一年》(*The First Year of Life*,1965)透露了一些令人十分惊恐的、愤世嫉俗的信息，但这本书也提到了一些惊人的新发现，比如我们的身体以及与我们的身体有接触的人如何教会我们爱。史必兹重点关注婴儿如何微笑，他发现两个月大的婴儿喜欢看人脸胜过于喜欢看自己所处环境下的所有“东西”。

根据史必兹的说法，三个月大的婴儿会用笑容回应成人的脸，这标志着婴儿首个主动的、自主的、有意图的行为。但如果让婴儿看照片里的脸，那么不管照片上的人笑得多么灿烂，婴儿都不会对此作出反应。这是因为能让婴儿作出反应的特殊模式必须包括两只眼睛。实验表明，脸部的前额-双眼-鼻部必须移动，以让婴儿作出反应。如果向婴儿展示活动的万圣节面具，那么婴儿也会回应笑容。因为让婴儿作出反应的不是一个人，而是一个视觉模式，这种引起本能反应的信号被称为先天释放机制(innate releasing mechanism,IRM)。同样的事情也见于银鸥幼鸟，银鸥幼鸟一看见有红斑的尖喙就会张嘴求食。

史必兹记录了婴儿杰西(Jessy)的成长。在杰西三个月大的时候，有人给她看了一张微笑的万圣节面具，她对着面具笑了。这是一个令人震惊的想法：难道婴儿的笑容不是真正的微笑，只是神经反应？母亲回应了婴儿的微笑，心想，"宝宝看着妈妈的眼睛，妈妈的心都被融化了"，这是母亲的本能反应，母亲被骗了吗？是的，一开始的时候母亲是被骗了。但谢天谢地，因为婴儿的笑容将会变成发自内心的笑容，虽然这个过程有点慢但绝对会有，不过前提是母亲把婴儿的笑容当做是真心的笑来回应。"人脸识别是后期的发展，婴儿需要再过4—6个月才能从众多脸孔中认出熟悉的脸"(Spitz, 1965, p.91)。

先天释放机制非常有趣和奇怪的一个特点就是可以被人为地放大反应，比如，被涂上亮红色的棍子比银鸥父母暗红的喙会令银鸥幼鸟更激动。同样，大人张得极大的嘴会带给婴儿不可思议的刺激。有同样效果的是一个年轻女子脸上的妆：黑眼线红唇膏。这一特点明显与艺术和文化的本质有关。

在互相作用的过程中，母婴之间的反应循环(circular feedback)在随后的几个月里会发展出真正的感情客体关系。婴儿会变得更加积极地与母亲联系，而且类似"我"的前身逐渐成了"我"。在这个循环的互动中，母亲学会满足与关照婴儿及自己的要求和感受。婴儿令人愉快的无拘无束可能会影响母亲而且"母亲必须保护自己免受婴儿给的所有诱惑"(Spitz, 1965, p.126)。婴儿和自己母亲的联系越来越多，母婴在感情共鸣中产生了对彼此的感情。正如温尼科特发现的那样，"同情"大概就是这时候产生的，那就是，当婴儿意识到他并不想伤害自己越来越熟悉的这个母亲，然后他发现了一些可以解决自己饥饿问题的方法，这样一来在不伤害母亲的情况下他也可以获得尽可能多的满足感。

七个半月大的时候，杰西会对着万圣节面具笑并试图摘下上面的两个大理石制品(面具的眼睛)，同时她会试图爬上观察者的膝盖。

在下一个引人注目的发展阶段，即史必兹所说的"八个月的焦虑"(8-month anxiety, Spitz, 1965, p.157)，当婴儿看到陌生人的时候，他没有朝大家笑，而是变得焦虑，变得不安。他露出失望的神情，因为来者不是母亲,而且他很可能害怕自己已经失去母亲。从现在起,婴儿真正知道了母亲是谁以及母亲对自己无与伦比的重要性。对杰西而言,万圣节面具现在只是一件毫无意义的东西。

史必兹意识到在第一个实验中,杰西的反应是本能反应,是受刺激,即眼睛和鼻子视觉模式引起的神经反射。在第二个实验中,她是在对一个真正的人类,是在对一个人作出反应,因此她已经成长为一个自然而然地与"你"相处的"我"。

第三个实验表明了一个全新的发展。在杰西 14 个月大的时候,当女性观察者(她和杰西关系很好)把万圣节面具戴到自己的脸上,杰西又惊又叫地跑开了,只有在观察者摘下面具后,杰西才感到放心。

因此,杰西已经度过了那个只有母亲的脸才令她安心的"八个月的焦虑"阶段,而且她现在又多了一些"朋友",比如这位女性观察者。

然而杰西还要经历一个发展阶段:确认自己认识的那个人仍在面具后面。她正在迈向有时被称为"客体永久性"(object constancy, Spitz,1965,p.66)的发展阶段,就像一段与他人关联的持久性记忆经历。

就"组织者"(organisers,Spitz,1965,p.117)的行为而言,史必兹认为其中第一个实验中的行为是对笑容的反射性神经反应,第二个实验行为中的微笑是两个熟人之间爱的交流。这不是史必兹本人用的词,作为 20 世纪中期的科学家,他不能用"爱"和"人"这类词,不过他想表达的就是这个意思。当他说本能想要被转化成精神,这就是他对莱亚德的观察的一种描述。

对先天释放机制产生神经反应的下一个明显阶段是在青春期,在这一时期,我们的身体和其他人在过去这些年已逐渐教会我们让本能欲望发展成爱,就像小杰西让自己的笑容发展成对他人的爱。

随后在本书关于梦的章节中我会向读者展示为何我们永远不必真正疏远爱的本能之根,即我们的动物自我,但我们可以一直重新提及它们并与它们协商事情,并通过做梦从它们身上重新获得力量。

本世纪关于儿童观察的另一伟大著作出自匈牙利精神科医生玛格丽特·马勒(Margaret Mahler)和她的同事于 1975 年合著的《儿童的心

理发育》(*The Psychological Birth of the Human Infant*)。这本书描述了婴幼儿如何逐渐与母亲分离并个体化以及使自己具有个性,增加距离和独立性,同时发展出更好的纽带让自己稳稳地度过与日俱增的时空距离和意愿的冲突。婴儿和母亲从第一阶段的共生发展至第二阶段的个体化-分离(individuation-separation)。母婴可能会相处得很好,或者婴儿可能不得不为了自己的个体化而与母亲各种焦虑形式作斗争。随后可能会陷入潜意识的反应模式确确实实地会停留在潜意识的表层。马勒的书全是有关个体化的婴儿和母亲的故事,而且详尽地解释了在早期阶段我们如何逐渐变得分离到足以去爱人,以及为何在各阶段学习去爱是生命的全部意义。

安娜·弗洛伊德认为婴儿想要与母亲玩耍并非出于利他主义的动机。谁在乎呢?20世纪前期研究人和动物的科学家如鹰一般观察其研究对象关于利他主义的情感幻觉。但利他主义和自私之间的区别来源于早期道德哲学家的纯抽象思想特点,虽然这对大致描述人类动机有用,但在现实生活中没什么用。在现实生活中,爱是关于相互交流,而对他人宽容可能获得的利己消遣会让所有道德成绩单变得一文不值。

我们主要是要明白非个体化的、基本的、动物的、神经系统的反应,比如杰西的笑容,如果它们得到尊重和鼓励,那么它们如何逐渐发展为互相喜爱的状态,哪怕这一切最初都只是幻觉。在下一章,谈及追寻爱的时候我们将探索仇恨的宝贵价值。

第二十五章　仇恨与攻击

世间之爱，皆含攻击。

(Lorenz，2002)

我们的文化认为仇恨是不好的，爱是好的；但心理学思想启蒙认为仇恨亦坏亦好，好坏取决于你如何对待它。到目前为止，本书提及的所有伟大心理治疗创始人在某种意义上都致力于揭露仇恨的基本情绪，目的是允许仇恨成为其真正想要变成的爱。

当我们从康拉德·洛伦茨这样的动物习性学学者身上了解到依恋的观察，我们便获悉在进化过程中爱是攻击的发展结果，比如鹅问候的叫声是攻击叫声的转化。康拉德的《论攻击》一书描述了一种小热带鱼慈鲷令人敬畏的一个重要时刻。当雄慈鲷发现一条自己所盼望的雌慈鲷，它的第一反应是攻击对方。但最终两条鱼总会避开这场较量。

洛伦茨描述了攻击被转化成亲密关系仪式的微妙方式，比如在鹅身上，最初的敌对状态变成了问候仪式。

我们人类在能够相爱之前必须坚持自己是互相独立的个体。这是攻击与仇恨的目的。攻击与仇恨是爱的基础，正如面团之于面包。洛伦茨指出动物为何没有种内攻击，原因在于尽管它们可能以兽群的形式在一起，但它们毫不关心彼此，它们是无情的。描述完亲密关系如何建立在敌对状态变型的基础之上，洛伦茨坚定地认为：你可以找到含攻击但没有爱的物种，但你永远找不到一个有爱但没把爱建立在攻击之上的物种，或者正如他所说的“世间之爱，皆含攻击”。洛伦茨的意思是除非始于攻击性，否则我们无法开始去爱。攻击是爱不可缺少的基础。

将这与同样令温尼科特敬畏和感动的婴儿爱的增长顺序相比。首先，婴儿不假思索地且无情地吞噬自己的母亲；然后婴儿进入发展的第二阶段并发现同情（比如，母亲是他不想伤害的人）。当我们学会关心自己在吞噬的人，文明再次出现了。如果一切顺利，在第三阶段婴儿被给予了空间和机会发现恨。因此婴儿爱的增长顺序如下：首先是如头脑简单的鱼类和动物表现出来的无思想攻击，其次是攻击修正变成基本关怀与爱，最后是进一步发展成仇恨。

当仇恨出现后，真正的爱就变成可能。仇恨的范围从幼儿园无中生有的瞬间敌意到交战民族和文化的破坏。仇恨亦好亦坏，或是鼓舞人心或是令人绝望，但仇恨本质上是对爱的渴望。

退回温尼科特研究的儿童阶段，他就健康和不健康的仇恨区别说了极其重要的内容。在健康的仇恨中有一种简单的相互敌视可以被转化成爱，但在不健康的仇恨中，我们利用公义和道德控制别人。温尼科特意识到了这一点，并鼓励母亲让孩子发展出健康的主导能力，至少得有一段时间能够让孩子真正做主，如此之后才能让孩子逐渐学会放弃一些自私的要求及学会向他人妥协。如果没有最初的主导自己世界的经历以及随后学会如何与世界谈判，那么这个孩子不会感受到自己被验证为是一个自主的人，而会觉得自己一直受制于人。对孩子来说，因为害怕别人拒绝爱自己而无法确认自己的存在感可能是一个令他绝望和排斥的经验。

我们的患者往往遭受恐惧和绝望、压抑的侵略和仇恨之苦，这一切都以间接的有害形式出现。我们要鼓励并滋养爱之真源的仇恨与攻击的宝贵情感。精神治疗师就像是使用占卜杖的探水源者，来到沉闷干枯的花园里寻找隐藏在地下的水源，这水源将使花园再次成为繁花锦簇的天堂：精神治疗师必须找到仇恨与攻击的地下水源，这水源将把爱重新注入患者的生命。本书中我最喜欢的例子是温尼科特的婴儿患者在获得信心咬住指节后病情好转这一病例。

在夫妇心理治疗中，我经常发现夫妻需要学会如何去恨人：首先要有意识地且坦率地去恨，而不是不知不觉地拐弯抹角地去恨；其次要指示恨意走向其真正的归属地；最后，学会如何合理地战斗，如何友好地战斗。我认为解决冲突是魔法石和圣杯,学校应该先教学生学会解决冲突再教学生写作。

放眼全球,我们可以看到本我或上帝,或生命力,或诸如此类的东西,都有一个共同点,那就是冲突。冲突是世界活力的基本来源。这就是为什么每天早上我们要看报纸。了解生命的应急和自动防故障装置之源。爱可能会失败,但感谢上帝,恨永远不会失败。“我们的上帝是好战者”(Beckwith,1922,p.187)。“我来不是为和平而来,我带来的是刀剑”(Morison,1870,p.183)。感谢上帝。经久不衰的仇恨是世界有未来的万无一失的保障。少有文化会带着足够的信心和希望去看待仇恨,但我们精神治疗师会这么做。在讲到伊罕穆比的第一章,我们已经发现了治愈之根本在于揭露恨意。当查尔斯·伯格的病患对他挥拳说:“我不喜欢你!”(Berg, 1947, p.224),伯格知道患者终于进入治疗状态了。同样,当克莱因的小患者可以完全自由地表达自己怪异和扭曲的仇恨,他们的本性被释放而去发现那不由质疑存爱的或被她称为修复的自然冲动。

我想强调的是,在我们的治疗过程中仇恨与攻击不是不可避免的滋扰,而是生命与治疗的宝贵来源,其重要性甚至超过弗洛伊德的性欲发现。一个能熟练回避冲突的治疗师可以在不承受患者仇恨冲击的情况下完成大多数治疗工作,但就治疗本身来说,患者对某人的仇恨通常是必不可少的。治疗师以不同程度的信心处理治疗中的个人介入。伦敦一位名叫马伦(Malan)的分析师性情很好,非常有绅士风度(而且在工作中表现卓越),1975 年他在莫兹利医院作了一场报告,讲了自己对加拿大分析师戴文陆(Davanloo)十分感兴趣。听起来戴文陆是个一点都不绅士的人。事实上,他蓄意的治疗技术就是非常粗鲁、糟糕地对待患者,使得患者忍不住对他抱有敌意及愤怒。但是,当患者表达了敌意的时候,他们发现了宝贵的情感体验带来的宽慰感,即发现自己可以直接向他们憎恨的人表达恨意,而且结局不会很糟。

温尼科特认为仅按时结束疗程就是“反移情中的恨”(hate in the counter-transference,Winnicott,1992,p.194)的一个例子,但在一般的精神病学中仇恨可能会有更粗暴的形式(有个小伙子曾咬了温尼科特的臀部,然后撬了他的车,开走了。)

在精神科病房,工作人员和病人之间的相互敌视有时是不可避免的,而且时不时有检举公布某些道德败坏的医院里的工作人员如何虐待患者。心理分析学家汤姆·麦恩写了一篇论文,在论文中他提到了医生对患者的敌意得以伪装成治疗的现象。但在更好的医院里,医生对患者的敌意可能是另一种大相径庭的行为,这在正式报告中很少提及。我反复地听到精神病院的工作人员(通常是护士,因为他们和病人接触的时间更多)说他们如何受到某些患者的侮辱和挑衅,以至于他们最后直接强行对患者发泄愤怒。工作人员发现这样的反击对患者大有好处,而且他们发现通常情况下患者甚至会就此举的治疗效果向他们表示感激之情。同样,一位年轻的专科住院医生告诉我,当一个年轻女子愚蠢地藐视他帮助她的努力时,他是如何真的发怒了。对此他非常有礼貌地但真的很生气地问她:"你想干吗? 莉萨(Lisa),你、到、底、想、干、嘛?!"之类的话。相较于作业疗法(occupational therapy)、团体心理治疗和药物治疗失败的情况下,真正的愤怒就像魔法一样。

在我就职的这家精神病院,我惊叹于那些凭绝对毅力去治疗患者的工作人员,那些患者是暂时性的(因为身患疾病)甚至是永久性的恶人,但工作人员却怀着仁慈和敬意,有时怀着坦诚、直率和相反意见为患者治疗。对了,他们还带着幽默。当然,工作人员也可能出现冲动等情绪反应。英国国家医疗服务体系的一位年轻专科住院医生告诉我她的会诊医生老大如何使她感到惊讶:有一天,一个患者爆发精神病性的愤怒,大叫大嚷、满嘴脏话地朝他们走来。会诊医生体内涌起了令人难解的冲动,他站起身,一言不发地把双手环在那病患身上,拥抱了他,病患平静了些,然后流泪了。但精神病学教科书并没提到这一类型的个人治疗策略。

当然,我认识的这两位采取最引人注目的有效行为的治疗师个性都很强,他们都擅长挑起病人的反应或者采取激进的对抗方式,并能将其积极化。当我看到艾萨克·马克斯(Issac Marks)教授提着一个装有一小块人类恶性肿瘤的塑料袋,残忍地一步步逼近一位患有癌症恐惧症(cancer phobia)的女患者,该患者蜷缩在病房远远的角落里,嘶声尖叫,这一幕让我非常震惊和不满。但隔天我却感到很窘,因为我看到那位女患者高高兴兴地正要出院,她优哉地把玩着我昨天看到的那个袋子,然后扔掉。

不过有位坦诚使用仇恨(尽管他没这么说)的英雄是名叫罗伯特·林德纳(Robert Lindner)的美国精神分析学家,他在监狱里工作。20世纪60年代,林德纳仍在使用古典的弗洛伊德学派理论:俄狄浦斯情结和移情,但他采取的是和弗洛伊德相反的行为方式。林德纳压根不是一个深思熟虑作风的分析师,而是一个把情绪完全暴露在外的分析师。

林德纳说,身为一名治疗师最关键的是有能力仅以另一个人的身份出现在患者面前。

治疗师说自己只是个普通人,这听起来很谦逊;但如果治疗师声称这不是我的训练,或不是我细琢出来的看法或学到的技能,而是说这只是我作为一个人治愈了患者,那么他可能要犹豫很久才说出口。没错,荣格说过治疗师帮助别人只能达到治疗师解决自己问题的程度;克莱因的女儿梅利塔·施密德伯-克莱因(Melitta Schmideberg-Klein)写道精神分析师本质上只是“英明地利用较强势的人格对需要帮助且依赖性强的人格施加的影响”(Ogawa,1982,p.23),她肯定一直想起母亲的所作所为。

在监狱工作时,林德纳正在分析一个被他称为安东(Anton)的精神变态者,安东是因为暂时性失去知觉而接受治疗,但后来当林德纳拒绝支持他的假释申请,他便不再接受治疗。有一天,安东生病了,恰好轮到林德纳以军医身份治疗病号。当安东看到当天是林德纳负责诊疗时,他在其他囚犯面前拒绝配合治疗。

林德纳知道自己必须有所行动,但做什么呢?他将安东的抵制看做是作为心理治疗关系的考验,而不是在其他囚犯面前维护自己的威信(这在监狱里很常见),因此他选择私下与安东沟通,男人对男人。与此相同的诚恳做法是,林德纳只跟随安东回到牢房并坚持要安东向自己道歉,并扬言威胁如若有必要他会迫使安东道歉。当被这般对待时,安东立即向林德纳道歉。后来,安东请求重新开始接受林德纳的治疗。

林德纳认为事件的突破点在于他给予了安东他从未得到过的尊重，而不是以专横式家长或权威人物的态度对待安东。

但就像林德纳威胁安东那样，难道用暴力威胁他人不会遭到反对吗？林德纳写道，他所有的精神分析培训和经验都告诉他要用身体暴力去威胁安东！这就是他说的。不过林德纳没把这描述为怀敌意互动，而是描述为具挑战性的相持不下的交锋。在这里，心理学思想启蒙冲破了我们文化的限制，到达了一个言语失效的境界，我们要么创造新词要么更改现有词语的意思。如果我们发现自己说威胁性的身体暴力不是怀敌意的，那么“敌意”(hostility)一词能有什么含义呢？也许，同一个词可能有两个相反的意思。从拒绝的角度来说，敌意可能会印证安东的愤世嫉俗和绝望，并导致这两种情绪固着在他体内，但扬言要揍他避免了这种情况的发生。换个说法就是，出于道德理由把扬言揍他作为其恶行的惩罚会令安东变得更糟，但出于相互尊重的考虑把扬言揍他作为一对一的挑战拯救了安东。

林德纳表现得就像一个孩子的普通父亲，这个孩子是安东。当父亲出于爱，出于为了儿子好的考虑而对儿子发怒时，无论这是潜伏暗藏的愤怒还是公开明显的愤怒，这种愤怒形式下的敌意不会被排斥。处于明显愤怒状态中的父亲可能会有一张骇人的红脸、愤怒的目光、颤抖的低沉声音、紧绷的身体，摆出仿佛要揍人的姿势，在这种情况下，除了“敌意”，男孩很可能找不到其他词来形容这种反应了。但这是敌意的一种爱的形式。我的一位患者做了一个梦，梦中他实际上已离世多年的父亲用暴力制止他说一些幼稚的废话。潜意识为这位患者提供了一个经历，那时他需要一个用暴力威胁他的父亲。

林德纳说自己所接受的训练引导他和安东对抗。世界各地众多精神分析机构把一对一的对抗艺术纳入训练了吗？就像林德纳和我前面提到的精神医院工作人员那样的一对一对抗？

展示林德纳如何确实遵照训练并非难事。虽然林德纳采取的是和弗洛伊德相反的行为方式，也就是非常个人化且威胁要揍人，但他做的事与弗洛伊德在鼠人逃避回忆时没打鼠人是同一回事。因为弗洛伊德不像鼠人的父亲那样打鼠人，所以他治愈了鼠人（他与鼠人有一段非典型的私人关系),所以他用移情将鼠人从抑制的恐惧中释放出来。而林德纳通过威胁揍人拯救了安东,不过他是带着安东父亲做不到的坦率,一对一要求相互尊重,从而将安东从愤世嫉俗的仇世中释放出来。鼠人和安东都被和他们的父亲有不同行为的治疗师治愈了。

当监狱里的罗伯特·林德纳离开自己的诊疗室,大步前往牢房勇敢地面对安东,摘下肩章向安东挑战,那一刻就是精神疗法和林德纳一起离开诊疗室并成为人类心理学思想启蒙之一的时刻。

传统基督教统治的教谕是:我们应该压抑仇恨,"如果有人打你的右脸,连左脸也转过来由他打",又或者如果我们必须打一场"正义之战"(Just War),那么我们就以正直的冷漠超然去战斗。但还有另一种看法,这种方式承认人与人之间无法控制的情感变化,情感变化也可能是人类可用的最重要和最容易被忽视的自然资源之一。这种方式是:当人们不把左脸也转过去被打,而是打一场好仗,他们会从相恨悄然变成相爱。

当我还是个孩子,我和当地的一个男孩突然互相看不顺眼:他觉得我是个势利鬼,我认为他是只糊涂虫。我恨他,他恨我。有一天,我们干架了,痛痛快快地揍了对方,直到我赢了(打赢对我来说是极不寻常的事情)。正当我坐在他身上,想着下一步该怎么做时,我意识到一个巨大的变化已经发生了。我们的仇恨已消失于拳头揍人的力量,现在我喜欢他,他也喜欢我。但是当这件事发生时,我们没有发展出友谊,不过我记得当我丢了自行车打气筒数月后,另一个打气筒神秘出现了,这是他通过一个信使送的。所以,以下是有利于友好式干架的民间智慧小清单。

1. 曾经,在远离陆地的船舶上有一个古老的"积怨战"(grudge fight)海军机构。当男人互相仇视而且无法选择逃避时,就可以申请在正式的监督下进行一场拳击比赛。一位军官曾写下自己艰难的决定,关于是否要允许一个瘦弱的小个男子和一个大块头恶霸进行第三场积怨战,这个恶霸不停地抢夺小个儿美味的海陆空三军合作社(NAAFI)香肠头。后来军官允许三战,小个男子和往常一样被击败了,但大块头停止了吃香肠。

2. 英国古谚：忠诚朋友之间的争吵是爱的更新。

3. 争吵过后，一位地中海人告诉朋友："很好，现在我们已经吵了一架，我们可以做真正的朋友了。"

4. 据古代神话所说，当吉尔伽美什(Gilgamesh)终于和他旗鼓相当的天敌恩奇都(Emkidu)* 大干一架时，他们竭尽全力不相上下地战斗着，最终他们耗尽了彼此的精力并"如爱人般相拥"。

5. 友谊往往涌现在大战中互为敌对的老兵之间。

6. 威廉·布莱克曾说，"对立才是真正的朋友"(Davis, 1977, p.61)及(一棵毒树)。

我对朋友生怨，
倾诉之间，怒气消散；
我对敌人生怨，
闷在胸间，任其蔓延。

(Bloom, 2008, p.28)

7. 第二十章谈到家庭治疗时，萨尔瓦多·米纽庆通过挑起家庭内斗取得了卓越的治疗成功。

你将发现我一直用"仇恨"一词来表达极端的强烈感情。比如，温尼科特通过在规定的治疗时间内结束疗程表达对病人的仇恨。随后我想起了过去日内瓦公约类型(Geneva Convention-type)的战争，一名被击落的德国飞行员，即"敌方"，在进战俘集中营之前会在英国皇家空军军官食堂吃晚餐(RAF Officers' Mess)。此外，仇恨涉及感性的一面，比如一对夫妇之间的争吵转化变成肉欲并向欲望投降。事实上弗洛伊德一度认为攻击和残暴可以被理解为性欲的施虐元素。

但另一方面，表达仇恨的例子还有林德纳及其治疗安东的方法。虽然一场公平的对抗产生了温顺的投降，但林德纳是犹太人，安东是一个政治上活跃的法西斯分子，因此不难想象在某个地方安东会支持希

---

* 此处应为"Enkidu"。译者注。

特勒对犹太人的大屠杀,并把林德纳也算在内的情形。对于我们治疗师而言,我们很容易在诊疗室里持专业态度认为所有仇恨从心理层面来说是一样的情绪物质。可以这么说,即使患者的仇恨转而针对我们,我们也一定要将它珍视为可以变成爱的一种人际关联和一种情感互动。当林德纳踏出诊疗室,撕下别在双肩的徽章,他已赫然超越仇恨。

但相互仇恨与攻击在普通生活中被分为了两个方面。一方面,它或多或少是可被容忍的,而且通过努力可以将它改变成友谊或其他爱的形式。但另一方面,跨越某一界线,另一种情感会占主导地位,在这种情感中我们不再希望他人身上的仇恨是可化解的,而且它看起来就像是彻头彻尾的邪恶。伤害我们孩子的人会激发这种情感,此外,自杀式炸弹袭击者的行动或者将我们推过某一界线让我们再无动力去理解他人的许多事物也会激发这种情感。继而,想象带给我们的只是惩罚性和破坏性的画面。在最后一章,当我们挑战自己,把仇恨变成爱的巨大能力,我们将进一步探索该问题。

第二十六章　我做了一个梦……

我们就像做梦的人，做了梦，然后活在梦里。全人类都是如此。

(Swami Paramananda, 1919, 1:7)

梦打开我们的双眼去迎接新的一天。做梦创造了我们的未来，而有意识的思维只是计划未来。梦让我们见证了众神生活的内心世界“野蛮和美丽国家”(McGlashan, 1966)，它们是我们欲望和能量的来源，通过它们我们有了奇怪的经历。

做梦是一种动物行为。动物在进化过程中发展了做梦的能力。所有恒温动物都会做梦(包括鸟类)，但冷血动物不会做梦，比如蛇。我们会读会写的历史已有6000年，我们可以直立行走的历史已有300万年，但我们会做梦的历史已有1亿年！

自20世纪中叶起，科学家在睡眠实验室里的观察发现了“异相睡眠”(paradoxical sleep, Lavie, 1998, p.136)，每晚会影响正常睡眠5—6次，每次异相睡眠持续时间约为20分钟，其间男人的生殖器会充血还会兴奋，而且我们会做梦。被称为“异相”是因为大脑会突然变得和醒来时一样活跃，或者更活跃(脑血流量加倍)，而反常的是身体进入特别不活跃和无力的状态。

一个无法被阻止的肌肉运动是闭合眼睑下的快速眼运动，因此，异相睡眠很快就被称为“快速眼动睡眠”(rapid eye movement, Gottesmann, 2005, 前言)或快相睡眠(REM sleep)。1965年出版的一个图表画了睡眠实验里的九个小时，显示快眼动期(REM period，简称

REMP，通过脑电图监测）如何与阴茎勃起（用应变计测量）一致。通常情况下，勃起约早于脑电波和快速眼球运动两分半钟，随后会减弱消失。

胎儿睡眠状态时，他的阴茎也会发生勃起。而且在清醒生活中性无能和没性趣的老男人也还会勃起。当然你可能会认为每个人都知道这件事，但这是在睡眠状态下发生的。

我们不一定是在快相睡眠中做梦，我们也在正常睡眠甚至在看似清醒的打瞌睡状态下做梦，但最栩栩如生的梦都是发生在快相睡眠中。

乔维特（Jouvet，1963）发现如果破坏猫脑中在快相睡眠中抑制身体活动的神经元，那么猫会从睡梦中站起来，将梦中景象活动化，怒视想象中的敌人，然后打斗、追逐、舔毛、玩耍，就好像它们在上演战斗和逃避的戏码、饥饿和不需负责任的享受。老年人偶尔患有神经退化性疾病，这也会损害人脑在快相睡眠中抑制身体活动的部分，从而导致所谓的“睡眠行为障碍”（sleep behaviour disorder，Hobson，2004，p.95），64％的睡眠行为障碍患者（主要是男性）梦到自己在防卫攻击时会在睡眠状态下殴打配偶。

已经被训练了数世纪、用于特殊工种的狗幼崽甚至在接受训练之前就会自发地做出这一行为。但在清醒生活中用于追逐的牧羊犬可能在繁殖前就会被枪毙。同样，德国指示犬在接受训练前天生会在狩猎中停下来并指出猎物。然而，在睡梦中，德国指示犬也会“追逐”并发出叫声——这是指示犬在其清醒生活中可能会犯的最严重的罪。这意味着甚至连动物做梦也极可能是受到大脑中较老的部分而不是日常活跃的部分控制。

因此梦是冒险，但随着我们真实环境的意识没了，我们的行动能力消失了，冒险仍纯粹是幻想。当快相睡眠出现时，脑电图描记线会进一步波动，而肌动图描记线（测量骨骼肌张力）会突然走平。但这只是其中一半。另一半是我们不能行动时自身身体惊人的情绪反应。正如你所预料的，甚至在最原始的哺乳动物，梦就由大脑最古老的和最原始的较低位部分启动、控制和喊停。

夜幕降临之际（如果你是一只蝙蝠，则在黎明破晓时），大脑的最古老的部分接手控制地位并尽情享乐。脊髓上方的膨大的部位称为脑桥(*pons*,其组织是人脑能再生像爬行动物的组织的唯一部分),脑桥使我们进入睡眠状态,并调节快相睡眠周期的开始与结束。介于蛇不会做梦,所以人类做梦受古老的蛇型自我(snake-self)控制是很奇怪。但我还要告诉你们一些更奇怪的事。

较高级的中枢神经系统通常控制感知外界和支配骨骼肌的神经系统部分,向下近脑干一端的古老动物大脑控制神经系统其他部分。这是自主("机能上独立的")神经系统,做梦时它没丧失功能,而是特别活跃。和往常一样,它继续控制所有身体系统:交感神经系统和副交感神经系统,对心血管系统和消化系统执行常规控制,控制其特殊的无知觉肌肉、腺体分泌物和血液中的化学信使。

但是在我们觉醒时,它也有情绪化的反应,在这些同样的系统中有快速的大变动,对梦中景象的幻觉刺激作出反应,像乔维特的实验猫那样威胁敌人和其他令人兴奋的客体。人在睡眠过程中,除了会出现眼球快速移动,还会出现喘气、心悸、血压变化、突然产生大量自主神经系统化学信使和皮质类固醇、泪水、微笑、性高潮、遗精以及其他现象。觉醒时,自主神经系统无意地通过非自主表达和他人交流。这经由一些身体反应实现,比如脸红或脸色变苍白、冰冷潮腻的手、瞳孔变大[即挑起人之间相互吸引的"漂亮女人"(bella donna)现象,这是一种完全无意识的交流]。当然在睡眠中,没有真的人去回应交流,就像没有人受到做梦者想象行为的影响。

交感神经系统会导致战斗和逃避、性欲和焦虑,因此它会做出加快心率和减慢肠胃活动之类的事,而副交感神经系统产生冷静、自信和消化,会放慢心率并刺激肠胃活动。这两个系统的活动通常是对立的。但在性爱过程中它们会有唯一的鱼水和谐:副交感神经控制勃起,交感神经系统控制遗精;因此,男人的"梦遗"(wet dream)和女人的睡梦性高潮在睡梦性兴奋中是最激动人心的身体反应,也是我们能从睡梦中获得的最实际的体会。

在一定程度上,快相睡眠中的生殖器勃起乍一看可能是在支持弗洛伊德的想法,他认为大多数梦都和性有关,只是伪装了。但事实证明并非如此，当然，这背后发生的一切有趣多了。

很多时候，男人会因为异常坚硬甚至是痛苦的勃起在夜间醒来，但他们根本就没有过引起性欲的想法或感受来解释这一现象。当男人需要小便[在军营宿舍被称为“撒尿骄傲”(piss-proud)的阴茎状态]，他们醒来时也可能会晨勃。正是这些非性欲的夜间勃起以及无法控制的勃起导致莱昂纳多·达·芬奇(Leonardo da Vinci)宣称阴茎有它自己的想法。现在我们可以告诉达·芬奇心灵在大脑中的确切位置。

然而，男人和动物的阴茎勃起并不总是意味着性欲。松鼠猴在任意驱使其他松鼠猴时会勃起，因此它的勃起和动物的统治本能有关。同样，有一种猴子在警惕危险时也会部分勃起。所以，有时候动物的勃起不完全与性欲有关。(或者说性欲服从于动物的等级制度，正如一只公猿把自己勃起的阴茎展示给占统治地位的公猿，以示服从。)

同样的，男人的勃起不总是与性欲有关。比如你还记得史必兹指出在人类早期发展中，婴儿的微笑反应如何只是逐步变成一种人类的情感交流吗？同样，他观察到虽然男婴会勃起，但他们起初似乎对自己的阴茎漠不关心，而且直到 8 个月大的时候才会开始生殖器抚弄(genital play)。只有当男婴与母亲有越来越多的情感互动，阴茎对他们而言才变得有趣和令人愉快。实际上，直到三四岁的时候，那些遭受母爱剥夺(没有宠爱、拥抱或身体接触)之苦的男婴才会表露出对阴茎的兴趣。即便如此，正常男孩的勃起仍是非特异性反应。

美国生物学家艾尔弗雷德·金赛(Alfred Kinsey)指出，青春前期的男孩会因任何事情发生勃起反应，从听到国歌到看到自己印在纸上的姓名。

女性的生殖器反应同样也是非特异性的。有一个女人曾告诉我，她的第一次性高潮是洗澡时听劲爆音乐唤起的。因此，很明显夜间生殖器刺激属于古老的和/或早期发育神经元和本能神经束，这不会使我们的梦引起性欲，这对于我们所说的性生活来说不会太原始太具有非特异性。

虽然生殖器刺激不会影响梦境，但它已经准备好并等着被摊开的梦中景象情感要么抑制要么刺激至性高潮。在 1965 年发表的一篇论文(题为《阴茎勃起与做梦(快相睡眠)睡眠周期一致[Cycle of penile erection synchronous with dreaming(REM)sleep》]中,费希尔(Fisher)、格罗斯(Gross)和祖奇(Zuch)发现一个实验对象在梦到被蛇攻击时勃起会疲软,梦到鲨鱼群攻击时会再次疲软,在含有乱伦意味的梦中也会再次疲软,在另一个表露同性性欲的梦中再次疲软。但在他最后一个梦中,当梦到异性性行为时他迅速恢复勃起。此外,较高级的中枢神经以另一种方式影响生殖器刺激:抑郁症临床表现严重的男性,其快相睡眠期间勃起的次数有所减少(抑郁症男患者往往会更快地进入快相睡眠状态而且频率较高)。

快相睡眠就像是一艘半夜停泊在港口的大轮船,它突然活跃起来,并照亮最低处的甲板。船长和高级船员还在床铺上熟睡,但强大的发动机“突突”地震动了船只,所有的基本系统已被激活并准备好出海,但却无法航行,因为螺旋桨还没脱开。相反,整个较低系统对纯粹虚构的景象作出形象的反应,而且这个系统受甲板下方某处而不是受桥梁鼓动。这是甲板下某个或某些无名之辈而不是船长写的剧本。面对幻想的冒险,轮船发动机时快时慢,灯光忽闪忽灭,船枪好似在扫描敌人的位置旋转并瞄准幻觉,但可能没有开枪。然后,突然之间,一切停止了,海面上又是一片黑暗。但隔天当船长醒来,他可能会记得梦里发生的事情。

20 世纪末,利用生物成像技术科学家能够识别出在做梦时活跃的大脑中枢。这些在做梦时活跃的大脑部分包括脑桥、脑干中脑边缘系统的扁桃核以及前扣带回。科学家发现在做梦过程中,后扣带回和前额叶皮层,以及广大众多脑皮层区域都不活跃,仿佛它们已经被告知要保持安静且要置身事外。也许被认为与有意识的工作及识别力有关的前扣带回代表着做梦的“我”,即被允许参加聚会和参与表演的普通有意识的“我”的本体。然而,值得注意且几乎令人难以相信的其实是反应刺激的图像不仅局限于新瓶装旧酒的个人记忆。

我们出生时已经发疯般地做梦,大部分时间都在睡觉。有一种说法是,除非我们的中枢神经系统已经通过梦到一切为我们做好准备,否则我们不能像孩子那样做所有事。这与温尼科特的观察相符:婴儿先有想法再有行动，并在幻觉中看见乳房；实际上，当幻觉中的乳房可以让婴儿通过真的乳头吮吸到母乳时，这就是一种幸运奖。

我们怎么能梦到自己从未经历过的事情呢？但，的确，我们已经发现有生之日从未看见任何事物的先天性失明患者会梦见视觉图像，也可以把它画出来。这表明了低级大脑中枢有一种不可思议的力量可以使用已进化了一亿多年的神经线路中存储的事物：创造并展示多个先天释放机制以刺激哺乳动物所有的情绪反应，比如一个可怕的攻击者、食物、一个积极可爱的女孩、一个令人兴奋的男人、对手的挑战、一位面带微笑的母亲、充满危险的海拔、令人窒息的无奈等等。

脑桥，即脊髓上方的古老蛇形本能神经元唤醒下丘脑领域做好特殊的准备和响应，并利用梦挑拨我们的情绪，每次挑拨 10 或 20 分钟，唤起恐怖、狂喜、无聊、敬畏、抑郁、热情、爱、欲望、仇恨、平静或冷漠的情绪。它指挥了情感身体语言的马戏团，这些情感很少被注意到，除了在异常情况下，比如一个炎热的夜晚、一个赤裸的同床人、一个灯光下失眠的自我或者是在设施齐全的睡眠实验室。

快相睡眠中的梦压根不仅是虚构的事件，它们是对情绪产生反应的身体活动，其中包括所有正常的腺体和神经生化物质激增、平滑肌痉挛和液体排放。然而，做梦者可能会出现的唯一身体反应是被汗水、唾液、泪水或精液弄湿。

为什么要担心我们的身体呢？在我们成为人类很久以前，一亿年或更久以前，我们的脑干就一直对我们这么做：负鼠存在的历史非常久远，所以它已经赢得了“活化石”之称，它是一个惊人的做梦者，其50%—80%的睡眠是快相睡眠。生物学家感到困惑，他们的文献充满了尝试用不同方法将快相睡眠时做的梦和生存联系在一起的众多理论。不过，我有自己关于做梦的理论，我随后将探讨这一问题。要做到这一点，我们将跨一大步，从观察做梦者转变成为做梦者。

第二十七章　活在梦里

不出户，知天下；不窥牖，见天道。

（老子）

纵观历史，人类做了各种梦：兴奋的、迷迷糊糊的和欢欣鼓舞的。虽然科学家已经对人类做梦进行了广泛研究，但关于人类为什么会做梦以及人类做了什么梦仍存在大量推测和关注。很多关于梦的理论发生了冲突，但梦的范围如此广泛多样，所以每个理论看似都含有一定的道理。

我们中的一些人认为梦是不重要的，还认为即使从来不记得任何一个梦或者从来不去关注梦我们也可以过得非常好。当然，这是一种可能，但也有另一种可能，那就是那些不被想起的梦仍有一些较深的影响。

荣格认为梦显示了环境的阈下意识。他的一个患者告诉他自己反复做一个梦，梦见未婚妻背着他在外面有其他男人。荣格建议他查明此事，当他查明之后，他的未婚妻的确不忠于他。因此，疾病可以告知我们自己甚至没有意识到的生活领域，比如疾病、愿望、未来以及很多事情。

现在已经有很多理论讲的是梦如何预测疾病。我知道爱丁堡有位叫约翰(John)的杰出政治家，他身体不适，但他的众多医生都查不出来他哪里有毛病。他告诉我，他梦见自己与魔鬼跳舞，魔鬼把一副扑克牌散落一地，约翰不得不把它们全部捡起来，但魔鬼讥笑地保留了一张牌而且不愿交给约翰，他手中的牌是红桃 A。原来约翰的心脏长了一种罕见的恶性肿瘤,因为太罕见所以一开始他的医生都没查出来。

荣格和他的同代人也有过类似的经历。一位年轻女子告诉荣格她做的两个梦,其中一个梦是她梦见有匹马从二楼的窗户跳了下去,另一个梦是她的母亲上吊自杀了。荣格推断她人格的生理基础正在自我毁灭,并诊断她患有器质性疾病。果然,原来她长了脑瘤。

著名的瑞士精神分析精神科医生梅达特·鲍斯(Medard Boss)发现精神分裂症患者在发病之前(甚至长达二三十年)有时会做灾难性破坏的噩梦,破坏的对象是世界和患者本人。

但并非所有看似糟糕的梦都说明做梦者患有潜在的疾病。例如,我曾听一个女孩说她第一次来月经时梦见自己躺在血泊中。这个梦表明每个人都应该寻找隐藏在梦里坏事情背后的好事情,但也必须认识到,这可能是我们的潜意识告知我们某些事的一种方式,而这些事可能会挽救我们的生命。早在16世纪,伟大的法国作家蒙田将梦的力量赞美成是我们隐藏的愿望和欲望的表达:"梦是我们意向的忠实解释,但区分梦和了解梦都需要诀窍。"(Weiss,1986,p.70)

弗洛伊德认为梦只是有意识的头脑无法处理的潜意识愿望。但我们还可以用一种更有趣的方式看待弗洛伊德的解释,比如梅达特认为如果我们对梦的态度过分惧怕和狭隘,那么我们可能会扭曲那些实际上是好事的显露,可能会让我们害怕我们应该要享受的事情。在一项实验中,鲍斯催眠了五个女人(其中有两人是神经官能症患者),让她们梦见"自己非常熟悉的一个男人,一个爱自己的男人,一个光着身子带着赤裸裸的性欲靠近自己的男人"(Boss,1958,p.93)。虽然这五个女人知道自己被催眠了,但她们没有意识到自己会做的梦的本质。有三个"正常的"女人完完全全梦见鲍斯让她们梦的内容,但那两位神经官能症患者都梦到一个穿着制服的陌生士兵持枪威胁她们。因为这两名患者都生活在一个忧心忡忡的世界里,所以她们没能遵循鲍斯的指示,因此她们认为爱和性欲是恐吓性的,是暴力的。

世界上有很多关于梦预知未来的故事。小说家格雷厄姆·格林(Graham Greene)7岁时在泰坦尼克号遇难那晚曾梦到一艘沉船,而且他的一生中做了许多其他预言性的梦。

有个不祥的梦例是希特勒在1917年梦见自己成了防空洞里的一具尸体。他梦见自己被闷死在坍塌的泥土和铁烙下，这惊醒了他，他起床并离开防空洞到外面游荡。当他回来的时候，防空洞已经被炮轰，其他人都丧生了。自然希特勒把这个梦当做是一个标志，标志着自己是因为身负神圣使命所以才受到特别保护。

在两次世界大战中有很多通灵的解释，其中有一些是以梦的形式出现的。这里有个来自一位犹太人精神治疗师的梦中心灵感应例子，她声称自己逃过大屠杀是因为她做了一个梦，这个梦是在她邂逅一位希特勒的党卫军(SS man)后做的。从梦中醒来后，当天她便逃离德国，并将这归功于梦的救命之恩。

荣格认为通过梦我们深入到时空之外的集体无意识。他认为，所有的梦都有一个潜在的含义而且应该被认真对待。

厄马克拉(Ermacora)在1898年报告的一个罕见案例中表明心灵感应如何能够在梦中得到应用。厄马克拉声称他发现有个女人可以用心灵感应把他的梦暗示传递给她的儿子。有一次，厄马克拉告诉男孩的母亲用心灵感应让男孩做一个关于山羊的梦。虽然在这些实验过程中，男孩和他母亲是被分开的，但男孩告诉实验人员他曾梦见"一群头上长着角的狗"(Wolman，1986，p.485)。原来小男孩以前从未见过山羊。然而，男孩的准确描述向厄马克拉表明发送心灵感应消息给其他人是可能实现的。

如今大家关注的一个话题是那些接受器官移植手术的病人做的梦。已经有几例报告提到尽管捐献者的身份并没有公开，但有些患者知道自己的器官捐赠者是谁。一位早期心脏移植受者梦见她的器官捐赠者是一个叫蒂姆(Tim)的年轻男子，结果证明她是对的。

此外还有些案例讲的是梦提供了灵感并解决了问题。有个著名的例子是物理学家凯库勒(Kekule)，他苦思冥想，想弄懂碳原子如何形成有机化学分子。有一天晚上，他梦见碳链似乎活了起来，变成了一条蛇，在他眼前不断翻腾："突然，这是什么？有一条蛇突然咬住了自己的尾巴，形成了一个环在我面前嘲讽地扭动着。我猛然惊醒……"(Hudson，1985，p.127)

凯库勒发现了苯环,即我们在基础医学中必须学的六角形环状结构的苯分子。

同样,梦往往会创造艺术作品:罗伯特·路易斯·史蒂文森(Robert Louis Stevenson)的许多小说最初都是在梦中形成的,包括《化身博士》(*Dr Jekyll and Mr Hyde*)。美国荣格心理分析师弗朗西斯·威克斯(Frances Wickes)在《儿童的内心世界》(*The Inner World of Childhood*)一书中展示了关于自己某个梦的颇美好的解释,她在3岁那年做的梦鼓舞了她一辈子。我在此提及它是因为我也觉得这个梦很鼓舞人心:

> 我身处一个陌生的高原,但此处给我一种奇怪的熟悉感。高原的中央是躯体庞大、令人害怕的邪恶比蒙巨兽(Behemoth)。它的身边是一株屹然独立的小矢车菊,毫不畏惧并扎根于自己宁静世界之中,那朵高原或林地里最小的花,虽然渺小脆弱,但却完美地开着四片纯真的花瓣。(Wickes,1988,p.257)

通常形成林地地毯的矢车菊如今却独自茁壮健康地成长,这令威克斯大受鼓舞。

鲍斯发现了一个关于梦的全新理论:他认为在梦中我们可以根据自己的选择和意愿行动,哪怕是在熟睡状态!他指出我们在梦中的时候和觉醒的时候一样清醒:我们可以反省自身和自己的动机,可以作出选择,改变想法,并且在某种程度上,因为在梦中我们有更多想象的选择,所以我们在梦中比在觉醒时可以更活跃更自由地冒险。

我的一位病人梦见自己和中士带着密函被送到前线。他把密函交给长官。他意识到敌人正要发动攻击。他执行了命令,而且他也没有义务要留下来战斗,他的所作所为完全是自由选择。他选择了留下来战斗。我认为他所选择的态度从那时起会在他觉醒的生活中有所用。所以有时候梦看起来好像给出比觉醒时更清晰的冒险环境,据此我们可以更明白地作出选择。

解梦大师们有不同的释梦方法解释其患者的梦。虽然荣格非常认真地对待梦，但是他会习惯性地批评患者以及患者在梦中采取的行动。有一次，荣格因患者在梦中未能出手把女朋友从冰上的洞中救出来而责骂该患者。我会这么想，荣格是不能这样对待患者的，这才是治疗的意义所在。

然而，鲍斯发现了人们在梦中可以变得非常果断，做梦者可以干涉事件的发展过程，然后带着协调性继续把事情做完。

不过，正如鲍斯所展示的，我们在梦中发挥自由意志而不是发挥意志的力量和觉醒时这么做有不同之处，这是一件相当危险的事情。鲍斯某位患者的梦令我备受惊吓，那位患者是一名25岁的学生，他说自己在梦中单凭意志的力量改变了自家花园里水流的方向，但这使他殚精竭虑。某些事已经阻碍了这个学生自然的情绪发展，而他对意志的有力使用只会令事情变得更糟。他在梦中的生活方式和在觉醒时的方式一样都是错的。

那位患者的梦让我感到惊恐是因为它令我想起自己年轻时曾经有过的精神衰弱。那时我意识到尽管受克尔凯郭尔培养了我强烈的宗教抱负，但是我无法变成一个优秀的人，或者无法去爱人，或者无法去做一些我认为自己真的应该做和必须做的事情。我渐渐发现我们不是天生要靠意志的力量活下去。

正确的事情是注意并找出我们体内被自己正在审视的事物所唤醒的冲动和能量，并试着找到服从于冲动的勇气让冲动实现我们的愿望。我们仍必须使用意志的力量，但当我们在成长路上发展了自我控制能力，我们必须让这种自控力助长我们自然生命力的基本自发行为。在我看来，这是心理学思想启蒙的伟大发现之一，即意志并非具有最高价值。

纵观历史，我们已经见过很多将自己的意志强加于他人身上的破坏性案例。在德国，曾有很多人报名参加希特勒的党卫军，这就意味着把希特勒的意志强加于他人，辅以威胁和惩罚。我们必须学习有关以下几个方面的知识：自我控制力、控制他人、操纵、管理、影响、对环境的支配以及激进主张。但是，我们如何运用所有这些知识是至关重要的。阿德勒把他对人的全部理解建立在我们如何使用权利之上。

因此,我们可以受别人的启发并使用他们在我们身上释放出的力量,从而需找到自己在这个世界上的路径。这样一来,自然的不可预知的情绪发展将毫不费力地出现。

在我多年的行医经验中,我发现动物自我在童年时期被成功抑制了的过度文明的成年男子有时会在梦中回忆追溯那些一直被留在童年里的狮子和老虎。

有个男人梦见自己在自家轿车里,而一头狮子窜进车窗威胁自己,那个窗户是他的妻子打开的。(一位"好妻子"做的事情之一就是让丈夫的生活具有丛林气息,比如夏娃和蛇。)还有一次,这个男人梦到一头狮子在他的私人车道上径直扑向他,他踩油门直接驶向狮子,狮子被吓跑了。这是很棒的策略:他通过自己的坚持制伏了狮子的攻击。

在梦中和动物性交是许多人不喜欢承认的另一常见梦境。我记得有个男人被自己做的一个梦吓到了,梦中他强奸了一头野生老虎,而这头老虎拼命用自己的牙齿和爪子攻击这个男人的脸。我告诉他我在庞贝古城(Pompeii)看过一个小的汉白玉雕塑,雕塑中的男人也这么做,所以在古人看来这肯定是个值得赞赏的想法,我的说法稍稍安慰了他。

我的一位女患者梦见自己被一只愤怒的猫攻击了。她正在和男朋友闹别扭,而我认为这个梦是在告诉她要反击她那有侵犯行为的男友。但是她并不想表露自己内心的愤怒情绪,她想做一个讨喜的人。

有时,关于动物的梦更具有无声的挑战力而且更难解读。我曾听过这样一个梦,梦中七棵小树苗围成一个半圆,每棵小树苗上面都有一条蛇盘缠着,随后蛇抽出头,直直地盯着做梦者。另外一名女患者梦到一群站成半圆的小马,这群马正在看她。

弗洛伊德因患者"狼人"(the Wolf man)做了一个和自己有关的梦而怒斥他。狼人梦见一棵树,有七匹狼坐在树枝上默默注视着他。弗洛伊德把这个梦解释为患者作为一个孩子在遭受原初场景(primal scene,即他的父母正在做爱)的影响。我个人认为弗洛伊德对此的解释不正确,我认为梦中的七匹狼更像是在说:"我们就在这,你打算怎么办?"

在解释这类梦的时候,我认为身为一名分析师我的工作就是要让患者对我的态度敞开心扉。在接受治疗之初，我的一位患者梦见自己跟着弗洛伊德和我一起穿越丛林小道。他看到我们低头看着小道左边的某物，他知道那样东西极其可怕，但我们却平静地看着它。因此，他知道当他走到我们所处的位置，他应该相应地模仿我们，不管自己将看到的是什么都要平静地对待。

因此治疗师就像是个家长，一个比患者的生身父母更能接受患者的梦(攻击行为、愤怒等等)的家长。和弗洛伊德一样，治疗师可以感受到自己帮助患者的方法是和患者分享自己更开明的态度。但，当患者真正开始成长起来，如果患者的梦开始告诉他和你一些你本不能告诉他的事情，那么局面可能会有所扭转。

人们经常讨论的一个主题是梦如何能象征童年时期学到的伦理超越和放弃、道德和宗教。比如，我以前有过一位来自非常虔诚的宗教家庭的女患者。她梦见自己在泛滥成灾的河边，看到教堂的一角被流水冲走了。我把她的梦解释为她排斥她父亲逆向的宗教态度。我听到的另一个关于宗教的梦讲的是一个男人俯瞰大洪流，他知道自己以前上的教堂学校就在洪流下。同样，有个女人在梦中看见一所正在被装修的教堂崩溃倒塌了。

在我第一次解梦时，我分析了自己20岁出头时做的一个梦：

> 我告别了双亲，看见一个穿着如太阳般发光、黑黄相间裙子的姑娘，我惊叹于巴赫(Bach)的某一曲子如何由许多不同的音乐符号谱写而成，其中有个音符是有立体感的，然后我发现自己站在教堂里方形广场边缘的人群中，这个教堂就像爱丁堡城堡里的一个小教堂。地板上的粗石没有被数百年来的人流磨损而是被磨平了，因为粗石非常坚硬且不可摧毁。但它开始出现裂痕，并裂出一道万丈深渊，于是一股敬畏之感油然而生，因为我们知道上帝即将现身。
>
> 我们看到了一个像是教堂内部的空间，在那中间有一个像圣诞老人那样穿着红色长袍的大人物。在方形分区，有一些小圣诞老人在主持宗教仪式：他们让人逐个吃掉圣经，如果圣经滋养了他们，令他们长大，那么他们就被接受了；如果他

们没长大,那么他们就被拒绝了。我知道这不可能是对的,所以我将一团以前用来擦拭画笔的破布蔑视地扔到中间那个大人物身上。

然后我骨骼从背后凸出,我整个人向前扑到地上。一个老派的警察举起警棍,压着我的头。

我说:"我不痛。"他说:"是的,如果你正视它,那么你不会痛。"

我现在可以看到大人物的红色长袍里面是一个骨架。那时我就在附近的一个地方,我知道魔法改变了我当时那个女朋友的外貌,所以如果她就在那里,我也无法认出她。接着,一个看似负责那个区域的年轻警察走过来告诉我"不,如果你想找到上帝,你就必须走这一条路"。他指导我走下一个旋转楼梯,然后我发现自己在爱丁堡布莱克霍尔(Blackhall)一条极其乏味的郊区街道上。(我大学第一学期就住在这儿,60 年后,当我在方向标上看到这个名字,它还是让我体内流过一股寒颤。)

这个梦告诉我的和查拉图斯特拉告诉尼采的是一样的事情,那就是传统的上帝已死。但我的梦有更深远的意义:它给了我一个方向,让我去探索去冒险,它告诉我要继续,继续去寻找上帝。我的梦传递给我的信息是不要到我所期待的地方去寻找上帝,而是要到我认为的地球上最无聊且最令人难以忍受的沉闷之地去寻找上帝,而布莱克霍尔正好是寻找上帝的绝佳之地。这个梦还告诉我所有无法激活真正天生自然成长只能期盼传统的文化都是错误的,这样的文化应被拒绝。

哲学家笛卡儿也在梦中迷失了去教堂的路,不过他是以另一种方式迷失的。1620 年 11 月 11 日,24 岁的笛卡儿在日记里写下他那著名的词条,关于如何构思了一个"绝妙的发现"(Rodis-Lewis,1999,p.52)。就在那一天,他已经变得完全的过度兴奋而且疲惫不堪,"带着满腔的热情"在"发现奇妙科学的基础"(Aczel,2005,p.61)。

没人能肯定笛卡儿指的是什么,但很显然他被自己的聪明迷得神魂颠倒,被自己本能的精神一端弄得飘飘然,因为他睡着了,做了一些戏剧性的梦。那天晚上,他记录了一个梦境系列。(梦的实验室研究证实,即使是一晚一系列快相睡眠的梦境系列也可以进化为梦境主题。)

笛卡儿梦见了幽灵,梦见自己被一股狂风卷着旋转。他试图避难到他的学院礼拜堂(College chapel),但他的每次尝试都被风给击退了,最后他放弃了。醒来时他觉得有点痛,他担心这是恶灵造成的,然后他花了两个小时琢磨世界的善与恶。当他又睡了两次,他梦到自己和一名陌生男子进行了一次又长又理智的对话,两人谈到了一本字典和其他书籍,包括诗。这次,他平静地醒来。

因为在第一个梦中被风吹离教堂,所以笛卡儿觉得自己似乎不再选择信仰上帝。笛卡儿用对第三个梦的强烈反思去理解自己几乎难以抵制的灵感,这一灵感似乎和他的科学发现有关联。他的巨作(20 年后)的开篇是通过著名的"狡猾"推断"我思故我在"以证明他自己的存在(Grayling, 2006, p.278),并通过理智而不是信仰继续证明上帝的存在。这是有史以来对人类文化最有影响力的和最具误导性的贡献之一。

300 年后(1946),罗素称笛卡儿是现代哲学的奠基人。我想人类文化的确必须经历长时间的理性磨练,不过,但愿笛卡儿可以把想象和梦看做是他已死信仰和教堂的代替,而不只是纯理性的代替。

一个人的文化之死并不一定是由教堂的毁灭来表示。需要重新开始的人有时会梦到自己掉牙,但这是一个更基本的本能重新开始,而不仅仅是丢失自己的文明。各种关于洗澡和掉进水里的梦也可以表明做梦者需要新的开始。

人们另一个共有的梦是梦到自己文明的运输工具出故障了。他们开着车迷了路,最后车子在丛林中出故障了,他们必须徒步穿过这片原始丛林。其他人梦见自己骑着自行车在海边绕,直到海浪击毁他们的自行车。

通常情况下,如果当令人沮丧的事情发生时,一个人可以呆在梦里而不是被惊醒,那么梦中可能会发生有趣的不可预测的事情。在一个梦境中,有个人的汽车和自行车都坏了,手机也丢了,但他没有就此作罢,而是继续走路(在觉醒的生活中他也是一个不轻易言弃的男人),他走到一栋房子里，结果房子里有三个非常出名的女人。

另一位男子的自行车陷入了沼泽，但他继续前进，然后他看见一个年轻的吉卜赛女人在沼泽里给一个婴儿洗澡。这是另一种梦境主题，我也将这当做是一个和成长有关的梦——发现一个婴儿或孩子，这一婴儿或孩子往往被抛弃且在某种程度上患病。这通常表明做梦者身上亲代抚育本能反应的觉醒，这在醒来过后也可以用在自己和他人身上。只是偶尔患者不接受照顾孩子的挑战，我并不认为这是个很好的迹象。

一旦我们克服自己对祖先价值系统的婴儿期依赖，并成为自己心中迷路的孩子的父母，那么对于荣格非常着迷的梦境冒险我们会持有更开放的态度，荣格是一个经常会在梦中遇到上帝或其信使的男人。

上帝可能就处于无数原型(比如一个对称的方形水上花园，一只静静站在那里的格外美丽的金毛动物)之一，或者可能处于更戏剧性的经历中。有时，梦中和自己发生性关系的对象可能是一些圣人。

当我们开始在梦中遇到上帝，我们可能只是处于一些难以领悟的异乎寻常的冒险。一两年后，在做了那个让我去寻找上帝的梦之后，我做了下面这个梦。

> 梦中的我是一个弟弟(在现实生活中我们家只有我和我妹妹)，我避开来势汹汹不友好的武装警卫，走过小镇上一个危险的区域，直到我进入一栋巨大的砂岩机构式建筑，那里很安全，但我知道我再也不会离开它，我会永远呆在那里。在一个大厅里，一位披着闪亮绿色长袍的女子站在一张桌子后面，桌子上摆放着装满食物的金色容器，她正在分发这些食物。
>
> 她背后有个披着黑色长袍长着狗头的女人，我知道绿袍女子是所有食物的主人，因为她已经把自己的灵魂卖给了狗脸女，所以我攻击了狗脸女。
>
> 就在这栋建筑里另一扇门门口，我将狗脸女扑倒在地，把她的双手反拧到背后并把她按在那里不动，但现在我和她都动不了了。怎么办呢？这里面的小侍女走过来了，向狗脸女鞠了个躬，敬拜她，接着我醒了。

当我告诉尤兰得·雅柯比(荣格心理分析师)这个梦的时候,她的反应让我很失望,她说:“唔,这就是生命之战,不是吗?”而不出所料,约翰·莱亚德立马就说:“你应该杀死她。”

这个梦告诉我的是狗脸女是有神性的,而且有时我们可以在其他人和其他物身上发现神性,就好像我可以同意比尤利湾(Beauly Firth)是一摊水,也是一杯茶,也是一道彩虹。这个梦告诉我上帝就在我的梦中,在我爱的人与恨的人之中,在各种地方。这属于不知道下一次会在哪里发现上帝的无尽发现,是在什么地方,以多少种的形式,在哪些人身上,一旦我失去了传统的信念,这对我来说就成了必不可少的事情。

纵观历史,有些人认为梦实际上是所有文化、文明和宗教的真正的原始基本来源,这是一个令人生畏的想法。但是,如果我们认真对待自己的梦,并经历那些评价和超越我们的文化的梦,那么这个理论就确实很可信。

一般情况下,无文字民族在社会和政治上对梦的使用比我们更多。20世纪初民族学家林肯(J.S. Lincoln, 他参加了荣格的一些研讨会)研究了原始民族的梦,这些民族源于梦的许多生活和行为令林肯印象非常深刻,比如谋杀、战争、祭祀、选择居住地点、择业、创作歌曲、舞蹈和宗教仪式、发现符咒和治疗、发明新型实物、给孩子命名等等。这一认识导致林肯认为在最原始的小岛上梦可以塑造和改变社会文化,甚至引发重大的社会文化革命。

梦境主题还有很多,但我发现一种特别感人的梦境主题是与死者和解的梦。人们会梦见与他人和解,当这些人在世的时候,做梦者恨或爱他们:家人、妻子、丈夫,在梦中双方消除了恶感、未竟事务和未决的危机,并确定对彼此的爱,梦里有拥抱、泪水和深情的告别。醒来之际,做梦者可能感受到了变化和震惊,仿佛一切真的发生过。

我们做梦的身体就在那里躺着,所有的身体反应都放大成最多样的情绪,但所有的实际行动都受到限制,在梦中有些人能遇到最鼓舞人心的刺激。根据个人品位,我们可以说这些梦是有神性的,或者也可以不这么说,但不管怎样,梦可以永远改变我们的生活。

有一些解梦大师擅长往返于梦的世界和行动世界之间，往返于我们所爱所恨的上帝世界和人类世界之间，在下一章中我将和各位说说这些大师。

第二十八章　释梦大师

你应该能够想象一切，并正视你所想象的一切。

(Derry Macdiarmid)

弗洛伊德把梦解释为被压抑的欲望，梦主要和性欲有关；荣格认为梦以一种更普遍的方式与做梦者的潜意识需要更有关联，并且把梦看做是通往集体无意识的渠道。但随后出现的释梦大师们甚至有更多关于梦的说法。

20世纪60年代，纽约的琼·米勒(Jean Miller)医生探究了抑郁症患者的梦。彼时在精神分析的世界，抑郁症与被压抑的攻击有关。因此，米勒医生信心十足地期待能够发现严重抑郁症患者的梦会呈现这样的攻击。她反而发现了完全相反的一面。当抑郁症患者处于最严重的发病状态，她发现患者的梦是平淡而幸福的，但随着患者病情的好转，他们的梦是令人烦心的，他们梦见其他人在伤害他们，特别是在强迫他们。这就好像人内部的冲动(称之为本我或类似的表达)正试图通过梦境挑起患者头脑清醒时的愤怒，而不是如你可能所预料的那样在日常生活中提供这样必要的反应。这一发现和我的某个想法一致，我认为在潜意识里有些力量用梦呈现固有的刺激以挑起我们内心的情绪，我们用这些情绪来面对现实。

相对不严谨地套用米勒的话：她认为极度抑郁的人避免任性，而且从不向其他人要求任何东西。通过压抑他自己的情绪，他不会和其他人发生冲突，因此他们不会梦见冲突只会感到抑郁。然而，如果患者开始梦见其他人在指责他，那么他会愤怒并开始坚持自己的权利。但如果他周围的人真的让他很失望,那么这可能真的足以使他灰心,再次回到丧失自身效力的抑郁症状态(前面提到的抑郁症患者看似正在接受这种状态)。随后他将回到冲突避免、平淡幸福的梦和有意识的痛苦之中,据他所知这是莫名其妙的事情,因为他一直在阻止自己察觉到其他人如何折磨他。(因此,可悲的是,对精神科医生而言,说服患者相信是化学品引起他的抑郁症是很容易的一件事。)

1977 年,艾萨克・马克斯教授在莫兹利医院治疗了一起极端的抑郁症病例,该患者备受噩梦折磨。作为马克斯的资深专科住院医生,我坐在那里观看治疗过程,而他治疗这个病例的方法让我有了新发现。马克斯是至今为止我所知道的最具有攻击性的治疗师,他是一个真正的伟大行为心理医生,他介于他自己和我的治疗方法之间处理最激烈的冲突。除非我可以给他看我家人和朋友签署的宣誓书,否则他拒绝相信我的个人分析对我有任何好处。

这是个 45 岁的女病患,她原本是因为强迫所做的仪式住院的,而她的仪式已随着治疗迅速减少:马克斯对她使用的混合疗法最初在我看来像是不能接受的无情欺凌加上父母般的温暖,不过,他还是成功了,而且患者的仪式已逐渐减少。但在她出院之前,马克斯却惊讶地发现她泪眼汪汪而且很紧张,原来她经常在做一个噩梦,这个梦已持续 14 年之久。她是在母亲逝世后开始做这个噩梦的,她说母亲"上一秒情意绵绵地看着我,下一秒却满眼恨意"(Marks,1982,p.143)。噩梦纠缠非常恐怖,所以她隔天醒来经常要休一天假以恢复精力。在团体心理治疗疗程中,马克斯把一只手臂环在她肩上,告诉她闭上双眼并叙述她做的梦。她告诉他自己是如何把讨厌的母亲成功从屋顶推下,然后踩在母亲头上,只是为了让母亲抬起头并攻击她。当她醒来后,她吓坏了。"该死的,她赢了,不是吗? 我那该死的母亲"(Marks,1981,p.144)。

马克斯让她又重新叙述了两次,第三次叙述的时候她的情绪没那么激动了。她被送回家了,马克斯让她写下并叙述三个结局是战胜她母亲的梦。我记得马克斯说了很多次"你应该能够想象一切",这句话就像一个基本原则。这让我想起了皮埃尔・让内的看法,比如说有个被截除了一只手臂的人能够想象自己在弹钢琴,而双臂健全但患有歇斯底里症的人不能想象自己在弹钢琴。

患者带着改写后的梦想回来医院找马克斯。其中一个梦的结局是,“我握住一把锋利的刀子,深深地,深深地刺进她的双眼。血和淡黄色的物质直接喷射到我脸上。我愉悦地舔着喷在脸上的东西,开始觉得自己赢了”(Marks,1981,p.145)。

(温尼科特说过攻击性吞噬母亲的修复!当然,我肯定不敢和马克斯提起这事。)

“……我彻底地捣碎她的双眼……知道里面没有任何固体,只有血泥……我知道我是胜利者!”(Marks,1981,p.145)

不过,这一次,她也把“我那该死的母亲”写了下来,但她却发现自己读不出口。作为一个近似维护母亲权威的主张,她被鼓励说了几次“该死的马克斯医生……该死的马克斯医生……”一开始她非常吃力地才能开口,但越说越不费力。

特别有趣的是马克斯能够命令她表达出对他的攻击。最终,这位女患者能够轻易地咒骂马克斯医生和她的母亲。接受治疗之后一年,她没再做那个噩梦,而且她确定自己永远不会再做那样的梦了。事实上她的生活状况大有改观,在此我们是说不完的。

该病例带给我的新发现是带着激怒她可以叙述改写后的梦。她因复仇性的胜利而忘乎所以。虽然让内颂扬了想象的力量,但我不知道为何人们会如此着迷于想象。而且我也不知道为何人们可以进入比梦之源更深层的心灵,还可以通过有意识的想象颠覆梦境。当我看着那位女患者,所发生的一切变得非常清楚:艾萨克·马克斯的人格力量用自信感染了该患者的意识头脑,而这自信可以向下到达她的潜意识,并杀灭那些正在摧毁她生活的挫败和绝望之根。

推论的结果是基本原则,即我们应该能够想象一切,被证明是正确的。我把这一原则奉为神圣,将它置于我指导想象等级制度中的最高层。许多年以后,当马克斯和我都在利兹城堡(Leeds Castle)开讲座时,他和我讲了这一原则的创造者:罗伯特·霍布森医生(Dr Robert Hobson),一个荣格心理分析师!

马克斯对梦的激进态度启发了我。在你的梦里,你最好赢了,如果你输了,那么就在醒来时改写这个梦并决定梦的发展就该这样,你瞧,显然这是能够做到的。如果能把激进的态度带进梦里,那么当你醒来你也许能够将其应用于现实生活中。

因此控制梦的第一个原则就是:你必须赢。你应该能够想象一切,但尤要想象胜利。

我在上一章提到了梅达特·鲍斯医生,他是苏黎世的精神治疗教授,也是《梦的分析》(*The Analysis of Dreams*, 1958)和《我昨夜梦见……》(*I Dreamt Last Night...*, 1977)的作者。和约翰·莱亚德一样,鲍斯的看法和荣格产生了矛盾,但矛盾更深。在鲍斯改变态度且看到曙光之前,他曾是由荣格领导的某治疗小组的一员。他承认"……在我看到控制人梦更加合适的……现象学的方法之前……我让自己被弗洛伊德和荣格关于梦的理论拐走了十年"(Boss, 1977, p.215)。

鲍斯说的"现象学的"指的是一个惊人的假设,即对梦的分析来说,不必识别出任何事的存在,只要识别出做梦者做的梦本身:没有自我、没有潜意识、没有潜意识的感情、没有愿望满足、没有象征意义、梦中没有对有意识的头脑产生的偏见的代偿、没有更聪明的无意识自我在隐蔽的地方告诉我们我们不知道的事情、没有原型,绝对没有这样的事情,别这么荒唐!(我分析梦一定要有上述任一样东西的存在。)鲍斯在实践中仍采用弗洛伊德的精神分析技术,但是他对弗洛伊德和荣格基本想法的反应是严厉抨击,滔滔不绝,当我们结束本世纪心理发现的患者之旅后,他对这弗氏和荣格的否认看似都很偏激,至少看起来是固执的。

鲍斯的存在分析观的发展是受其友人德国哲学家马丁·海德格尔(Martin Heidegger)存在主义哲学观点的影响:人只能存在自己的行为里。鲍斯是在海德格尔精神崩溃后与他见面的,时值海德格尔被德国战后的非纳粹化运动禁止授课。海德格尔一直是希特勒的崇拜者:他认为希特勒有一双漂亮的手,而且他从来不为自己与纳粹党(Nazi Party)的联系道歉,直到1945年他才作出让步。海德格尔关于给予行动最高价值的想法可能与纳粹理想一致,也许海德格尔没注意或者不在乎希特勒没有怜悯之心。萨特带着破坏性的道德影响采用了人即自己的所作所为这一想法,写了相反的东西反对纳粹式的行为,鲍斯自己的存在主义也极具纳粹色彩。事实上,鲍斯认为关爱他人是人类最深层的本性,是“他纯粹的实际本质”(Boss,1958, p.183)。

鲍斯没有说到的一件事是正常的梦是幸福的,在一个理想的世界里我们都会有这样的梦。而关于其他没那么幸福的梦,鲍斯有更多的话想说。

比如在《我昨夜梦见……》一书中,他写了一些非常有趣的事情,讲的是一群正常的年轻瑞士军队新兵做的梦。其中有个新兵梦到再次见他那美好的初恋,还握着她的手。鲍斯说当这个小伙子再大点,而不是在“瑞士中央,此地明令指出对肉欲之爱的憎恶”(Boss,1977, p.35)度过自己的青春,那么他可能会一直被视为具有不正常的依恋和不成熟的表现,只是握着初恋的手没有进一步发展。不过他仍有希望,在短短几年内,他就已经学会一种更加潇洒地对待女人的方式,而且“会立即将这一新行为带进醒着的生活中”(Boss,1977,p.36)。因此,鲍斯发现很多时候人们可能会先在梦中发现新行为,然后将其试用于醒着的生活中。

另一位年轻新兵梦见一部迷人的新大洲本田摩托车,他骑着这部车远离他的家他的母亲,去寻找一个女朋友。但不知何故,最后他骑着旧摩托又回到了家里和母亲在一起,一个女朋友都没找到。鲍斯再次认为这种成长过程中的早期失败对该新兵这年龄的人来说是正常的,而且无论是在梦中还是在现实中,这个小伙子会很快地永远地融入外界生活。

另外一名年轻小伙梦见自己在原始丛林中。一条被他射伤的蛇咬了他,他正从伤口中吸蛇毒。然后他发现自己在医院里,有位护士“用母亲般慈爱的目光”(Boss,1977,p.38)看着他。鲍斯写道,也许做了这样的梦之后,做梦者更能意识到醒着的存在和睡着的存在是相似的,两者都包含了可能的未被开发的生活空间,以及自身仍在等待被超越的一丝婴儿期依赖。另一名年轻士兵梦见一个可怕的巨人在追逐他,也许他是在害怕自己即将到来的成年男子气概?

解释这些新兵做的梦的时候,鲍斯已经70多岁了,但他仍敏感地捕捉到人类最深层的本质如何逐渐将自己暴露在新行为之中,伴随生命周期不同阶段的爱的形式,往往采用进一退二这样的方式。

尽管我们在梦中的行为几乎和在醒着的生活中一样,但梦中当我们在做错事的时候,这种行为会更明显。梦的世界比醒着的世界小,它剥光做梦者的生活基本情感现实,只留下骨架。作为一名治疗师,鲍斯显然会设身处地进入做梦者的梦里,而且他会考虑自己对梦的忍受程度有多高,就主要心情他能分享多少或者不愿意分享多少,他如何才能有不同的表现,以及在患者的梦里他会做什么。

通过鲍斯写的书,我们知道他在诸多治疗师之中肯定是一个极其罕见的现象:一个正常的人。鲍斯比弗洛伊德正常,比荣格正常。鲍斯不是根据理论而是凭借胆量知道患者本应该在梦中做什么。作为一个正常的人,鲍斯不受童年时期专横的情感限制的约束,也不受服从文化的约束,他很了解豪放的爱。作为一名治疗师,他知道当梦的世界是黑色的可怕的,而做梦者的行为表明了这一点,这是因为做梦者把生命的可能性阻挡在外,因为做梦者害怕爱的可能性。有些事情已经让他害怕梦中所呈现的充满爱与自由的空旷阳光景色,就像是在金色的坟墓中。

忘记存在主义,忘记从存在之谜发射出的光芒。如果你能根据我所描述的内容(无可否认,这和他自己的描述不完全一样)明白鲍斯的方法,那么你就会发现他分析梦的方法更好些。鲍斯真正的秘密武器是他对正常的(比如豪放的)爱的理解。因为他本身对这些普通的爱的空旷景色有所体会,所以他可以看出患者的封闭世界和行为缺失了什么。如果我们可以开始想象普通的爱会是什么样,那么我们就可以开始向鲍斯学习。

虽然我们可以忽略鲍斯的存在主义,但是我们应该承认存在主义带给鲍斯的影响。存在主义不仅认为人就是自己行为的构成,同时也把正常行为描述为生活的开放性。

鲍斯的存在主义是一种大胆的和令人振奋的指导想象,对他来说这有两个好的结果:

1. 他能够彻底甩开弗洛伊德和荣格的限制性影响,而且一下子倾倒所有心理呓语。

2. 他可以通过任何理论把理解普通的爱的秘密武器用于理解豪放的爱。存在主义使他能够自由地使用自己的秘密武器,而且不会因为这样天真的乐观态度被批评。凭借极端的坦率,鲍斯能看出人性出了什么问题:我们害怕爱,害怕去爱人和被爱。弗洛伊德说我们都害怕本能,而且我们应该害怕本能;荣格说我们都害怕上帝,而且我们应该害怕上帝;鲍斯说(实际上)我们害怕的是爱,而这就是解决问题的秘密武器。

和弗洛伊德不一样,在鲍斯看来梦中的感官性活动并不是个伟大发现;而且鲍斯和荣格不一样,他不认为在梦中发现上帝是个伟大发现;对鲍斯来说,弗洛伊德和荣格的发现都只是普通的爱的一个方面。如果我们试着想象普通的爱会是什么样,那么在我们想象的反思中,我们就不应该逃避把爱的经验列入其中,爱的经验比我们从音乐、艺术或文学中所知的最美妙的事物还棒。

那么,让我们问问鲍斯:是什么让我们害怕爱?是所有那样危险的事情吗?是什么让我们逃避爱,要怎样我们才能再次接纳爱?

鲍斯笔下有个瑞士军队新兵梦见自己在被抓捕和判处死刑之前多次谋杀女性。鲍斯轻蔑地否决了这一想法:这样的梦表明了无意识的愿望。相反,他说如果做的是不愉快的梦,那么我们就必须问一些问题,问题需要被解释。为什么做梦者只让心烦的事情进入梦中?但首先,鲍斯寻找实物的鹰般锐利的眼睛发现了这位士兵的梦令人惊讶的好的一面:这名士兵不只是梦见谋杀妇女,而且他从谋杀当中获得乐趣。

对于这名士兵,他杀人的梦是关于与自己遇到的任何事情发生的根本关系。这是好事,但还不够好:它只处理自我实现。自我实现是爱的交流,满足了我们最深层的天生自发行为和豪爽性格。在此,这一点再次证明鲍斯和弗洛伊德与荣格完全不同。弗洛伊德只是接受他在本能(本我)中发现的任何不愉快的事情,把这当做我们兽性本质的一部分。相比之下荣格少了几分悲观,他认为我们活出了上帝本性里善与恶之间的冲突。鲍斯认为蓄意谋杀比这需要更多的解释:如果我们梦见的新发现不是在爱的交流以前被忽视的可能性之中,那么他想知道原因。

本世纪在心理学思想启蒙中出现了一种看法,这种看法反对了弗洛伊德的悲观主义,这种看法认为人最深处的冲动大致都是好的,或者说是在最糟的中间地带且可能变好,这是生活和人性中信仰大波动的一部分。有些精神治疗师用语言表达这一看法,而许多精神治疗师一言不发地将其付诸实践。这就是鲍斯只做不说的事情。人类本能中的这种信仰值得引起自我发现之旅中的我们的注意,而我在此为各位设了个路标。

鲍斯常常把做梦者梦到不认识的人解释为代表做梦者可能会采取的行动,只是做梦者还没接受。比如,梦见自己杀人的这位新兵尚未发现自主承担责任和真正负罪感带来的满足感。

鲍斯认为愧疚的本质是债务,是欠生活的债。“人类基本存在的愧疚……”(Boss, 1977, p.53)是“遗漏之一”(Boss, 1977, p.54),因为人们没有发展愧疚的可能性。当做梦者谋杀女性的时候,他其实是在谋杀部分的自己。当我们逃避成为自己可以成为的人,我们就欠下了债务,不仅欠自己,而且欠我们亲近的人。因为我们剥夺了他们本来可以从我们豪放的自我中得到的爱。鲍斯认为当人们欠生活的债过多,以及当人们习惯性抗拒去爱人的本能冲动时,他们会习惯性地做愧疚的梦。

和弗洛伊德不一样,鲍斯绝不会去“解析”梦;或者他也不会像莱亚德那样直接告诉患者应该在自己的梦中做什么;鲍斯只会建议患者用之前没想到的更普通的(豪放的)反应方式。通过提问和惊讶的表情,鲍斯不知不觉地甚至是悄悄地完成自己对患者的建议。

鲍斯的治疗方法的关键是以知识、反思以及在患者和他自己的意识头脑里都能找得到的分析带给梦一切解释。他大概是这么告诉患者的:你在梦中做了一些事,但你无法确切地知道或明白自己在做什么,现在你醒了,你不会对即将看到的一切感到意外等等。

鲍斯有位 35 岁的压抑患者,该患者患有抑郁症和阳痿,他会做抑郁症患者经常做的挫败之梦。他梦见自己的朋友想在一个气候过于寒冷的地方种植西红柿。患者本人有个桃核,他想种桃核,但随后花园变成了网球场,所以他种不了。

因为鲍斯相信强调梦中积极特点的力量,所以他问患者的第一个问题是他是否能把梦中体验的寒冷和孤独感当做是醒着的生活中出现的;第二个问题是直接问患者是否可以谈谈在他的生活中导致他情感世界冷漠的因素,而这会导致患者回忆起一些权威人物,那些人警告自己表达情感是不宜之举。

因为患者现在已经知道那些养育他的人要对教他和世界保持冷酷的距离负责,所以鲍斯问患者的第三个问题可能是他是否觉得自己仿佛要在这样的束缚中度过余生?

此处治疗师和患者之间出现了冲突,鲍斯在行医中肯定深有体会,但是他可能没意识到,或者至少他没对此作出描述。这就是患者的绝望与治疗师的希望或信仰之间的碰撞点。治疗师和患者分享了自己的观点,把自己的勇气以及对生活更加充满希望的态度借给患者。

无意识的绝望削弱了想象力,正如让内那位无法想象自己在弹钢琴的歇斯底里症肢体瘫痪患者,以及鲍斯催眠的那位无法梦见和情人共享鱼水之欢的女患者。你应该能够想象一切,如果你无法想象一切,那么这是绝望、意识或潜意识在阻止你!

鲍斯很擅长分解从爱后退又走向爱的步骤,正如在年轻新兵的梦中存在着向前看的成长和向后退的(乱伦的)犹豫混合。我们在梦中和生活中的表现是希望与绝望的交替,就像费尔贝恩的老鼠探出头然后又躲回去。我们捅出并感受可怕的恐惧和愧疚,然后我们变得冷漠,再次感到很舒适。

看起来梦希望我们知道我们是否正走向绝望带来的舒适,就像那些病情没好转的抑郁症患者做的平淡幸福的梦。或者梦代表希望说话,比如病情正在好转的抑郁症患者做的噩梦。受损的想象力告诉我们,当它呈现出一个非常贫瘠的生命图像时,它是受损的,而且对此它无能为力,因为存在着一种隐藏的意识,一种知道十分惊恐的生活和充满信心的生活之间的差异的希望意识,而且这一意识想告诉我们我们身在何处。我怀疑梦是否在说熟悉的绝望和陌生的希望,它们对我们采取的有意识态度作出回应,这一勇敢的态度会直接把梦带向希望,但你必须自己找到这样的态度。

鲍斯令人感动的一件事是他如何与患者发生共鸣。一位 24 岁的心理学专业学生通过梦表现出他如何逃避自己无法承受的爱的挑战。在现实生活中,他的朋友已经订婚了。他梦见朋友的未婚妻死于癌症,这让他感到非常震惊。在葬礼上,他们在一家自助餐厅用餐。但他食之无味,不高兴地醒过来。鲍斯能够说出这个学生对爱的恐惧减少了他能在梦中做的事情。他现在还无法承受自己拥有一段持久亲密的爱情,所以这样的爱因为癌症从他周围消失了,但这也令他很伤心。

显然,正如康拉德·洛伦茨在动物进化中的发现,鲍斯在人类中发现了同样的事情:为了让爱成为可能,攻击必须先出现。

有时,鲍斯直接向做梦者指出梦中最初可能看似灾难的事情实际上可能是希望的迹象。一个害怕考试和患有阳痿的学生梦见家里着火了。他吓坏了,冲进屋里救他的双亲,但已经来不及了,房子倒塌了,大火把他们烧死了。他尖叫着醒来。鲍斯详尽地、委婉地、老练地告诉他,治疗中其他正在经历成长阶段的人也做了类似的梦。他继续告诉这个学生,这些梦通常表明做梦者已经准备好开始一段更加广阔的未来,让真实生活中父母不仅只是充当父母的角色,而他自己也不再只是父母的小男孩,亲子间可能会发展出其他的健康关系。

鲍斯对荣格原型想法的敌意有一个优点。他不相信病人曾完全被内部破坏性原型的力量控制。换句话说,如果梦中的人物是令人讨厌的或是强大的,那是因为我们允许让他们变成那样。例如,鲍斯描述了他的一位女患者的梦,梦中她允许一个长着邪恶丑矮人的脸的男子把她背到一个住着有魔力的邪恶怪物的地方。原来丑矮人是个巫师,他后来放火烧她。鲍斯将这位女患者描述为一个处于向自己的自然感官力量妥协的状态的人,她控制不了这种力量。

是我们自己的自我贬低使梦中难以制伏的怪物变得难以制伏的。我们的屈服会创造出不可抗拒的怪物,正如某个病例中有位学生做了噩梦,梦见他被自己正在研究的真菌粉碎了,因为他的"病态屈服于自己的研究对象"(Boss, 1958, p.152)。鲍斯认为,不管梦中的人做了什么，做梦者都与之有些共谋关系，否则那个人就不会出现在梦里了。

和鲍斯不一样，我觉得不看到梦中的象征是很难的一件事。我没有梦见自己对父亲说："你的思想太狭隘了，我会自己想办法。"我梦见自己把父亲往水里摁直到他被溺死。我没有梦见"我多么爱我的孩子啊！"而是梦见我们之间隔了一道彩虹。

虽然鲍斯拒绝承认在隐藏处有另外一个处于高位的自我，那个自我在把明智的信息传送给做梦者，但有时鲍斯会承认梦确实会用给做梦者留下深刻印象的语言转述一条明智的信息，比如当一位垂死的修道士告诉一位妇女，我们所看见的和想象的只是藏在我们神性真理内的欲望和本能。他认为，即使这样的信息看似很愚蠢，但因为它们经常在我们醒来之际出现，所以我们还是应该考虑一下它们。

就鲍斯报告的一个梦而言，我无法不攻击他对原型的怀疑。在伦敦国家画廊（the National Gallery）有一副保罗·乌切洛（Paolo Uccello）的《圣乔治和龙》（St George and the Dragon），这幅画没有把受害者画成一个赤身裸体在岩石上瑟瑟发抖的少女，而是把她画得非常不像受害者，画成一个穿着华丽的公主，站在那儿，俨然像是一个控制着局面的女子。控制她的不是龙，而是另一样东西，是系在她腕部的绳子（据说是她的腰带），而绳子试图绝望地自卫，当然绳子反抗的是圣乔治。在圣乔治头部附近的是一朵圆形螺旋云，云的中心旋转成了黑色。但乌切洛发现了我们的老朋友螃蟹怪物勒赫赫的另一个形象版本，她把我们吸过去，这样一来她就可以吞噬我们：她是莱亚德在马勒库拉岛发现的吞噬和启动母亲（或姐姐）。乌切洛的螺旋云是向后拉的云团象征，这可以带我们走进幸福的湮灭或给我们新开始的机会；实现这一目标的方法之一是杀死一头公猪或一个用于祭祀的男人或一条龙。所以，如果这朵吸人的螺旋云不是一个原型意象，那我就不知道它是什么了。

就在本世纪结束时，《创伤的内在世界》（*The Inner World of Trauma*，1996）的作者唐纳德·卡尔斯切德（Donald Kalsched）使用弗洛伊德和荣格的理论以不同于鲍斯的方式来理解梦。他认为原型来源于某个地方。鲍斯认为在梦中肢解了一个女人的女刽子手代表她自己被误导的态度，但卡尔斯切德对这些类型的梦有完全不同的看法。

还记得弗洛伊德的神经官能症创伤理论和旧的防御机制理论吗？比如安娜·弗洛伊德的“支持攻击者”防御机制理论？记得费尔贝恩对内在破坏者如何通过为母亲说话以及攻击自己以尽量减少来自母亲的攻击的描述吗？同样，我还提到了温尼科特就一个假我如何能保护真我直至事态好转的看法。

卡尔斯切德观察了曾经真正受到严重创伤的患者梦中这些难以区分的迫害者-保护者的活动。他认识到他的患者是在保护自己免受更恶劣更基本的威胁而不是免于受伤：这种威胁是一种毁灭，是在无法解除停止当一个人的情况下停止当一个人。他认为另一位治疗师创造的“解体焦虑”(disintegration anxiety, Kalsched, 1996, p.1)是最好的表述。患者发现了表达“解体焦虑”的不同方法，比如我的一位患者谈到了她害怕“跌出空间”(falling out of space)。[注：不是跌穿或跌进真空，而是不在这一空间(out of space)，进了一个可怕的、不可思议的地域。]他意识到患者受到了普通防御机制(详见安娜·弗洛伊德的总结)无法防御的伤害，需要第二道对付更加绝望的防线。(尽管正如他所想，如果创伤有时发生自我正确形成之前，那么真的有必要描述为第一道防线。)卡尔斯切德发现自己对人类灵魂求生的毅力以及其支配下的几乎超自然的力量大为惊奇。在下一章我们将发现我的一位年轻厌食症患者如何通过她自己超自然的梦世界选择希望而不是绝望，选择生而不是死。

第二十九章　梦与成长

梦是身体的智慧，行动是心灵的智慧。

（日谚）

在这一章节，我主讲的将是我的患者艾莉森的梦境系列，以此向各位展示梦能够真正为我们做些什么。艾莉森患有神经性厌食症，也有个不平凡的做梦生活。她的梦境系列之所以非常惊人是因为为了让她开始新的人生，她的灵魂必须一路向后唤醒她的成长阶段。

如今神经性厌食仍会导致约10%—20%的患者死亡，患者家属和医生认为不吃东西是个问题，但神经性厌食患者却认为不吃东西是问题的解决方法。艾莉森会永远记住“脑海中猛增的宽慰”，13岁时她就打算为了大斋节(Lent)放弃食物。她过着悲惨的生活，她通过取得优异的学业成绩取悦母亲，而且在父母争吵时她往往站在母亲这边。她很容易因为被批评而受伤，所以她决定要当一个完美的人这样就没人能够再批评她。这一决定让生活更糟。但她很快就意识到不吃东西，她能够：

- 减少体重并甩掉多余的肉，她觉得肥胖很难看。当她早早进入青春期时，她的身材也引起了其他女孩的嫉妒和羡慕；
- 获得控制感、权力、能力和成就；
- 不再为夜里偷吃东西而感到愧疚（母亲早就不许她这么做）
- 看起来像十字架上的耶稣，她认为这是一件美好的事情；

• 让自己的痛苦明显外露，因为她无法以其他方式表达自己内在的痛苦；

• 让不幸和愤怒随着体重一起离她而去；

• 惩罚自己辜负母亲的期望。

不吃饭是折磨母亲的最佳方式，但我从来没有听说过哪个厌食症患者(包括艾莉森)在早期阶段甚至暗示：对厌食症患者来说厌食是拥有道德高地的必经之路，而且不应被视为报复行为。

自 15 岁起，艾莉森九次住院：两次接受电休克(tlectro-convulsive therapy，ECT)治疗、多次药物治疗、行为治疗和分析治疗。她曾两次试图自杀、产生过幻听、有过幻觉、发病时看到东西变成蠕虫。28 岁那年，打算再次饿死自己的她被送进医院，那时她体重 37 公斤，这一次厌食的原因是自己的教学工作遭遇危机，她希望学生健康快乐地成长而不是取得他们的父母想要的"成功"。她知道"独自努力，站在自己的知识和理想中的感觉"太痛苦了。

但这次发病不同于以往。这一次她知道自己的生命处于危险之中，她知道自己迫切需要帮助，但她不知道有谁能做什么来帮助她。

艾莉森和我都很幸运：我对自己第一次为成人进行精神治疗以及该病例满怀热情，我俩配合得很好。非常好。彼时(20 世纪 70 年代中期)，厌食症已经引起精神科医生的许多关注(现在仍是如此)，一方面是因为这种病例在增加，另一方面是因为这种病非常难治疗。那时已经有很多治疗厌食症的不同疗法。比如，米纽庆认为厌食症的病因是家庭内部的冲突避免；换言之，如果他能让家庭成员打起来，那么动态变化会允许患者恢复并成长。当时的我太温和，对米纽庆的治疗技术和他就打架的观点一无所知，但幸运的是我们有个会诊医师，他能够施以必要的强硬，至少他能激起一些挑衅行动。

但就在艾莉森住院后，会诊医生去度假了。他搭乘的飞机一离开地面就有两个当时最阳刚的壮汉猛扑向她：她的房间被两位行为学家撤空了，她必须通过吃东西赚回自己的所有物["操作性条件反射"(operant conditioning)]。我开始每天对她进行心理治疗，包括我待命工作的那些周末。当会诊医师回来时，艾莉森已经对自己的发胖（恢复体重）感到非常沮丧，因此他对她施以电休克疗法。因此，在她入院的前几个月，艾莉森体会到了三种治疗方法的好处：行为疗法、心理动力学疗法和传统的器质性精神病学疗法。最终她适应了诊所里的生活，当行为学家都感到心满意足留下她一个人的时候，她开始在自己的房间里养植物。

在接受治疗的第五个月，她开始向医生叙述噩梦。其中一个梦是母亲把她关进棺材，其他噩梦是有个女人来把她拖走。后来她还描述了诡异的经历，仿佛真的有超自然因素在夜里进来她的房间，以一种审视多思的方式看着她。

在治疗中，艾莉森抱怨母亲以及自己对父母的愧疚感越来越强。有一次，她告诉我她母亲对她每周一次的探访"像鹰一样笼罩着我"。数天后，在反复梦到一只长着黄喙的白色大鸟俯冲而下把她叼走之后，艾莉森和母亲大吵一架，这导致她有一年半的时间拒绝见母亲。大约在同一时间，她赶走了自己的继父。这种行为在诊所里是正常的，因为赶走家人是当前厌食症患者接受的家庭疗法的传统前身。法国医生夏尔·拉塞格（Charles Lasègue）在 1871 年观察到厌食症患者的家人以某种方式影响病情加重，当然，除非患者同意和家人分开，否则他不会接收该患者。有一次，夏尔勉强同意让家庭牧师探望病人，结果发现牧师的祈祷书里偷偷夹着患者母亲写的一封信！

与母亲吵架后，艾莉森的体重上升了，因为她夜里吃得比较多。住院后第七个月，她的夜间生活开始与日间生活形成奇怪的对比。她说："夜里我毫无道德。"这是指她在夜里会感到空洞、寂寞、渴望亲情和安慰，而且无法控制自我，会从医院厨房"偷"食物吃。苦涩的内疚感与痛悔和黎明一起到来，正如自我惩罚令她感到惶惑又消失了。她说："感觉就像两个完全独立的人。"

到了白天，她很冷漠甚至冷酷，她非常自制，害怕人群，厌恶进食；但到了晚上，她悲伤，哭泣，渴望陪伴和慰藉，而且还吃东西。因为我从没见过她夜里的自我，所以我让她写下自己在夜里的感受，这导致她写了自己的梦。从每个梦里醒来之际，她会吃东西，要么是为了安慰自己从噩梦中醒来,要么是为了安慰自己从美好的梦中醒来结果发现这只是个美梦不是现实。比如,当她从我向她保证的“在死亡中也能发现的永久睡眠的安宁”的梦中醒来,她会感到伤心。在做了这个梦不久后,她做了另一个相似的梦,她说梦中的自己在靠近一个类似太阳的温暖的发光圆团。当那个圆团最终严严实实地笼罩她,仿佛有个声音在说“这下子你永远安全了”。

如下图所示,她画出了这个梦表明自己作为一个空心的植物被吸到“温暖的发光圆团”:

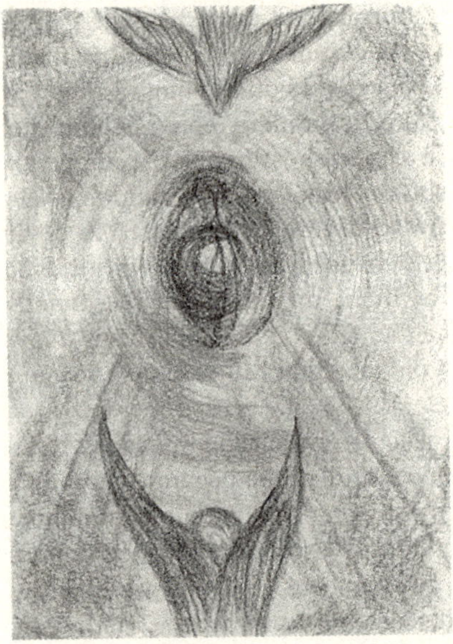

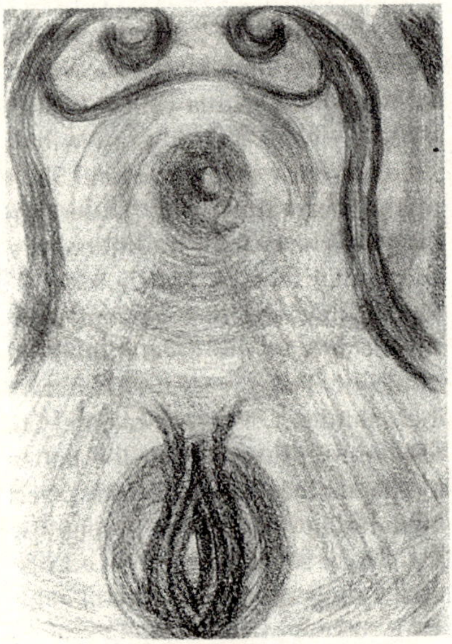

这个幸福融合的梦类似于母亲女神形象早期历史三个阶段的第一阶段,正如埃里希·诺伊曼(Erich Neumann)所描述的:咬尾蛇(自咬尾巴的蛇)阶段、植物的女主人(the Mistress of the Plants)和动物的女主人(the Mistress of the Animals)。艾莉森的梦境系列在这三个阶段轮流发生。在植物梦境系列多发期的高峰她的体重降了,感觉好像是这些植物给了她压力。虽然她是在和可能看似无害的植物打交道,但是这里存在一种危机,她需要勇气反抗这些植物。

艾莉森梦见自己无法呼吸,梦见爆炸,梦见一只耳朵被注射后非常痛。她还做了更多和我有关的梦:起初她梦见我以死亡或遗忘的形式给她提供了超自然的帮助；后来，她梦到她失去了我，或者我的身体受伤了，因为我生病了或者不够强健，以致无法支持她。

她开始做了自己男性自我的梦。其中我第一个注意到的梦是她梦见两个医学院的女学生在抱怨我。显然是因为我坚持一个小男孩应该被允许在网球场自由奔跑和玩耍，这使她们无法打网球。后来还有一些梦，在这些梦中那个小男孩做了艾莉森没做的所有事情：他有很多要求，睡觉前他会坦率地要求搂抱，在商店里踩踏所有蛋糕，必要时他会掌握一门外语，通过和一头凶猛的熊玩耍把她从熊掌下救出来。她梦见的小男孩往往很调皮，而她梦见的年轻男子往往犯了罪：有个男子拿刀捅了她母亲(棒极了！因为他痛快地表现出隐藏的敌意)。在艾莉森接受治疗的第十二个月，她梦见自己可以看见她体内发生了什么：一群打扮成魔鬼的小男孩在攻击一群打扮成天使的小女孩，小女孩没有反击而是飞到空中避开小男孩的攻击。艾莉森觉得有一方必须要赢，但双方都赢不了。(这就是米纽庆在治疗中会遇到的冲突避免类型的可爱场景。)

随着体重的增加，艾莉森觉得自己正在重新陷入童年经历的苦难，所以她开始在诊所里重演她早期的家庭生活：在夜里“偷”食物并巧妙地避开所有工作人员，她把工作人员当做是她那压迫感很强的母亲。她增加的体重越多，她就越绝望。

她在入院时富有说服力的正常假象开始让步于恐惧和回避反应。在她接受治疗后25年写的一份报告中，她说：

> 每天一个小时，我就像一件需要被完全整改的衣服，一点一点地被撕成碎片。我重温了我的生活，从许多角度来看待每一次经历：我试图发现其他人已经发现的东西。我很快就意识到我可以进入这些经历并有完全不同的感受，拥有我从未有过的体会和反应。这是非常令人惊恐的，因为我是在没有自己的感觉和把感觉表达出来的情况下被带大的。当我试图完全诚实地面对并释放自己的情绪，并同父母讨论我的感受，我决定不能再让父母来探望我了。

接着,在接受治疗的第十二个月末,她叙述了三个梦,每个梦越来越具有挑战性。她无法写下第一个梦,因为这令她感到极其可怕,她梦到了有人离开她的房间到外面呕吐。第二个梦是她梦见自己是个小婴儿,和其他婴儿呆在一起。她想知道这些婴儿对活着的感受,因为她知道自己不喜欢活着。但吸引他们的注意力很难,但她知道她想要和他们接触,并找出他们身上的温暖之处。

第三个梦需要真正的勇气:她独自一人在黑暗之境,看见一株有光的奇怪植物,它开始往四周发光。她说这是一株长着单一厚茎和叶状子实的小植物,类似处于生长早期阶段的蕨类植物。

> 当我看着这株植物的时候,它看似更大了,而且色泽更暗了。接着我意识到有人在我身后。他们告诉我我必须走向它了解它。但不知何故,靠近它让我感到很恐惧。我觉得它可能拥有一种可以控制我的神奇力量。不管对方是谁,我都想推开我背后的人,然后拼命逃离这一场景,但我无法逃离:我被固定住了,我动弹不得。

对厌食症患者来说,成长是难以承受的。你可以明白为什么艾莉森需要这么大的勇气去了解那株植物。在接受治疗后 30 年,她写道:

> 这个梦非常非常奇怪。我花了很长时间才意识到它的整个意义。这个梦概括地说了我自己的故事和我所有的问题。梦里那个渺小无能的受迫自我挣扎着要成长和蜕变成一个创造的生命,那里全是我的害怕、怀疑、恐惧,在体会到满足感的那一刻,它们转身跑快了。也许人们可以说这是厌食症的全貌,那里就是没有对认出自我成就的信任或信赖。

最终艾莉森的病情的确好转了,而且和其他厌食症患者相比,她有了显著好转。她不知怎么地找到了米纽庆强调的那种坚决的攻击。我说了"不知怎么地",但我认为当她不顾泪水和恐惧向梦的冲动投降且和成长中的蕨类状植物产生共鸣时,她创造性攻击的种子就萌芽了。她写道:

> 我越来越擅长让我周围所有人知道我的感受，而且有时火花四溅。接着，我爆发的一天到了。我一周只到医院回诊一次。我怎么可能在一个小时的回诊处理完一周的经历呢？再说了，这个治疗师对我的了解又有多少？我就是受够了。我坚决地告诉我的医生他帮不了我，因为他不知道作为我是什么样的感觉。我靠自己就能把一切处理好，谢谢您。当然医生一直在等的就是这一刻。

她最后一句话给了我太多的信任：我想就在她用那只充满魔力的手臂把我办公桌上的一切扫到地上之后，我才意识到她需要的是什么。没错，就是这样！

艾莉森的病例是父母将自己的需要过分强加给孩子的典型病例，所以她最终要变成家庭治疗师说的“家长似的孩子”（the parental child），这样的孩子必须暂停或否定自己的自然成长以支持家庭对生活的防御机制，而且甚至是以某种方式生存。她想起了治疗早期发生的一些事，这些事使她想到自己小时候为了取悦母亲而牺牲自己背后的原因。例如，当她的母亲看到她体态日渐丰满：

> 她会说“好可爱，让人好想抱一抱”之类的话，这曾是我厌恶的一件事。她没有拥抱我，她紧抱我。大约在我7岁时，我开始真的很警惕她试图拥抱我。我曾经害怕她把我抱得太紧会让我无法呼吸……几乎像是她无法把我变成她身体的一部分，所以当她拥住我的时候她几乎想吃掉我。我现在不能忍受的一件事就是别人摸我。但当我非常瘦的时候，这根本不会使我烦恼。

我怀疑艾莉森早在生命的第一年内心就在反抗母亲抱她的方式，因为她比大多数婴儿有更多的洞察。

厌食症患者恨成长，因为他们觉得这是对母亲的背叛，母亲控制他们而不是培养他们独立的个性。对厌食症患者来说，像艾莉森那样能够恢复情感共生的能力，并从正常成长的成功阶段发展出这一能力是罕见的，这是不寻常的。在诊所里治疗艾莉森的我们所有人表现得也很出色。早前我们的会诊医师对这一新奇的心理动力学持怀疑态度，他说我的理论的唯一目的是，它让给予我兴趣去坚持一个看似无望的病例。尽管如此，他仍全力支持我们。我只是想夸耀一下，上世纪70年代在盖氏医院，我们有时的确治好了一些疑难杂症。

当然这一切也必须归功于艾莉森。像她这么聪明、有才华、有独到见解、有创造性而且性格活泼的患者有很多，比如美国女诗人希薇亚·普拉斯(Sylvia Plath)、神秘主义者西蒙娜·韦伊(Simone Weil)和著名的厌食症经典病例埃伦·韦斯特(Ellen West)，但她们都没有康复。但是不管付出多少代价，艾莉森在她的朝圣之旅中始终选择勇敢面对。我认为她并没有意识到这一点，她只是这么做了。不知怎么的，我们能够为她提供正确的一罐土，让她得以开始成长。接受治疗后，艾莉森一直致力于成为一个富有创造力的老师，为弱势儿童和心理不正常的孩子做贡献。

梦向我们展示了惊人的矛盾的大量琐碎小事和些许深奥的事物，这些事应该唤起我们内心最大的尊重、最多的怀疑和最强的攻击。它们向我们撒了弥天大谎，而我们信了它们：比如抑郁的梦告诉我们，我们是差劲的、无用的且不可爱的人，但某位朋友或治疗师会立即惊呼："胡说！梦只是绝望的幻想，你必须看开！"

梦可以用爱鼓舞我们，而噩梦会让我们害怕再次入睡，而且大部分时间梦都在说谜语。但梦的确让我们知道其他人不会告诉我们的明显真相和提示，但是梦说的真相是真的吗？是吗？改变生活的梦非常罕见，所以它们是科学统计看不见的，就像我梦见了像圣诞老人的上帝，或者其他人梦见杀害祭祀动物或人，或者梦见和动物或神性情人性交。在我们永远不知道的隐藏的梦境世界发生了什么？是否有一个我们只能被受限进入的活动世界？

弗洛伊德"通往无意识的捷径"已被证明更像是一条大路和大道，可以来往于各个地方，有很多附近和远方的来源：卧室外的噪音、我们的动物脑干、在我们梦中以怪异形式出现的疾病症状、上帝、通过心灵感应传来的他人思想、昨日的事件、未来、简单平凡的愿望、类似内在破坏者或较为陌生的情人的内部亚人格、或在作为"我"和作为"你"之间来回穿插其他亚人格。

当鲍斯指出没有和我们自己的意识分离的意识，这令人很难相信他。毕竟，梦总是让我们陷入冒险之中。在这些冒险里，我们可以放肆地做任何自己想做的事情。我们的大脑已禁用它的骨骼肌控制器，而且只要我们不是脑损伤，那么没有人会受到伤害。格雷厄姆·格林写道“没有见证人，没有诽谤罪”(Greene，1994，p.17)，这表明了他在做梦时仍受到自己醒着的世界的一点点道德困扰。但梦的世界有不同的道德：我们非常自由，可以创造绝对的快乐混乱，就像梅拉妮·克莱因游戏室里心理最不正常且恨意最深的孩子那样不会受到指责。而且我们就应该这么做。梦中的道德比醒着的道德更原始，它根植于古老动物大脑的价值体系里：它是满怀希望的决心不是绝望的决心，是不惜任何代价(就像温尼科特描述的尚未体会到同情的婴儿，他们完全不负责任，除了对自己的生存和生命进展负起基本和首要责任)坚决要取得成就。

我们梦中的自我比我们醒着的自我小非常多，不过它仍保留了我们最高的人类属性——自由，而且它会选择胆怯或大胆地、绝望地或满怀希望地去表现，减少梦境世界中的愤世嫉俗和焦虑，或对外开放去探索与他人交往的所有方法。

正如鲍斯所展示的那样，从绝望的选择到满怀希望的选择不是一个晚上或一年就能完成的事：这可能是个需要长时间探索的过程：两进一退。我们做梦的身体，躺在那儿，出汗、发抖、流涎、气喘、心悸、眼睛忽睁忽闭、时而哭泣时而发笑、总是会性冲动、把它自己当做是灵魂的游憩胜地，只不过是带着它源于娱乐的真正独立评估。就此，有句日本谚语说得很好：“梦是身体的智慧，行动是心灵的智慧。”

不知怎的，在梦这张相互连接的道路网的来来去去中，我们成长的所有阶段都再次焕发生机而且有了发言权。求生意志的古老决心偶遇爱之冲动的最新创造，有了这一前提，就可能勾勒出一个不可预知的未来。这让我想起一位老奶奶说的话：“我一点都不知道你们这些小年轻在做什么，但现在我的直觉告诉我你们做的是正确的，所以不管你在做什么，要坚持并获胜，要有希望不要绝望，喏，给你50英镑。”在梦中，我们看到了自己在生活中的现状以及它如何受到他人的批评:我以为我做得很好,但我的梦告诉我我其实是在沙漠中,或在欺骗我的朋友,或在逃避前线。也许无意识的工作就是要确保我们绝望的态度使我们身陷恶劣且可怕的梦境,这样的梦境能促使我们做出改变。

能够想象一切是不够的。我们应该还能够做一切事情。我记得在报纸上看过的一篇报道,受采访者是一位非常有教养的女人,她的丈夫也非常有教养,是个真正令人钦佩的人。她说她喜欢把自己的丈夫想成一个能够强奸女人的人,不过,当然,他绝对不会这么做。在梦中,我们可以练习做那些我们在醒着的时候不想做的事,发展我们所有本能和情感的情绪力量并完善我们的人格。弗洛伊德凭直觉发现乱伦和谋杀来源于梦是对的,但他没有完全掌握这两者都是埃斯科拉庇俄斯(Aesculapius)庙宇地下室最有疗效的蛇,它们应该被珍惜和鼓励。

我的一位同性恋患者梦到和自己的姐姐发生性行为,突然他发现自己萌发了异性恋的感情。另一方面,我记得上世纪60年代牛津有个同性恋被判入狱,因为他与自己母亲的尸体做爱。你可以理解并同情他这么做的需要,并爱这一原罪吗?如果你不能,那么就不要成为一名精神治疗师。但是,要是那个男人能够在梦中展现自己的冲动,那么他一定会得到足够的满足就不会在醒着的生活中这么做,而且也就不会被关进监狱。现在,出现了一个大问题:为什么有些人在梦中做出这样的行动,而有些人必须在现实生活中这么做?这可能是我们文化的错,它抑制做梦,但具体是怎么抑制的呢?约翰·莱亚德曾说过把症状带入梦境,然后你就会取得进展,但他从来没向我解释该如何操作。

温尼科特把偷盗看做是“希望时刻”(Winnicott,1992,p.30)。在梦中活出这样的犯罪行为对成长有同样的好处,正如醒着的生活中的所有犯罪行为也是如此,但它往往趋向满足感(好比鲍斯的年轻新兵)。偷盗让做梦者沿着心理学路径又进了一步,从犯罪走向持不同意见,当伤害自己和他人的绝望的、回避的、分裂的罪犯逐步成为持不同意见的勇者,对抗带有他人真正错误的环境,并对抗他们导致他出现问题的损害作用。比如,一位尿床的小姑娘没有更好的反击办法,但她最后长成了一位反抗社会不公的女人。

当艾莉森梦见自己与太阳幸福地融合,她退行至最早的母婴共生期。这是一个新生。如果我们怀着一种隐藏的甚至是完全无意识的希望从精神层面上在挫败中不是在绝望中逃回母亲那里,那么我们就可以获得新生了,这是治疗师在行医中经历的最美妙的奇迹。它就这样发生了 。不知怎的,融合对艾莉森来说既是一种威胁也是渴望,因为出现了一种对积极冒险生活的更热切的盼望。

在关于梦的这些章节中,我已经展示了灵感之源和生命意义如何投射在我们的梦中:正如荣格所言(虽然无论如何我都想不起他在何时何地说过),人们"在梦中发现了自己的上帝"。诚然,把我们的依恋看做是文明的文化确定性、共享的信念、态度和教条的相对物是危险的,但通过这一方式,我们可以发现在我们的文化精神监狱之外的立足之地。然而,这起初可能感觉就像波动水域上的立足之地,的确是这样。但起码我们不必和自己的同胞疏远。在我们的文化之外找到立足之地的另一个方法是研究许多不同的文化,但研究梦仍是最佳途径。

做梦的整个盛大现象虽然杂乱无章而且充满矛盾,但它通过模糊的自相矛盾暗示与意象告诉我们生活的意义是什么以及我们真正关心的是什么,是爱,是世界之爱,世界之爱中的生物,以及生物之间的爱。梦是关于学着去爱,正如生活也是关于学着去爱,成长也是关于学着去爱,而这一切都以一种摸索和偶然的方式在上演。我要把这当做心理学思想启蒙的核心论点以及本书的主要目的:在帮助我们揭示潜意识自我的过程中,我们的梦能够连接我们和自己爱的能力,从而改变我们的生活。

但梦的研究同样也支持了三个大的间接观察。

1. 根本没有证据可表明成长知道自己将走向何方。笨拙的尝试和许多错误已经促进了成长。我们的本能,即"奇妙的本我"或上帝或你的任一叫法,正在粉墨登场,而且当他发现美好的事情的时候他可以认出它,但没有迹象表明他事先就知道自己想要的是什么。相反,黑夜与白天,爱的新形式正在梦中不断地被创造并试用于男人和女人的身体和心灵。所以,不存在预先的计划或指导情报。

在我们的梦中，看起来我们总是回到动物自我征求意见并重新适应，然后在作为人往前走一步。我们的动物自我盼望着我们的行动。大多数时候，我们分享了或者本我对所发生一切的无知，但时不时地个体脑中会闪过或小或大的确定性，只要我们能握住这份确定性它就会一直存在。

2. 为了存在，爱需要仇恨。梦进一步确定爱需要仇恨刺激它的根源获得能量。从康拉德·洛伦茨看到小珊瑚鱼把来自配偶的攻击转向任何无辜的旁观者的神奇一刻起，他就越发清楚地明白“世间之爱，皆含攻击”（Solomon，1995，p.34）。上升至人类的水平，当要和他人交换爱的攻击性的需要和愿望被他人在道德上应受责备的绝望行为阻挠时，正如前文所见，爱的愿景必须得到来自本性深处的愤怒和仇恨的肯定与支持，必要时则得到来自精神层面的愤怒和仇恨的肯定与支持。爱的愿景必须得到仇恨的支持，仇恨一直徘徊在隐蔽之处以备不时之需。

3. 进入与无意识本能的对话有不好的方法和好的方法。不好的方法是使用无意识绝望的回避策略，比如安娜·弗洛伊德的九种防御机制，即阿德勒所说的“安排”。现有一些治疗神经官能症的经典技巧，但它们会导致长期的麻烦。好的方法是解决爱的不同形式和不同阶段之间的必要冲突，解决的方法是有意识地或慎重地站好立场，而不是“杀灭”更退行的形式。否则，牺牲的本能和欲望随后会以一种新的且可能更具破坏性的形式从无意识返回。

我们已经看到梦的变化如何改变人的行为。我想知道梦是否一直以来都是成长的幕后贡献者。也许不仅是爱的成长，人类形式的成长也取决于对梦之现象的无偏见接受，我认为这是希望而不是绝望。当然，在短期内，如果我们采取正确的态度，那么无意识可以给予我们丰富的回报，正如它给予艾莉森的一切。

在最后一章，我将总结构成心理学思想启蒙的发现以及我们应该如何充分利用这些发现。

第三十章　梦·想象·情感

我们所有关于文明的想法,都在苏格兰。

(Voltaire, 1694—1778)

在我们的理性生活中,理性让我们知道事情是否属实,但另一方面,情感可以帮助我们认识同样的真理。比如,下面罗伯特·彭斯(Robert Burns)这首体现了平等社会意见的诗作让我哭了,我可以感受到该诗的欲望之力穿透我的身体,而且我知道这会影响我的余生和他人的生活。

管他们这一套那一套
总有一天会来到:
那时候全世界所有的人
都成了兄弟,不管他们那一套!

(Burns,1896)

差不多是返祖冲动让我随着苏格兰风笛进了地狱。因此我知道潜意识想要人类的兄弟情谊,我能感受到自己的身体是多么迫切多么强烈地渴望这种情感。

你的梦境生活应该是你自己的,没有我的建议,所以我只能提出一些充分利用神的推荐。基于以下三个原则,我推荐一个爱丁堡宗教典型。

首先,不要相信任何你不想相信的事情,并确保你的理性运转良好。正如伟大的苏格兰哲学家大卫·休谟(David Hume)曾说"理性是且只应当是激情的奴隶，并且除了服从激情和为激情服务之外，不能扮演其他角色"(Mossner, 1984, p.22)。

大卫·休谟是一个拒绝相信任何事情的绝对无神论者，就只是因为他就是这样被告知的。他是一个很好的例子，而且显然他也因此为大众所知和所喜欢。当塞缪尔·约翰逊(Samuel Johnson)博士探望临死的休谟时，他无法猜透为什么休谟在受自己的宗教折磨时还能这么高兴。

休谟也唤醒了似乎喜欢他的女性依恋关心：他的女仆劝他放下"儿童读物"，以免毁了进入天堂的机会。当他掉进北湖(北海湾，后来被排干了)时，直到他说出《教理问答》，一个典型的难对付的苏格兰女士才同意把他拉上岸。

其次，美国的心理学之父和哲学家威廉·詹姆斯(William James)在爱丁堡就"宗教经验多样化"(1900—1901)开了一系列的讲座，这是宗教的第一个科学评估。他总结道，宗教可以被定义来自于潜意识的鼓舞人心的想法。我强烈要求各位记住这一定义。

最后，我记得爱丁堡大学道德哲学教授约翰·麦克默里(John MacMurray)说最好的宗教原型是与朋友聚会。(在哲学术语中，这可能是被称为"社会意识"的表达。)

你很快就可以成为令人难以置信的哲学和神学、政治或原型，或浮夸的宗教，我强烈建议读者坚持基本的典型：宗教就是与你爱的人一起庆祝。正如在任何聚会上，我们的情感很可能会加速爱之冒险。

我建议你不要担心"上帝"是否存在，并建议你将梦里或幻想中任何激发或引起自己兴趣的事运用到实际中。我也建议你不要相信任何令自己沮丧、被他人用于控制你或让你要守规矩的上帝存在。

如果我们鼓起勇气让梦境生活和想象世界存在我们的脑海，那么它们会强大到足以支持我们。它们可以阻止我们在焦虑中依赖彼此，阻止我们为自己设立排斥他人的封闭社区。梦和想象带给我们世界的自由并且让我们在这当中有一席之地。它们会告诉我们封闭社区所不知道的真相。梦带来了真正的启蒙。

我已经和你分享了一些关于我梦中的神，我的幻觉，我从一个帝国主义圣诞老人上帝那里获得的解脱，以及从有控制力的狗脸母亲女神那里获得的相似解脱。狗脸女让我摆脱对女性母亲的屈从，并让我能够控制崇拜她的女性，比如我梦中的那个小侍女。她从我快相睡眠中的古老想象中说话，我倾听着。对我来说，狗脸女神是个非常有用的神。但我希望你的长期探索过程和我的完全不同。

为了充分利用我们梦中的神，我建议各位和荣格保持距离，荣格太冷漠而且他从情感上不支持为了爱利用宗教，而实际上宗教应该被利用。荣格的一生从未和男人有过持久的友谊。不管他是否和女患者睡过，他对她们来说就像是一位情人，这也就是他如何让他自己和女患者发挥出最好的一面。有一次，他的妻子在谈话中对他说道，你对这些病患根本就不感兴趣，你感兴趣的是你自己对他们的看法，这让他哑口无言，因为妻子说得没错。

荣格认为自己解决了宗教和科学之间的冲突，他说虽然科学可以看到宗教主题自然地浮上脑海，但这不能说明它们是否源于现实。毫无疑问，荣格的作品处处闪烁智慧之光，分析敏锐且理解透彻，对社会有着巨大影响。但是，如果你想了解这一切是如何涉及与他人之间实际的爱，或痛苦和喜悦，那么我建议你阅读他那些情感更丰富的追随者们的作品，比如玛丽-路易丝·冯·弗朗兹(Marie-Louise von Franz)和爱德华·艾丁格(Edward Edinger)，他们费力地将荣格的部分思维过程拖回爱当中。荣格认为上帝需要我们是为了变得有意识，他花费大半生仿佛都在写意识的发展是生命中最重要的事情。

我建议各位和这样的上帝交朋友：能刺激你的腺体并让你充满热情，给予你勇气去反抗伤害过你的家人，或者甚至让你有勇气变成自我牺牲的人，就像爱他人也一并爱他们对你的仇恨。

爱的本质使得小山成为佛塔，使小树林成为寺庙或教堂，使溪流和池塘成为圣洗池，等等。在越南的商店，店老板会在佛龛上放一尊观音菩萨(Kwan Am 或 goddess of Mercy)铸像，在门边的地上放一尊好似快得了致命冠心病的咧嘴笑的胖佛陀，两尊佛像前都供奉着食物、酒水和香。我问店主，当人们向神明祈祷时，他们认为神明实际上是在哪里。她答道："在地狱！"好像是在说我问了"愚蠢的问题！"，但她所说的

"地狱"和她的天主教邻居说的"地狱"不是一回事,她口中的"地狱"指的是"在沙土之下"。也许,越南人寄托在这些神灵的信仰给了他们胆量和力量让他们在越南战争(Vietnam War)中取得胜利,比如寄信仰于胖佛陀、于沙土下方、于母亲的体内。这种想象的力量有多大?

世界各地的家庭和工作场所(尤其是西方以外的文化,在西方人们信仰宗教)有许多来自不同宗教的图像,有时它们会发亮,周围可能有香,甚至有人会在它们面前摆放一些食物和酒水。不过,有的人家家里放的是在十字架上被折磨至死的图像,而另一户人家家里摆放的是一个在平静的幸福与安宁中坐着的男性图像,脸上可能还挂着淡淡的佛般微笑。同样,也有没有生殖器的巨大古代雕像,也有除了生殖器什么都没有的图像。也可能有一个温柔甜美的年轻女子形象,怀里可能抱着/没抱着一个婴儿,或者相反地,另一幅像画的是一个杀气腾腾的年轻男子,挥舞着武器在一群尸体中翻滚。虽然这些图像传达了完全不同的信息,但家中有这些图像的很多人都是正派的敬畏神明的人,他们爱自己的孩子,甚至可以像朋友那样和孩子打成一片,一起过节,而且他们显然几乎没注意到宗教差异。

但是,上述列出的图像鲜有代表爱的兼容形式:基督的自我牺牲,他为朋友牺牲了自己;佛陀对万物一视同仁谦卑的慈祥;湿婆的无穷欲望;圣母玛利亚或观音的慈悲;迦梨对其爱人激烈的保卫。每一种神明的形象都不仅仅只有一种形式,比如,虽然基督的小绳鞭与迦梨的武器装备比起来显得一点杀伤力都没有,但基督可以变得和迦梨一样残暴。

仿佛共同宗教的世界是同一个世界,这个世界的组成部分是:心理洞穴和隧道、个人梦的自行车道、个人的和共享的幻想、共同的迷信等等。从这个意义上说,仿佛只要你向某人或某物或某神灵表达自己的虔诚,把对方当做生命之锚,那么对方是谁并不重要。

我认为如果某个宗教信仰的观点变得过于片面或带有欺骗性,那么梦很快就会对此发表自己的见解。上帝的一个功能就是帮助人类分享彼此的信仰、希望和爱的各方面,而且看起来甚至连个人的梦的鼓舞人心的观点也能有这样的功能。

那么,到底什么是生命的意义?我认为生命的意义就是一个婴儿在自己与世界初恋中的满满爱意里醒来，准备尽自己一切力量感受生活。他经历了用神经元反应欺骗父母的阶段到达微笑阶段，就像史必兹观察的那位小杰西，然后他的微小成了真正的爱的交流。按照温尼科特的说法，婴儿会发现同情而且会知道自己不想伤害母亲。暴露婴儿这些本能的将是婴儿自己的想象，但也是他的想象将让他“享受生活乐趣”。

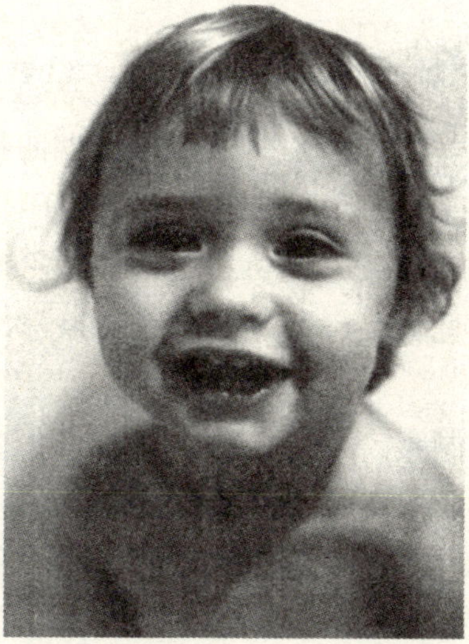

我们的本能都在努力地去爱，而且所有爱的冒险都超乎想象：爱地球、爱地球上的生物、爱我们创造的一切、爱彼此。不管犬儒主义的宣传对人性是何看法，生命就是关于学着去爱，我们更关心的是去爱人而不是被爱。本能、原我、本我？为什么取这么滑稽的名字?！荣格在塔维斯托克诊所(Tavistock Clinic)气鼓鼓地如是说道。随后，他承认我们的生活都随着“宇宙之爱”(cosmic love)强大的曲调舞动，他说我们不妨将“宇宙之爱”称为爱。上帝、本我、原我，谁在乎呢？

洞察一：通过懊悔我们学会了去爱

成长包括我们始于最基本的化学反应和动物反射，甚至在不知情的情况下通过麻烦宗教原型学会了爱。我们学会去爱我们的世界和世界中的一切，包括彼此。尝试-错误和懊悔是最伟大的教育家。在心理治疗行业，懊悔与和解是基本的字眼，同时也是人类生命的基本字眼。

自获得语言能力之前我们就学会了爱。想想康拉德·洛伦茨的神圣时刻，即他发现慈鲷把来自配偶的攻击转给另一条鱼。我们带着不假思索的快感开始练习攻击，攻击周围的一切，随后我们发现一种更惬意的满足感并将攻击转换成爱。

我们人类作为心地纯洁的单纯者在学习，而且凭直觉轻率行事，然后发现自己很悲伤，并同情被自己攻击的受害者。我自己的经验是10岁那年追捕并杀死一只无辜的水田鼠。有谁也干过这种事？

发现或产生爱这个长期博弈的一部分就是我们的懊悔通常太晚出现。比如，当我的祖父将死于癌症之际，他告诉我的奶奶："琪琪啊，如果我撑过了这次，我一定会对你非常非常好。"但，太迟了。这下子你能明白梦中的和解为什么令我非常感动了吧。

洞察二：在生活中，我们通过学会爱也学会了拒绝绝望

学会去爱是一辈子的事。在我们离家前，我们经历了成为家庭一分子的第一阶段，后来我们组建了自己的家庭。根据第一阶段的经验，我们开始了第二阶段：组建自己的另一个家庭。我们到达了新的一个章节：我们想要自己的孩子有安全感，但他们想要冒险，所以我们必须给予他们探索的自由。因此，我们摧毁了自己的创造。现在是时候让爱超越家庭了。

在精神治疗中，当爱从本能中长出来，我们鼓励并支持它的自然成长，但是只有当爱的成长过程出了岔子，我们治疗师才得以出现。治疗师必须修复三心二意或易恐慌的人类数千年来造成的破坏，需要接受修复的不仅是患者，还有患者的家属以及他们沉浸的那一段历史。治疗师必须恢复他们失去的信息，这样一来，我们与生俱来的本能就能得到释放成长为去爱人的能力。因此，有两样不同的东西引起了治疗师的关注：第一，爱的正常成长；第二，修复以抑制爱的所有绝望形式。也就是说，我们正在学习把我们基本的动物自我发展成能付出爱，而且与此同时，发展成能选择反抗绝望。

洞察三：对待生活的最好态度是我们应该爱原罪而不仅仅爱罪人

这一洞察的基础是约翰·莱亚德的理想，即我们应该爱的原罪是

他人对我们的仇恨，这是能让我们之间的爱成为可能的部分平台。

我建议各位采取这种态度。在小事件中，你可能会认为这只不过是让一个愤怒的孩子有个台阶下，是最不丢脸的方式。在大事件中，这个态度是转变所有生命的神奇法宝。这一态度在原则上比“父赦免他们”还宽容，而且它有很多要求。这一态度就是：去爱他人对我们的仇恨！

能够相信这一态度的价值并说服其他人我们是来真的，这一能力可以改变我们的世界。

洞察四：世界上根本没有善恶之战，只有宽容和焦虑之战

希望与绝望之间的选择在宽容和焦虑间不断的人生选择中有其具体的形式。善与恶只是我们在为道德高地而战时给对方焦虑的命名。换言之，我的焦虑是善的，你的焦虑是恶的。

弗洛伊德认为焦虑是神经官能症的本质。焦虑有以下特点：

> 1. 焦虑经常被拒绝而且没被察觉，因此爱被焦虑扭曲和减弱的人看起来总是比周围的人更自信。
>
> 2. 焦虑受爱的依赖形式吸引。
>
> 3. 在当今世界企业的全球化，焦虑被固定在阻碍全球化的部落忠诚和敌对行动中。
>
> 4. 焦虑可能集中在有关自尊和绝望的不安全感中，目的是为了占领道德高地或者让自己看起来像个好人。（耶稣在被捕之前责备他的追随者，因为他们不惜一切代价让自己看起来非常高尚和宽容，但他们既不高尚也不宽容。对耶稣来说，选择成为善人或成为恶人之间并不存在竞赛。）

我们在第二十章看到了家庭治疗如何在家庭关系内展示出行动中的焦虑。米纽庆能够让家庭成员以一种更宽容和更坦率的方式争吵，这一方式取代了他们之前回避的说理式争吵风格。我们看到了自由的宽容代替了自保的焦虑。

宽容的人会把自己的情绪传染给他人,不怒不争,会补偿,在被了解的途中尊重所有的秘密。对宽容的人来说,金钱对爱而言可以是没有污点的工具,因为金钱的力量可以是实际的东西,并提供公平与正义的交换。

洞察五:焦虑的政治形势是封闭式社区或富人区

有城墙的城市,紧锁的大门,专人巡逻的边境是防御的捍卫飞地的所有形式,它会限制人的潜力。显然,为了人类的成长,封闭式社区对文明和文化来说是正常且必要的。但关键的问题在于这些社区是否让局外人感受里面的人堡垒般的态度,或者是否变得对外界更加宽容。

我认知中的不健康封闭式社区具有以下三个特点:

1. 如前文所述的所有焦虑特点,外加一种特殊能力,这种能力能激起局外人愿望和意图的正当恐慌。封闭式社区中有许多孩子因暴力、虐待和被忽略而死;但来自外界的潜在攻击会让封闭式社区更加兴奋。

2. 据说限制和外界互动的法律和协议看似公平,让社区里的人占领道德高地,但实际上是让局外人感到自卑和权利被剥夺。

3. 社区内的孩子感到愧疚,因为无法全心全意地赞同富人区的态度,这会导致他们抑郁,染上毒品和酒精,并引发其他社会问题。社区外的孩子可能或怨恨和嫉妒,或绝望。

洞察六:最明显的威胁来自那些没被倾听的,被忽略的或受创伤的孩子。当我们把被忽视的孩子放任在其精神病的正义中,他是最能引起危险的。我们所有人心里都有个被忽视的孩子

从表面判断,有什么能比一个被忽视的孩子更无害?但被忽视的孩子一直要对大部分的世纪罪恶负责,正如艾丽丝·米勒(Alice

Miller)对希特勒的研究以及其他战后心理研究所展示的那样。起初看似是宇宙冷酷主人的男人们,经仔细研究,原来内心是可怜的小失败者,甚至对自己的身体感到自卑。

希特勒的生活就是孩子过度补偿完美的生涯轨迹。他被父亲虐待,被母亲宠坏(母亲死后,他在其坟墓上躺了一夜)。作为一个独裁者,他受人们的喜爱和崇拜,而且被无限放纵;人们害怕并服从他的脾气,任何对他可能的批评或责备声会立即被压制。而且他拥有权力,在阿德勒梦境之外的权力。他受到了每个被忽略的孩子所幻想的完美呵护(Perfect Care),但他并不满足于此。他贪得无厌,想要更多,被忽略的孩子往往也是如此。

弗洛伊德认为第一次世界大战期间发生的暴行证实了他关于人性的理论。但如果我们现在以这样的时间距离细看弗洛伊德的理论,那么它看似具有惊人的局限性,这是一个幼稚且不充分的理论,不足以解释大屠杀这样的事件。大屠杀不只是被压抑的原始驱动的爆发,它还是20世纪最恐怖的事件。大屠杀有更深的邪恶与仇恨之源。因此为了得到一个解释,我们必须转向弗洛伊德的另一探究:良心的本质,或者正如他喜欢的称法"超我"。

想要成为善人的需要源于对尊重和自尊的正常需要。例如,克莱因的一位小病患让她玩一个游戏,游戏中她必须热情地赞扬他,比如说"非常聪明的孩子!""表现得非常好!""帅气的小伙子!"之类的话。同样,虽然无聊至极,但立宪君主不得不花费大量的时间听臣民对自己的赞扬。这么做大家都开心。

但被忽视的孩子特别需要成为一个善人,而且极需要被当做善人。由于这种需要妨碍了普通的人类善良本性冲动,并打断我们在学会去爱的过程中对懊悔的领悟,所以它可能变成一种严重的神经质的疾病。有一种不成熟的需要是想成为善良父母的好孩子。但这种需要违背了学习如何去爱。

芝加哥的精神分析师科胡特(Kohut)用弗洛伊德一个较老的词"自恋"(narcissism)创造了一整个理论:如果在你小的时候,你的母亲给予你足够的尊重和赞扬,从而提供了你所需要的"自我陶醉的供给"(narcissistic supply)，那么你就建立了正常的自尊。如果她看轻了你，那么和许多政治领袖一样，缺乏“自我陶醉的供给”会导致你成为一个邪恶的自恋者。纵观历史，所有暴君无一例外地都已经准备好牺牲别人，目的是为了让自己看起来更加重要更受爱戴。当对他人施行的暴行发生到暴君自己头上时，看他们对此的反应是一件有趣的事。他们可以重新安排事实来支持自己的观点，好像证据并不重要。

请回想一下我们在前面章节中探讨的生命效度更深层次的需要：邪恶的信仰即我和我的生命都值得凌驾于他人之上，认为上帝的话专为我而说，认为我的价值观是超然的绝对（或者，心理医生可能会说是精神错乱的）事实。这种需要对希特勒是没帮助的，1914 年，希特勒正在接受治疗，他的眼睛被毒气攻击而暂时性失明，那时医生告诉他他是一个超人，他永远记得这句话。（但我怀疑希特勒的自杀同样也表达了自我憎恨仍在他心灵更深处冒泡。）

被忽视的孩子的自大狂激情带着强大的力量和魅力与我们说话。无论小时候我们受到了多好的对待，我们永远不会满足，而且历史告诉我们，为了追求“正义”，我们可能会和处于高位的恶魔的极度冷酷结盟并和所有魔鬼签协议。因为独裁者在所有人面前展现了自己是个没人爱的孩子，所以他可以得到社会的支持，因此他是富有诱惑力的。因此，我们昏头昏脑地跟随了自己和他人被忽视的孩子自我，没有意识到随后可能会发生的大乱。

洞察七：爱既贪得无厌，又非常大方，而且它在我们不知情的情况下摇动了我们的人格之源

克里斯蒂娜·比伦贝格（Christina Bielenberg）在《过去的我》（*The Past is Myself*）一书中描写了一段夜间火车之旅，途中一位同行的乘客向她忏悔，说他枪毙了一个犹太小男孩，那孩子甚至握住他的手喊了他一声“叔叔”。那位乘客问她他是否能被原谅。不能，她答道。（不过后来，两个人都睡着了，她把头靠在他肩上。）

20 世纪中叶，当人们在书上读到这样的故事，人们会觉得动力性心

理治疗非常幼稚和简单。但如果现在那个男人要来找治疗师寻求帮助,那么我们将不得不接收他,并试图从他的懊悔到某种和解中找出一条途径。现在,我们治疗师更习惯人们发现自我宽恕是不可能的,然后他们带着无法摆脱的愧疚感寻求就医。

在被忽视的孩子心中,爱在要求补偿时是贪婪的而且具有报复性。无论是孩子,还是后来长大成人,这样的爱通常不会被有意识地说出口去和他人分享。但补偿可能会采取任一破坏性行为而且会针对所有人。本能竟有一种吓唬我们的强烈意志。

在21世纪,被忽视的孩子不是被父亲虐待被母亲宠坏的有魅力的小伙子。我们不同又复杂的所有封闭式社区形式每天都在产生这种被忽视的孩子,忽视孩子并使孩子受到心理创伤的不仅是孩子的父母,还有眼前的社会环境。每个被忽视的孩子都有可能发现自身肆无忌惮的精神病确认和正义。

作者夫人的注释

本书的原稿到此为止。2006年9月22日,在写完上述文字的三天之后,德里·麦克迪尔米德因癌症去世。被确诊患有癌症后,他挺过了六年。一年前,他才开始向患者和友人透露自己患病一事。逝世前一天,他写了下面这段临终之言。

> 我已经尽全力通过发现、制造爱的伟大进化冒险精神所展示的骇人危险来吓唬你们,但同时我也希望自己能引诱你们去编织自己的梦境生活和想象生活,倘若它们不比你的理性生活重要,至少也一样重要。所以,现在的你已作好准备可以进入梦、想象和情感世界。
>
> 明早就开始书写你的梦之书吧,我会给你经典的美好祝福:祝你拾回失去的一切,祝你很快能发现自己正在超越传统的、半吓人的、爱的已知世界的极限。

关键词索引

译后记：在谷底惊见阳光

邂逅《百年洞察》，恰如在谷底惊见阳光。

身处浮躁而忙碌的21世纪，各种各样的心理疾病困扰着现代人，我们迷茫，我们绝望，我们妥协。于是，很多人在不知不觉中走入了黯然无光的愁世之谷。令人惊喜的是，有一缕阳光悄然出现在这看似绝望的愁世之谷中，让疲惫的心开出一朵花，惊艳了许多人；它带来了希望，引发了许多思考，关于自己，关于生命，关于社会。此时此刻，这缕阳光就是你手中正在翻阅的《百年洞察》。

我在读完书的引言及第一章以后，就知道得很清楚，即使不为翻译，我也将把余下的章节都读完。德里·麦克迪尔米德在书中讲述的每个故事都与我们的世俗生活息息相关，诸如仇恨与攻击、梦境与想象、健康与家庭……他用形形色色的心理疾病病例和对美好生活的执着追求，道出你我潜意识里的秘密，鼓励我们发现自己的爱人能力，发现人生的意义。

拿到《百年洞察》原稿的时候，德里已去世八载，但阅读时并不觉得斯人已逝，只觉得字里行间满是他乐观幽默的态度以及对生命的热爱。世界70亿人，其中大多数人以健康的心理在世间优哉行走，行走于各国家、各城市、各乡村。他们过着自己喜欢的生活，结交五湖四海的朋友，品尝各式珍馐美味 。但有这样一群人，他们患有或轻或重的心理疾病，正如书中描述的诸多真实病例：布洛伊尔的患者安娜·欧，她是一位洋溢着充沛智力的女子，出身名门望族，通晓英法意三语，多才多艺，但却患有癔病，偶有幻觉，出现睡眠障碍、饮食障碍、语言错乱，甚至一度产生强烈的自杀念头；弗洛伊德的患者“鼠人”恩斯特·蓝泽，蓝泽是位年方29的精锐律师，他自童年起就受到各种强迫症状的干扰，比如他认为老鼠会钻入父亲及所爱女人的肛门，使他们备受折磨；德里自己的患者艾莉森，她患有神经性厌食症，自15岁起，她因心理障碍九次住院、两次试图自杀……所幸，部分患者在接受催眠术、“自由联想”和心理动力学疗法等治疗手段之后有所好转，甚至痊愈。这些病例里有悲伤、疼痛、忧郁、无助……但这一切并不一定全然都是不幸；多数患者在心理学家和医生的帮助下以不同的方式审视童年、审视亲子关系、审视内心，进而战胜心魔，以对生命和生活的热爱挺过困境，这是读者与患者共有的幸运。

作为读者，在翻译过程中我也在文字世界里进一步认识了三位赫赫有名的女性心理学家和精神病学家，她们分别是备受同道争议的梅拉妮·克莱因、终身未嫁的安娜·弗洛伊德和独立不羁的卡伦·霍妮；也熟悉了威廉·费尔贝恩、米歇尔·巴林特、唐纳德·温尼科特、萨尔瓦多·米纽庆等心理学领域的男性翘楚。我想每个真正对心理学感兴趣的人在阅读《百年洞察》时都会有如鱼得水、遇知己般的感觉。在某个时刻，你我可能都会想起，某年某月，某日某时自己曾与心理学界的大师们共处一室，想起手指轻翻书页受益颇多的这段时光。

作为译者，当我从作者夫人的注释中得知德里在逝世前一天仍在撰写此书时，不免感到如鲠在喉。《百年洞察》字字句句均是作者心血所化，我期待有更多有缘的读者来了解德里其人其事，能从字里行间感受到德里撰写本书时的心情，能就此浅尝德里的睿智、幽默以及揶揄，能对心理学产生兴趣或有进一步了解，最重要的是不负他的祝愿：拾回失去的一切，超越已知的世界，发现自己的爱人能力。

然，由于译者本身也是读者，译文多受自己的阅读感受影响，属一己之见，不足之处，还望海涵；另，若本书所涉及的专业知识翻译有错漏，都是译者的责任，还望各界达人指正。

吕雅鑫

2015年夏日于厦门

书　　名　**百年洞察：二十世纪心理学思想启蒙**
原 书 名　Century of Insight: The Twenty Century Enlightenment of the Mind
作　　者　[英]德里·麦克迪尔米德 著　苏·麦克迪尔米德 编
译　　者　吕雅鑫
责任编辑　韩宇新
出版发行　凤凰出版传媒股份有限公司
　　　　　　江苏凤凰教育出版社(南京市湖南路1号A楼　邮编210009)
苏教网址　http://www.1088.com.cn
照　　排　南京凯建图文制作有限公司
印　　刷　扬州市文丰印刷制品有限公司(电话:0514-84225777)
厂　　址　扬州北郊天山镇兴华路25号(邮编225653)
开　　本　787毫米×1092毫米　1/16
印　　张　21
版　　次　2015年9月第1版　2015年9月第1次印刷
书　　号　ISBN 978-7-5499-5266-3
定　　价　40.00元
网店地址　http://jsfhjycbs.tmall.com
新浪微博　http://e.weibo.com/jsfhjy
邮购电话　025-85406265,85400774 短信 02585420909
盗版举报　025-83658579

苏教版图书若有印装错误可向承印厂调换
提供盗版线索者给予重奖